知识导图

Web开发人才培养系列丛书共包含8本图书（具体信息详见丛书序），涉及3种语言（HTML5、CSS3、JavaScript）和3个框架（jQuery、Vue.js、Bootstrap）。这里将为读者呈现这3种语言和3个框架的知识导图。

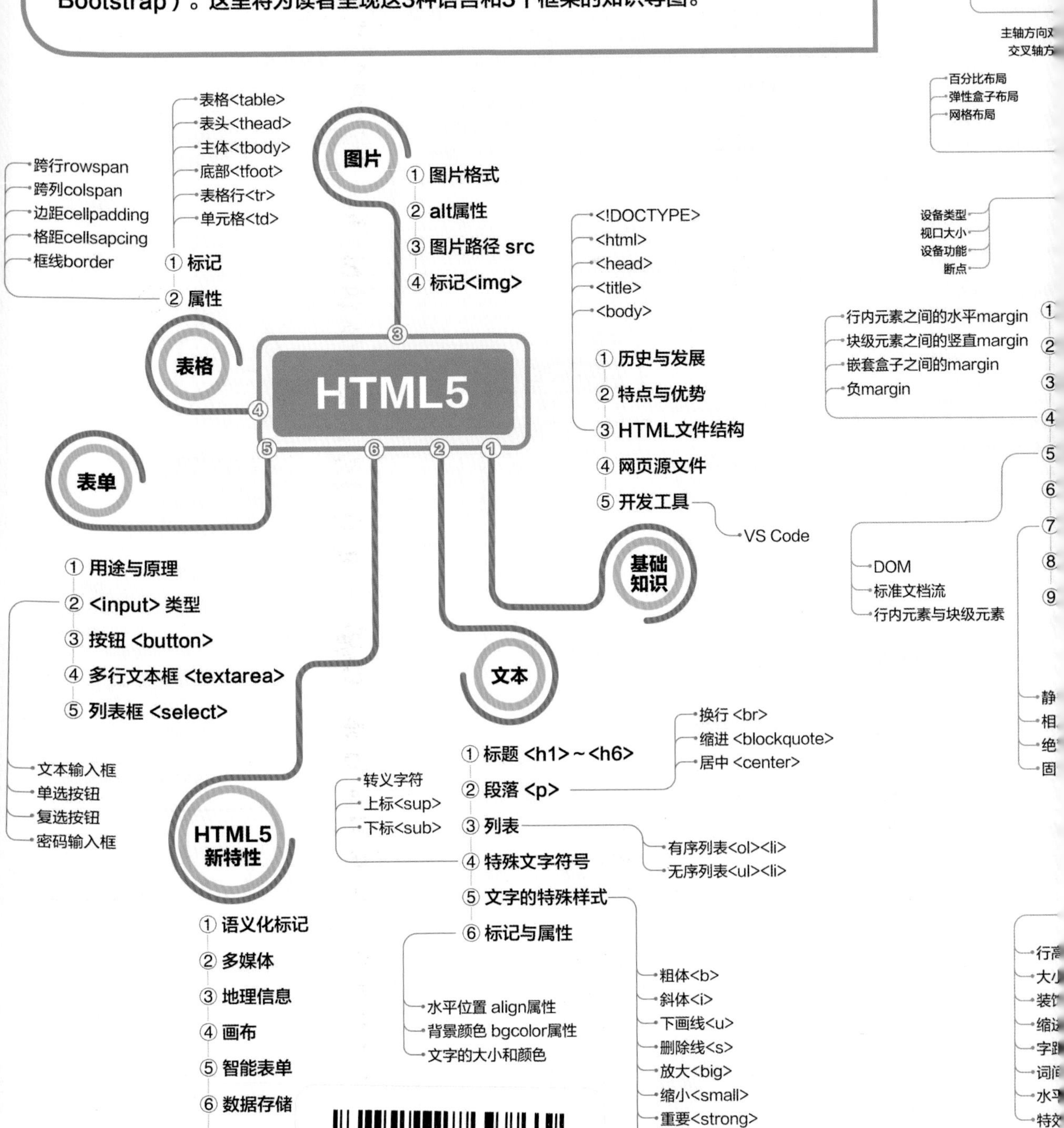

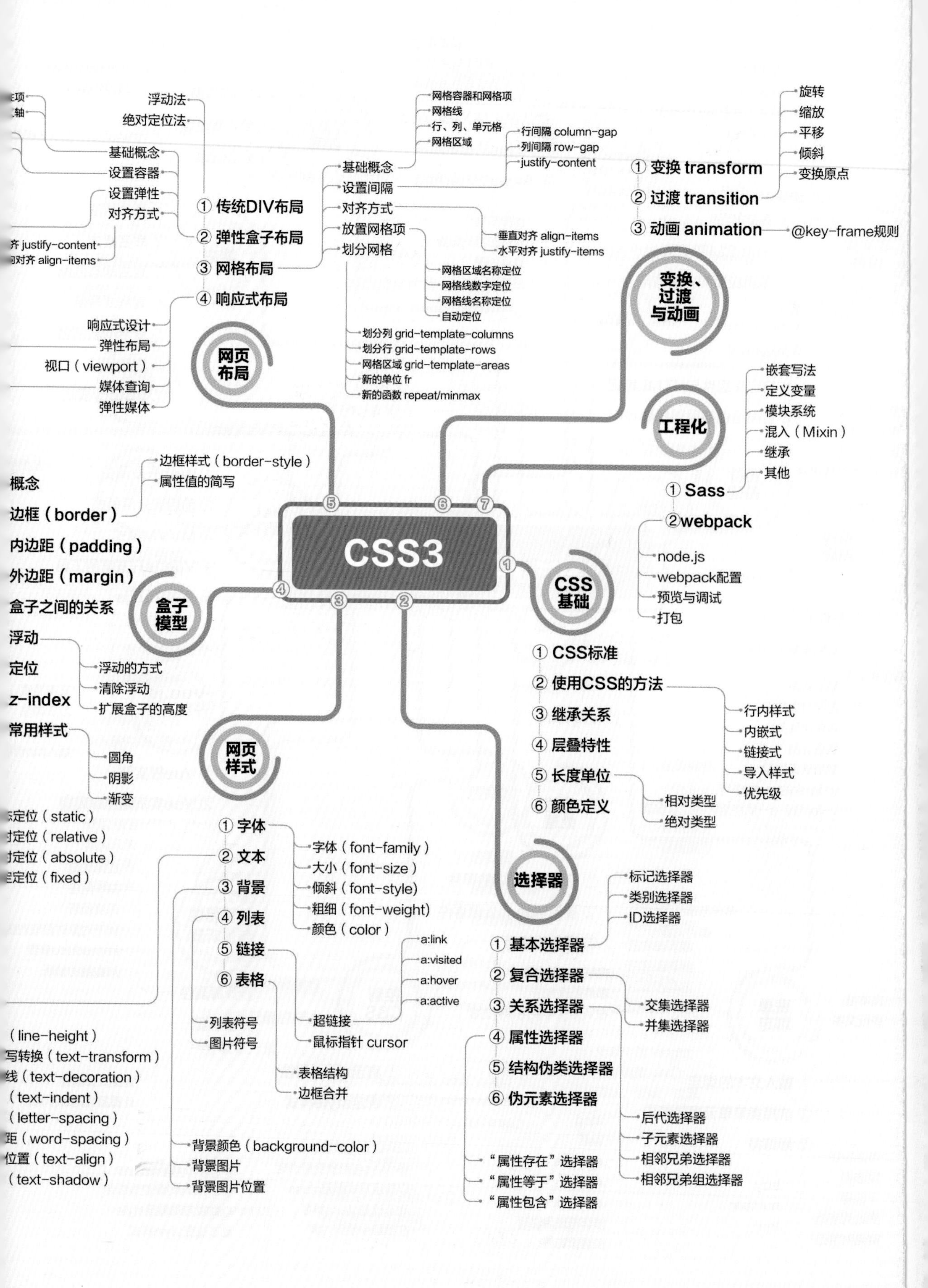
CSS3
① CSS基础
① CSS标准
② 使用CSS的方法
行内样式
内嵌式
链接式
导入样式
优先级
③ 继承关系
④ 层叠特性
⑤ 长度单位
相对类型
绝对类型
⑥ 颜色定义
② 选择器
① 基本选择器
标记选择器
类别选择器
ID选择器
② 复合选择器
交集选择器
并集选择器
③ 关系选择器
后代选择器
子元素选择器
相邻兄弟选择器
相邻兄弟组选择器
④ 属性选择器
“属性存在”选择器
“属性等于”选择器
“属性包含”选择器
⑤ 结构伪类选择器
⑥ 伪元素选择器
③ 网页样式
① 字体
字体（font-family）
大小（font-size）
倾斜（font-style）
粗细（font-weight）
颜色（color）
② 文本
(line-height)
写转换(text-transform)
线(text-decoration)
(text-indent)
(letter-spacing)
距(word-spacing)
位置(text-align)
(text-shadow)
③ 背景
背景颜色（background-color）
背景图片
背景图片位置
④ 列表
列表符号
图片符号
⑤ 链接
超链接
a:link
a:visited
a:hover
a:active
鼠标指针 cursor
⑥ 表格
表格结构
边框合并
④ 盒子模型
概念
边框（border）
边框样式（border-style）
属性值的简写
内边距（padding）
外边距（margin）
盒子之间的关系
浮动
定位
z-index
浮动的方式
清除浮动
扩展盒子的高度
常用样式
圆角
阴影
渐变
定位(static)
定位(relative)
定位(absolute)
定位(fixed)
⑤ 网页布局
① 传统DIV布局
浮动法
绝对定位法
② 弹性盒子布局
基础概念
设置容器
设置弹性
对齐方式
齐 justify-content
对齐 align-items
③ 网格布局
基础概念
网格容器和网格项
网格线
行、列、单元格
网格区域
设置间隔
行间隔 column-gap
列间隔 row-gap
justify-content
对齐方式
垂直对齐 align-items
水平对齐 justify-items
放置网格项
网格区域名称定位
网格线数字定位
网格线名称定位
自动定位
划分网格
划分列 grid-template-columns
划分行 grid-template-rows
网格区域 grid-template-areas
新的单位 fr
新的函数 repeat/minmax
④ 响应式布局
响应式设计
弹性布局
视口（viewport）
媒体查询
弹性媒体
⑥ 变换、过渡与动画
① 变换 transform
旋转
缩放
平移
倾斜
变换原点
② 过渡 transition
③ 动画 animation
@key-frame规则
⑦ 工程化
① Sass
嵌套写法
定义变量
模块系统
混入（Mixin）
继承
其他
②webpack
node.js
webpack配置
预览与调试
打包

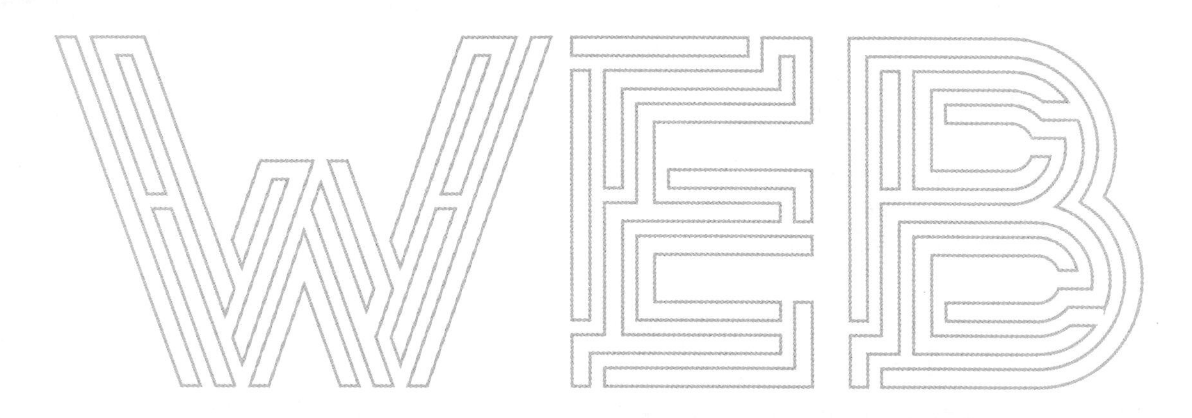

Web 开发人才培养系列丛书

全栈开发工程师团队精心打磨新品力作

Vue.js Web开发案例教程

在线实训版

前沿科技 温谦 编著

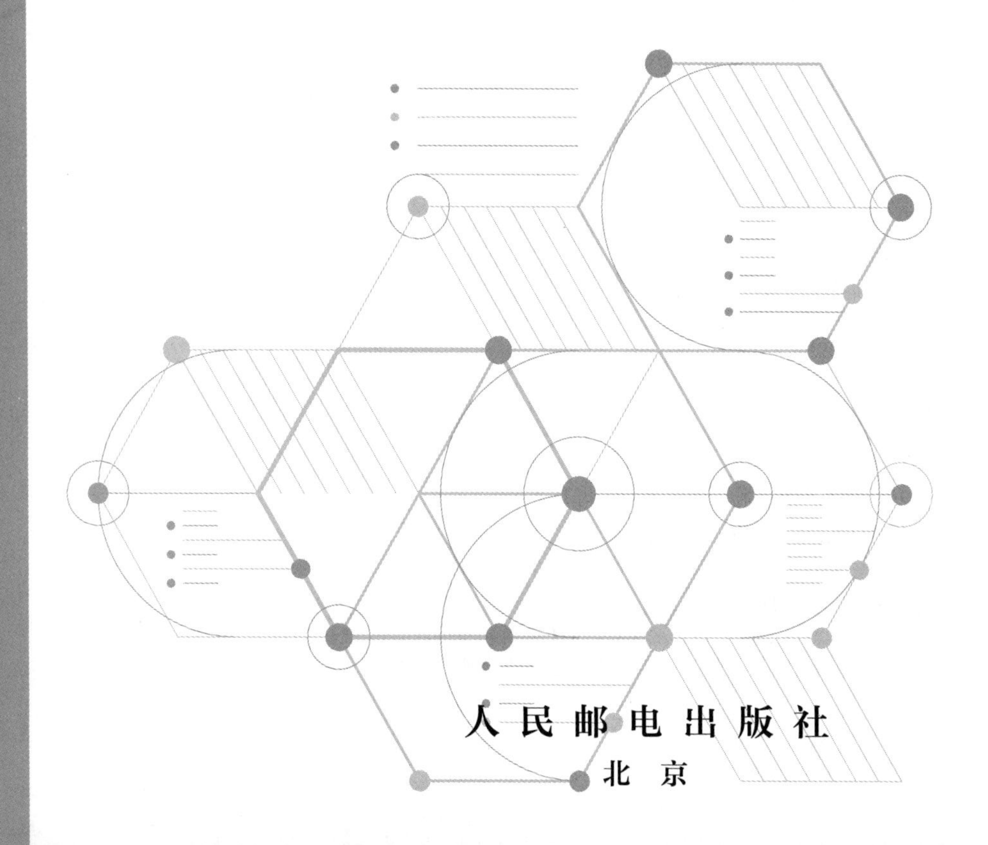

人民邮电出版社
北京

图书在版编目（CIP）数据

Vue.js Web开发案例教程 ： 在线实训版 / 温谦编著
. -- 北京 ： 人民邮电出版社, 2022.5（2023.6重印）
（Web开发人才培养系列丛书）
ISBN 978-7-115-57755-9

Ⅰ. ①V… Ⅱ. ①温… Ⅲ. ①网页制作工具－程序设计－教材 Ⅳ. ①TP393.092.2

中国版本图书馆CIP数据核字(2021)第219800号

内 容 提 要

随着互联网技术的不断发展，JavaScript 语言及其相关技术越来越受到人们的关注，各种 JavaScript 框架层出不穷。Vue.js 作为新一代 JavaScript 框架的优秀代表，为广大开发者提供了诸多便利，占据着 Web 开发技术中的重要位置。

本书详细讲解了 Vue.js 框架的相关技术，如数据绑定、侦听、事件、样式控制、结构渲染等核心基础知识；并在此基础上，讲解了组件化开发的完整逻辑；最后讲解了 AJAX、过渡动画、路由、状态管理等高级内容。本书内容翔实，结构框架清晰，讲解循序渐进，注重各章以及实例之间的呼应与对照。此外，编者在本书中还编排了丰富的案例（包括综合案例），并对 Web 前端的工程化进行了必要的讲解，这能够帮助读者巩固所学理论知识，提高编程实战技能。

本书既可以作为高等院校相关专业的网页设计与制作、前端开发等课程的教材，也可以作为 Vue.js 初学者的入门用书。

◆ 编　　著　前沿科技　温　谦
　责任编辑　王　宣
　责任印制　王　郁　陈　犇
◆ 人民邮电出版社出版发行　　北京市丰台区成寿寺路 11 号
　邮编　100164　　电子邮件　315@ptpress.com.cn
　网址　https://www.ptpress.com.cn
　涿州市京南印刷厂印刷
◆ 开本：787×1092　1/16　　插页：1
　印张：19.75　　2022 年 5 月第 1 版
　字数：582 千字　　2023 年 6 月河北第 5 次印刷

定价：69.80 元

读者服务热线：(010) 81055256　印装质量热线：(010) 81055316
反盗版热线：(010) 81055315
广告经营许可证：京东市监广登字 20170147 号

技术背景

党的二十大报告中提到："推动战略性新兴产业融合集群发展，构建新一代信息技术、人工智能、生物技术、新能源、新材料、高端装备、绿色环保等一批新的增长引擎。"

Web 前端开发技术人才需求分析

随着互联网技术的快速发展，Web 前端开发作为一种新兴的职业，仍在高速发展之中。与此同时，Web 前端开发逐渐成为各种软件开发的基础，除了原来的网站开发，后来的移动应用开发、混合开发以及小程序开发等，都可以通过 Web 前端开发再配合相关技术加以实现。因此可以说，社会上相关企业的进一步发展，离不开大量 Web 前端开发技术人才的加盟。那么，究竟应该如何培养 Web 前端开发技术人才呢？

丛书设计

党的二十大报告中提到："培养造就大批德才兼备的高素质人才，是国家和民族长远发展大计。功以才成，业由才广。"

为了培养满足社会企业需求的 Web 前端开发技术人才，本丛书的编者以实际案例和实战项目为依托，从 3 种语言（HTML5、CSS3、JavaScript）和 3 个框架（jQuery、Vue.js、Bootstrap）入手进行整体布局，编写完成本丛书。在知识体系层面，本丛书可使读者同时掌握 Web 前端开发相关语言和框架的理论知识；在能力培养层面，本丛书可使读者在掌握相关理论的前提下，通过实践训练获得 Web 前端开发实战技能。本丛书的信息如下。

丛书信息表

序号	书名	书号
1	HTML5+CSS3 Web 开发案例教程（在线实训版）	978-7-115-57784-9
2	HTML5+CSS3+JavaScript Web 开发案例教程（在线实训版）	978-7-115-57754-2
3	JavaScript+jQuery Web 开发案例教程（在线实训版）	978-7-115-57753-5
4	jQuery Web 开发案例教程（在线实训版）	978-7-115-57785-6
5	jQuery+Bootstrap Web 开发案例教程（在线实训版）	978-7-115-57786-3
6	JavaScript+Vue.js Web 开发案例教程（在线实训版）	978-7-115-57817-4
7	Vue.js Web 开发案例教程（在线实训版）	978-7-115-57755-9
8	Vue.js+Bootstrap Web 开发案例教程（在线实训版）	978-7-115-57752-8

从技术角度来说，HTML5、CSS3 和 JavaScript 这 3 种语言分别用于编写 Web 页面的"结构""样式"和"行为"。这 3 种语言"三位一体"，是所有 Web 前端开发者必备的核心基础知识。jQuery 和 Vue.js 作为两个主流框架，用于对 Web 前端开发逻辑的实现提供支撑。在实际开发中，开发者通常会在 jQuery 和 Vue.js 中选一个，而不会同时使用它们。Bootstrap 则是一个用于实现 Web 前端高效开发的展示层框架。

本丛书涉及的都是当前业界主流的语言和框架，它们在实践中已被广泛使用。读者掌握了这些技术后，在工作中将会拥有较宽的选择面和较强的适应性。此外，为了满足不同基础和兴趣的读者的学习需求，我们给出以下两条学习路线。

第一条学习路线：首先学习“HTML5+CSS3”，掌握静态网页的制作技术；然后学习交互式网页的制作技术及相关框架，即学习涉及 jQuery 或 Vue.js 框架的 JavaScript 图书。

第二条学习路线：首先学习“HTML5+CSS3+JavaScript”，然后选择 jQuery 或 Vue.js 图书进行学习；如果读者对 Bootstrap 感兴趣，也可以选择包含 Bootstrap 的 jQuery 或 Vue.js 图书。

本丛书涵盖的各种技术所涉及的核心知识点，详见本书彩插中所示的 6 个知识导图。

丛书特点

1．知识体系完整，内容架构合理，语言通俗易懂

本丛书基本覆盖了 Web 前端开发所涉及的核心技术，同时，各本书又独立形成了各自的内容架构，并从基础内容到核心原理，再到工程实践，深入浅出地讲解了相关语言和框架的概念、原理以及案例；此外，在各本书中还对相关领域近年发展起来的新技术、新内容进行了拓展讲解，以满足读者能力进阶的需求。丛书内容架构合理，语言通俗易懂，可以帮助读者快速进入 Web 前端开发领域。

2．以案例讲解贯穿全文，凭项目实战提升技能

本丛书所包含的各本书中（配合相关技术原理讲解）均在一定程度上循序渐进地融入了足量案例，以帮助读者更好地理解相关技术原理，掌握相关理论知识；此外，在适当的章节中，编者精心编排了综合实战项目，以帮助读者从宏观分析的角度入手，面向比较综合的实际任务，提升 Web 前端开发实战技能。

3．提供在线实训平台，支撑开展实战演练

为了使本丛书所含各本书中的案例的作用最大化，以最大程度地提高读者的实战技能，我们开发了针对本丛书的“在线实训平台”。读者可以登录该平台，选择您当下所学的某本书并进入对应的案例实操页面，然后在该页面中（通过下拉列表）选择并查看各章案例的源代码及其运行效果；同时，您也可以对源代码进行复制、修改、还原等操作，并且可以实时查看源代码被修改后的运行效果，以实现实战演练，进而帮助自己快速提升实战技能。

4．配套立体化教学资源，支持混合式教学模式

党的二十大报告中提到：“坚持以人民为中心发展教育，加快建设高质量教育体系，发展素质教育，促进教育公平。”为了使读者能够基于本丛书更高效地学习 Web 前端开发相关技术，我们打造了与本丛书相配套的立体化教学资源，包括文本类、视频类、案例类和平台类等，读者可以通过人邮教育社区（www.ryjiaoyu.com）进行下载。此外，利用书中的微课视频，通过丛书配套的“在线实训平台”，院校教师（基于网课软件）可以开展线上线下混合式教学。

- 文本类：PPT、教案、教学大纲、课后习题及答案等。
- 视频类：拓展视频、微课视频等。
- 案例类：案例库、源代码、实战项目、相关软件安装包等。
- 平台类：在线实训平台、前沿技术社区、教师服务与交流群等。

读者服务

本丛书的编者连同出版社为读者提供了以下服务方式/平台，以更好地帮助读者进行理论学习、技能训练以及问题交流。

1．人邮教育社区（http://www. ryjiaoyu.com）

通过该社区搜索具体图书，读者可以获取本书相关的最新出版信息，下载本书配套的立体化教学资源，包括一些专门为任课教师准备的拓展教辅资源。

2．在线实训平台（http://code.artech.cn）

在线实训平台
使用说明

通过该平台，读者可以在不安装任何开发软件的情况下，查看书中所有案例的源代码及其运行效果，同时也可以对源代码进行复制、修改、还原等操作，并实时查看源代码被修改后的运行效果。

3．前沿技术社区（http://www.artech.cn）

该社区是由本丛书编者主持的、面向所有读者且聚焦 Web 开发相关技术的社区。编者会通过该社区与所有读者进行交流，回答读者的提问。读者也可以通过该社区分享学习心得，共同提升技能。

4．教师服务与交流群（QQ 群号：368845661）

扫码加入教师
服务与交流群

该群是人民邮电出版社和本丛书编者一起建立的、专门为一线教师提供教学服务的群（仅限教师加入），同时，该群也可供相关领域的一线教师互相交流、探讨教学问题，扎实提高教学水平。

丛书评审

为了使本丛书能够满足院校的实际教学需求，帮助院校培养 Web 前端开发技术人才，我们邀请了多位院校一线教师，如刘伯成、石雷、刘德山、范玉玲、石彬、龙军、胡洪波、生力军、袁伟、袁乖宁、解欢庆等，对本丛书所含各本书的整体技术框架和具体知识内容进行了全方位的评审把关，以期通过“校企社”三方合力打造精品力作的模式，为高校提供内容优质的精品教材。在此，衷心感谢院校的各位评审专家为本丛书所提出的宝贵修改意见与建议。

致　谢

本丛书由前沿科技的温谦编著，编写工作的核心参与者还包括姚威和谷云婷这两位年轻的开发者，他们都为本丛书的编写贡献了重要力量，付出了巨大努力，在此向他们表示衷心感谢。同时，我要再次由衷地感谢各位评审专家为本丛书所提出的宝贵修改意见与建议，没有你们的专业评审，就没有本丛书的高质量出版。最后，我要向人民邮电出版社的各位编辑表示衷心的感谢。作为一名热爱技术的写作者，我与人民邮电出版社的合作已经持续了二十多年，先后与多位编辑进行过合作，并与他们建立了深厚的友谊。他们始终保持着专业高效的工作水准和真诚敬业的工作态度，没有他们的付出，就不会有本丛书的出版！

联系我们

作为本丛书的编者，我特别希望了解一线教师对本丛书的内容是否满意。如果您在教学或学习的过程中遇到了问题或者困难，请您通过“前沿技术社区”或“教师服务与交流群”联系我们，我们会尽快给您答复。另外，如果您有什么奇思妙想，也不妨分享给大家，让大家共同探讨、一起进步。

最后，祝愿选用本丛书的一线教师能够顺利开展相关课程的教学工作，为祖国培养更多人才；同时，也祝愿读者朋友通过学习本丛书，能够早日成为 Web 前端开发领域的技术型人才。

温　谦
资深全栈开发工程师
前沿科技 CTO

Vue.js 是当今全球非常流行的三大前端框架之一，在短短几年的时间里，其在 GitHub 上便获得 20 万颗星的好评；尤其是在近一两年，其在中国成为了非常流行的前端框架。Vue.js 之所以能够受到如此广泛的欢迎，是因为在移动互联网的大背景下，它顺应了前后端分离开发模式的演进，为开发者提供了高效且友好的开发环境，这极大地解放了程序员的生产力。

本书将通过大量案例深入讲解使用 Vue.js 进行 Web 前端开发的概念、原理和方法。

编写思路

本书首先从 Vue.js 的基础知识讲起，在不引入脚手架等工具的情况下，介绍 MVVM 的核心原理，并对 Vue.js 的插值、指令、侦听器等内容进行讲解；然后在此基础上，引入组件的概念，介绍组件化开发的思想（Vue.js 极为重要的核心思想），并以专题的形式对 AJAX、路由、状态管理等内容进行了深入讲解；最后编排了 3 个侧重于不同知识点的综合案例，助力读者开展实践以巩固所学知识。本书十分重视“知识体系”和“案例体系”的构建，并且通过不同案例对相关知识点进行说明，以期培养读者在 Web 前端开发领域的实战技能。读者可以扫码预览本书各章案例。

各章案例预览

特别说明

（1）学习本书所需的前置知识是 HTML5、CSS3 和 JavaScript 这 3 种基础语言。读者可以参考本书配套的知识导图，检验自己对相关知识的掌握程度。

（2）学习本书时，读者需要特别重视前 3 章（尤其是第 3 章）的内容，其对 Vue.js 中最具特色的“响应式”原理进行了深入讲解。“响应式”原理是 Vue.js 框架最核心的基础原理，如果读者能够从原理层面理解“响应式”，对后面章节的学习就会比较轻松。

（3）本书的结构框架与现有很多 Vue.js 教程略有区别，这是编者精心设计的。通过本书的学习路径，读者可以更好地平衡原理学习与实践练习的关系。

（4）在版本方面，虽然 Vue.js 3 已经发布，但考虑到目前业界大多数企业仍在使用 Vue.js 2，另外 Vue.js 2 的技术资料也比较多，对于教学更加有益，因此，本书基于 Vue.js 2 进行相关内容的讲解。需要说明的是，编者也为本书的所有案例编写了对应的 Vue.js 3 版本的源代码，读者可以通过下载本书的配套资源来获取相关源代码。

最后，祝愿读者学习愉快，早日成为一名优秀的 Web 前端开发者。

温　谦

2021 年冬于北京

目录

第一篇 Vue.js基础篇

第1章 Web前端开发概述

第2章 Vue.js开发基础

第3章 计算属性与侦听器

第4章 控制页面的CSS样式

第5章 事件处理

第6章 表单绑定

第7章 结构渲染

第8章 阶段案例——网页汇率计算器和番茄钟

第二篇 Vue.js进阶篇

第 9 章 组件基础

第 10 章 单文件组件

第 11 章 AJAX 与 Axios

第12章 过渡动画

第13章 路由 Vue Router

第14章 状态管理

第三篇 综合案例篇

第15章 综合案例——“豪华版”待办事项

第16章 综合案例——网页图片剪裁器

第17章 综合案例——电子商务网站

附录 ECMAScript 2015（ES6）基础知识

第一篇

Vue.js 基础篇

第1章 Web 前端开发概述

随着互联网的快速发展，Web 开发及相关技术变得日益重要。具体来说，Web 开发大体可以分为前端开发、后端开发和算法三类。本书主要聚焦于前端开发，因此在本书的第 1 章，我们将对 Web 前端开发的整体背景做简单介绍。本章的思维导图如下所示。

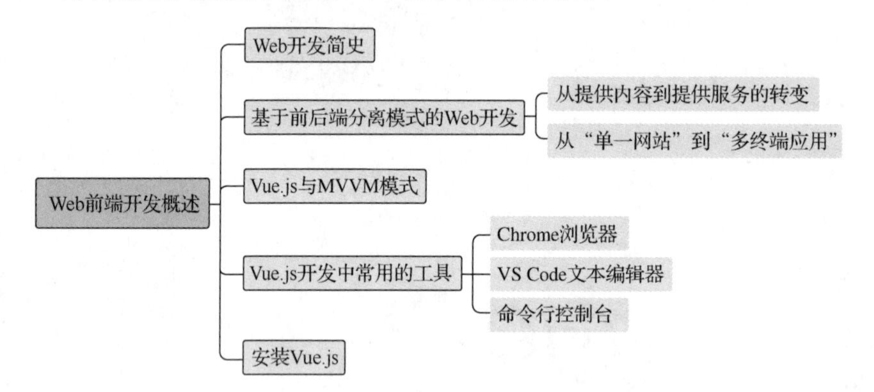

本章导读

知识点讲解

1.1 Web 开发简史

在正式学习 Vue.js 之前，我们先来对 Web 开发的全貌做简单介绍，使读者能够拥有宏观的认知。从历史的角度看，Web 开发技术大致经过了 4 个阶段。

1．早期阶段

1995 年以前，可以称为互联网的早期阶段，早期的 Web 开发可以认为仅仅是“内容开发”。此时，HTML 语言已经产生，但页面内容是手动编写的。后来逐渐开始发展出动态生成内容的机制，称为 CGI（common gateway interface，通用网关接口）程序，CGI 程序能够在服务器上配合数据库等机制，动态产生 HTML 页面，然后返回到客户端。这个阶段的特点是，开发复杂，功能简单，没有前端与后端的划分。

2．服务器端模板时代

1995—2005 年期间的服务器端模板时代，以 ASP/JSP/PHP 等技术为代表，特征正如它们名字中的第三个字母 P 所代表的含义一样——Page。Web 开发的主要特征是针对每个页面进行开发，前端非常简单，业务逻辑代码直接嵌入 HTML 中，没有明确的前后端之分，所有工作都由程序开发人员完成，数据、逻辑和用户界面紧密耦合在一起。

在这个阶段，产生了一些相对简单的前端工作，例如设计师在把页面设计图交给开发工程师后，需要做一些简单的切图和图像处理工作，但还谈不上“开发”工作。

3．服务器端 MVC 时代

2006—2015 年期间的“服务器端 MVC 时代”，代表性的技术包括 Java SSH、ASP.NET MVC、Ruby on Rails 等各种框架。

到了后端 MVC 时代，出现了各种基于 MVC（model-view-controler，模型-视图-控制器）模式的后端框架，每种语言都会出现一种或多种 MVC 框架。这时正式产生了“前端开发”这个概念，前端开发的主流技术特征是以 CSS+DIV 进行页面布局以及一定的交互性功能的开发。后端开发的技术特征是逻辑、模型、视图的分离。在这个阶段，前后端都产生了巨大的变化。例如前端的 CSS、jQuery，后端的 Java SSH 以及连接前后端的 AJAX 等技术都获得了爆发式增长。

这个阶段的特点是，业务逻辑分层，开始从服务器端向浏览器端转移，“前端”层越来越厚。在这一阶段，前后端仍然结合比较紧密，这与后面的“前后端分离”的开发方式有着明显的区别。

4．前后端分离时代

从 2012 年开始，前后端分离开始出现，2014 和 2015 年是 JavaScript 技术大爆发的两年，此后 Web 开发全面进入前后端分离时代。Vue.js 最初也诞生于 2014 年。近年来，与前端开发相关的技术发展时间线大致如图 1.1 所示。

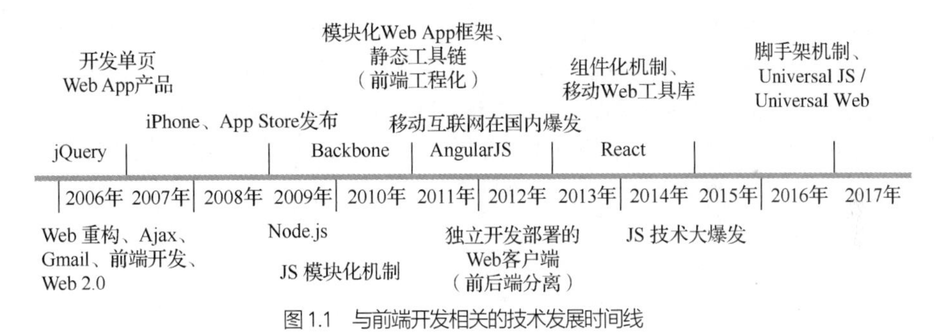

图 1.1　与前端开发相关的技术发展时间线

从 2016 年左右开始，前后端分离的开发模式逐渐成为主流。从“服务器端 MVC 时代”到“前后端分离时代”，是一次巨大的变革。具体来说，在实际的项目开发中，前端开发的工作占比越来越大。前端的变革，主要表现为 jQuery 被 Vue.js、React 等新的前端框架代替，而后端的变革，则以“API 化”为特征，后端聚焦于业务逻辑本身，不再或较少关心 UI（用户界面）表现，关心的内容变为如何通过 API 提供数据服务、提高性能、实现自动化的测试、持续部署、开发自运维（DevOps）等。

1.2 基于前后端分离模式的 Web 开发

传统互联网时代过后，我们进入了“移动互联网”时代，这对 Web 开发技术提出了新的要求，具体有以下一些特点。

1.2.1 从提供内容到提供服务的转变

在移动互联网时代，应用的最本质特征是从提供内容到提供服务的转变。具体来说，传统互联网有以下三个特点。

- 使用场景固定且局限。
- “内容”为主。

- “服务”局限于特定领域。

回顾传统互联网，我们能想到的服务仅仅有新闻、邮箱、博客、论坛、软件下载、即时通信等。而与传统互联网相比，移动互联网有以下三个特点。

- 使用场景触达社会的每个角落。
- 更多事物被连接到云端。
- 提供海量“服务”。

在移动互联网时代，用户能够使用的服务大大增加，出现了大量新的服务，如短视频、慕课教育、移动支付、流媒体、直播、社交网络、播客、共享单车等。因此，在技术上又有以下三点新的要求。

- 客户端需求复杂化，大量应用开始流行，对用户体验的期望提高。
- 客户端渲染成为“刚需”。
- 客户端程序不得不具备完整的生命周期、分层架构和技术栈。

1.2.2 从“单一网站”到“多终端应用”

由于移动设备的普及，原来简单的“单一网站”架构，逐渐演变为“多终端”形态，包括 PC（个人计算机）、手机、平板电脑等，从而产生以下几个特点。

- 服务器端通过 API 输出数据，剥离“视图”。
- Web 客户端变成独立开发和部署的程序，不再是服务器端 Web 程序中的“前端”层。
- 每个客户端都倾向于拥有专为自己量身打造、可被自己掌控的 API 网站。

因此，在移动互联网时代，终端形态变得多样化，一个应用往往需要适配不同的终端形态。

- 桌面应用：传统的 Windows 应用、Mac 应用。
- 移动应用：iOS 应用、安卓应用。
- Web 应用：通过浏览器访问的应用。
- 超级应用：以微信小程序为代表的超级应用，已经成为新的应用程序平台。

1.3 Vue.js 与 MVVM 模式

知识点讲解

前面介绍了 Web 前端开发的一些基本背景和发展历程，下面介绍 Vue.js 的一些基本背景。

Vue.js 诞生于 2014 年，是一套针对前后端分离开发模式的、用于构建用户界面的渐进式框架。它关注视图层逻辑，采用自底向上、增量开发的设计方式。Vue.js 的目标是通过尽可能简单的操作实现响应的数据绑定和组合的视图组件。它不仅容易上手，而且非常容易与其他库或已有项目进行整合。

作为目前世界上非常流行的 3 个前端框架之一的 Vue.js，具有以下特性。

- 轻量级。相比 AngularJS 和 ReactJS 而言，Vue.js 是一个更轻量级的前端库：不但文件容量非常小，而且没有其他的依赖。
- 数据绑定。Vue.js 最主要的特点就是双向的数据绑定。在传统的 Web 项目中，将数据在视图中展示出来后，如果需要再次修改视图，就需要通过获取 DOM 的方法来进行修改，只有这样才能维持数据和视图的一致。而 Vue.js 是一个响应式的数据绑定系统，在建立绑定后，DOM 将和 Vue 实例对象中的数据保持同步，因而无须手动获取 DOM 的值并同步到 JS 中。
- 指令。在视图模板中，可以使用“指令”方便地控制响应式数据与模板 MOM 元素的表现方式。
- 组件化管理。Vue.js 提供了非常方便且高效的组件管理与组织方式。
- 插件化开发。Vue.js 保持了轻量级的内核，核心库与路由、状态管理、AJAX 等功能分离，可通过加载对应的插件来实现相应的功能。

- 完整的工具链。Vue.js 提供了完整的工具链，包括项目脚手架以及集成的工程化工具，可以覆盖项目创建、开发、调试、构建的全流程。

在学习 Vue.js 开发之前，我们先了解一下 MVVM 模式。所有的图形化应用程序，无论是 Windows 应用程序、手机 App，还是用浏览器呈现的 Web 应用，总体来说，都可以把程序粗略地分为两部分：用户界面部分和内部逻辑部分。

例如，“计算器”就是十分常见的一个应用，无论是手机还是台式计算机，都有这个应用。这个应用实际上就可以分为两部分：一部分是计算机的用户界面，包括按钮和显示运算结果的“显示屏”，这些是用户可以直接看到的部分；另一部分则是核心的计算逻辑，即用户通过按钮输入一些算式后具体计算出结果的部分，这部分功能用户并不能直接看到，但可通过运算结果感知到。在软件开发领域，人们很早就意识到，应该将业务逻辑与 UI 逻辑分离开，这也符合软件工程里著名的“关注点分离”原则。通常，图形化应用程序的用户界面称为“视图”（View），用来解决用户输入输出的问题；而为了解决内部的核心业务逻辑，则需要面对数据执行相应的操作，操作的数据对象通常被称为“模型”（Model）。众多的开发框架所要解决的问题就是如何将以上二者联系起来。

事实上，存在多种不同的理念来解决视图与模型的连接问题。不同的理念产生了不同的“模式”，例如“模型-视图-控制器”（MVC）模式、“模型-视图-表达”（MVP）模式以及“模型-视图-视图模型”（MVVM）模式等。它们都是很常见的模式，并不能简单地说哪个更好。Vue.js 则是比较典型的基于 MVVM 模式的前端框架，尽管它并没有严格遵循 MVVM 模式的所有规则。

MVVM（Model-View-ViewModel）模式包括 3 个核心部分。

- Model（模型）：由核心的业务逻辑产生的数据对象，例如从数据库取出并做特定处理后得到的数据。
- View（视图）：即用户界面。
- ViewModel（视图模型）：用于链接匹配模型和视图的专用模型。

Vue.js 的核心思想包括以下两点。

（1）数据的双向绑定。View 和 Model 之间不直接沟通，而是通过 ViewModel 这个桥梁进行交互。通过 ViewModel 这个桥梁，可实现 View 和 Model 之间的自动双向同步。当用户操作 View 时，ViewModel 会感知到 View 的变化，然后通知 Model 发生同步改变；反之，当 Model 发生改变时，ViewModel 也能感知到 Model 的变化，从而使 View 做出相应更新，如图 1.2 所示。

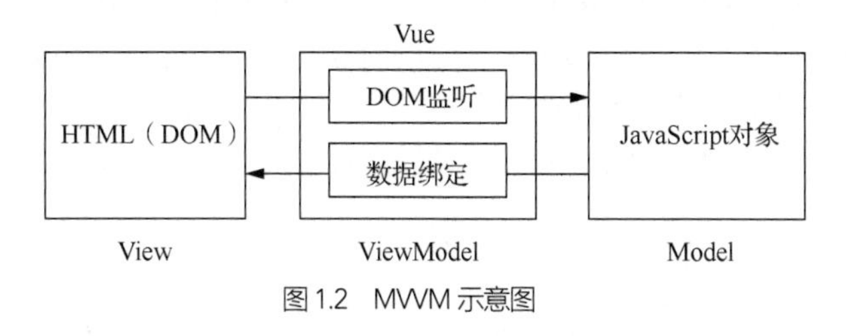

图 1.2　MVVM 示意图

（2）使用“声明式”的编程理念。“声明式”（declarative）是程序设计领域的一个术语，与之相对的是“命令式”（imperative）。

- 命令式编程倾向于明确地命令计算机去做一件事。
- 声明式编程倾向于告诉计算机想要的是什么，并由计算机自己决定如何去做。

为了理解声明式编程，可以思考一下 Excel 软件中的操作。如图 1.3 所示，在 D1 单元格中输入数字 3，然后在旁边的 E1 单元格中输入公式“=D1+2”，回车后，E1 单元格

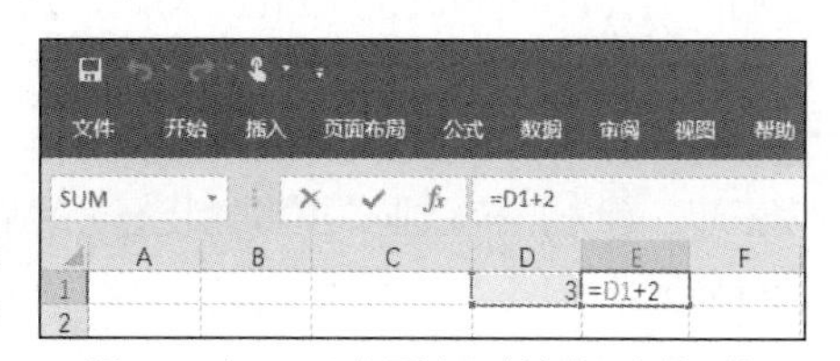

图 1.3　在 Excel 中通过公式关联两个单元格

中的内容变成了 5。这时，如果把 D1 单元格中的数字改为 6，那么 E1 单元格中的内容会随之自动变为 8。

请读者思考一下，使用任何普通的程序设计语言，例如 JavaScript、C 或 Java 等，如何执行类似的赋值语句。

```
1    let D1=3;
2    let E1=D1+2;
3    console.log(E1);
4    let D1=6;
5    console.log(E1);
```

执行上面的代码，第一次输出的变量 E1 的值等于变量 D1 的值加 2，等于 5。然后把变量 D1 的值改为 6，再次输出变量 E1 的值，仍然是 5，变量 E1 的值并没有自动跟着变量 D1 的变化而变成。因为在这里，使用"="运算符仅仅表示对变量进行赋值，是一次性操作，而不表示对 E1 变量和"D1+2"这个公式进行关联。

由此可以看出，在 Excel 中，只要使用"="将一个单元格与另一个单元格通过公式关联起来，它们之间就会产生"联动"的效果，这就是"声明式"操作。在本质上，这个等号的作用是"声明"这两个单元格之间的数量关系。

但在 JavaScript 编程语言中，赋值操作是"命令式"的。上述对比可以很好地帮助读者理解"命令式"编程与"声明式"编程的区别。

理解了这个概念之后，我们再看看 Vue.js 框架和 jQuery 的区别。Vue.js 和 jQuery 都是非常流行的前端框架，但它们的基本理念却完全不同。Vue.js 遵循"声明式"的理念，而 jQuery 遵循"命令式"的理念。

例如，假设在一个网页中有一个文本段落元素 p：

```
<p id="demo">这是段落内容……</p>
```

在使用 jQuery 的时候，当需要改变段落内容时，我们会使用一个函数来进行修改：

```
jQuery("p#demo").text(content);
```

jQuery()是一个函数，用于根据选择器获取这个 DOM 元素对象，然后调用这个 DOM 元素对象的 text()函数，并将存放新内容的变量 content 作为参数传递给 text()函数。在这里，变量 content 和这个 DOM 元素本身没有联系。此后，如果 content 变量的内容发生了变化，那么这个段落的内容不会自动修改，你必须再次调用一个函数以进行修改。

而使用 Vue.js 时，可"声明"这个 DOM 元素的内容与某个变量关联，但不需要说明如何将它们关联：

```
<p id="demo">{{content}}</p>
```

在上面的代码中，双大括号是一种特殊符号，里面括起来的内容就是一个变量的名称，可通过这种语法把这个 DOM 元素的内容和 content 变量关联起来。不用写任何具体的函数来操作 DOM 元素，它们的值会自动保持同步变化。如此，只需要声明一次，以后无论怎么修改变量的值，都不需要再考虑修改界面元素的问题了。

这样，Vue.js 程序的开发就会变得相当简便而有序，因此简单来说，使用 Vue.js 进行开发总共分为三步：首先把核心业务逻辑封装好，然后把视图做好，最后通过 ViewModel 把二者绑定起来，开发任务就完成了。

说明

MVVM 是一种十分通行的模式，并非 Vue.js 特有，很多开发框架都是基于 MVVM 模式的。因此，只要掌握了 Vue.js 的核心原理，以后使用任何其他的 MVVM 框架时，都会很容易上手，这也是掌握通用框架带来的好处之一。

一个变量如果被纳入 Vue.js 管理的模型中，它就有了“响应式”特性，因而也就可以通过声明的方式与视图上的 UI 元素关联起来，形成联动关系。

注意

在 Web 前端开发中，我们常常会在两个地方遇见“响应式”这个术语，二者的含义是完全不同的。一个是 CSS 中的“响应式页面”，这里所说的“响应式”来自英文 responsive，指的是页面可以自动地适应不同设备的屏幕。另一个就是这里提到的响应式，它的英文是 reactive，其实翻译为“交互式”更贴切一些，指的是模型中的数据和视图中的元素实现了绑定，一侧的改变会引发另一侧的改变。

1.4 Vue.js 开发中常用的工具

学习 Vue.js 开发所需的工具非常简单，而且基本上都在计算机上已经安装好。

1.4.1 Chrome 浏览器

读者对浏览器应该都不会感到陌生，浏览器软件有很多，比如 Google 公司开发的 Chrome、苹果公司开发的 Safari、微软公司早期开发的 IE（目前已经停止更新）以及目前推出的 Edge 等，此外国内的一些互联网公司也都推出了自己的浏览器软件。但是作为一名前端开发人员，知道的内容还需要更深入一些。

浏览器软件最关键的部分是其渲染引擎，也就是解析 HTML 和 CSS 并产生页面效果的内核。对于相同的 HTML 和 CSS，不同的浏览器内核，渲染效果可能是不同的。很多浏览器软件实际上并没有自己的“内核”，它们使用的是开源的内核。在进行前端开发的时候，经常需要在不同的浏览器中进行测试，并重点考虑不同的浏览器内核。

国内的浏览器基本上都属于浏览器“外壳”，它们往往同时集成多个内核，以方便用户使用。最近微软公司也宣布，它的 Edge 浏览器也改用 Google 公司的内核了。

目前常见的浏览器内核有 Trident、Gecko、WebKit、Blink 这 4 种。

- Trident：代表浏览器是 IE，IE 内核还被用在众多国内互联网公司推出的双核浏览器中，用作兼容模式。
- WebKit：代表浏览器是 Safari、旧版的 Chrome 等。
- Blink：代表浏览器是 Chrome、Opera、新版的 Edge 等。
- Gecko：代表浏览器是 Firefox。

此外，还有两个名词读者需要了解。

- V8：在一个浏览器中，需要两个引擎。一个是上面介绍的渲染引擎；另一个是解释和执行 JavaScript 脚本的 JavaScript 引擎，目前最主流的就是 Google 公司开发的 V8 引擎。
- Chromium：Chromium 是谷歌的一个开源项目，它不是内核，而是浏览器软件，其中包括了 Blink 渲染引擎和 V8 JavaScript 引擎。谷歌在 Chromium 的基础上增加一些功能后，将 Chromium 作为 Chrome 软件发布。国内的大部分双核浏览器都采用 Chromium 作为极速模式下的内核。

也就是说，如果下载了 Chromium 源代码，就可以编译浏览器软件，其中包含 Blink 和 V8 两个引擎，但这并不是我们直接安装的 Chrome 浏览器。谷歌在 Chromium 的基础上做了一些闭源的改动后，才发布 Chrome 浏览器。

之所以推荐使用 Chrome 浏览器，除了因为它对 CSS 和 JavaScript 规范提供非常好的支持之外，还有一个更重要的原因，就是 Chrome 浏览器包含非常好用的“开发者工具”，功能非常强大，可用于在开发过程中对代码进行监控和调试，如图 1.4 所示。

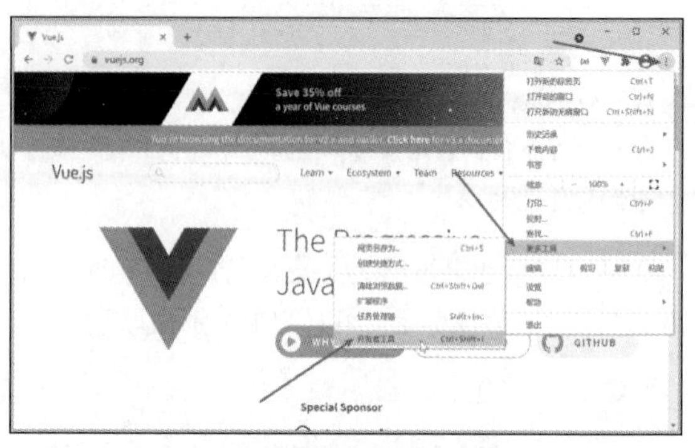

图 1.4　在 Chrome 浏览器中打开“开发者工具”

注意

在实际开发中，读者将会频繁地使用 Chrome 浏览器的开发者工具，因此不妨记住打开“开发者工具”的组合键是 Ctrl+Shift+I。

综上所述，大家在开始学习 Vue.js 之前一定要安装好新版的 Chrome 浏览器。使用搜索引擎搜索 Chrome 安装程序，直接安装即可，这里不做具体介绍。

1.4.2 VS Code 文本编辑器

在学习 Vue.js 的过程中，另一个必备的软件就是适合于程序开发的文本编辑器，选择比较多，读者可以根据自己的喜好和习惯来选择。这里为大家推荐的是微软公司开发的 VS Code，全称是 Visual Studio Code，这是一个跨平台的专为软件开发推出的编辑软件，在 Windows、Mac 和 Linux 上都可以运行，具有一致的体验。

VS Code 自推出以来，已经成为前端开发领域非常流行的编辑器。VS Code 同时还拥有丰富的插件，集成了很多相关的工具，包括 Git、多种语言的调试器等。

请读者先到 VS Code 的官方网站下载安装程序并安装好 VS Code。

本小节将简单介绍使用 VS Code 编写 JavaScript 代码的方法。在网页中使用 JavaScript 的方式有嵌入式和链接式两种。

- 嵌入式是指直接在<script>标记内部写 JavaScript 代码。
- 链接式是指使用<script>标记的 src 属性引入一个 JS 文件。

对于特别简单的代码，可以直接用嵌入式写在一个 HTML 文件中。但在开发比较复杂的项目时，应该认真组织程序的结构，我们一般都会把 JavaScript 代码写成独立的文件，然后以链接方式引入 HTML 文件。下面以嵌入式为例进行讲解，首先创建基础的 HTML 文档，然后编写代码。

VS Code 作为一个轻量级但功能强大的源代码编辑器，适合用来编辑任何类型的文本文件。如果要用 VS Code 新建 HTML 文档，可以先选择“文件”菜单中的“新建文件”命令（或者使用快捷键“Ctrl+N”），这时会直接创建一个名为“Untitled-1”的文件，如图 1.5 所示。注意此时创建的还不是 HTML 类型的文件，选择“文件”菜单中的“保存”命令（或者使用快捷键“Ctrl+S”），此时会弹出保存文件的对话框。选择一个文件夹并将文件命名为“1.html”，注意此时 VS Code 会根据文件扩展名将该文件识别为 HTML 类型的文件，并且“Untitled-1”也变成了“1.html”。

创建了空白文档后，我们可以快速生成 HTML 文件模板。输入 html 这 4 个字母，VS Code 会立即给出智能提示，如图 1.6 所示。

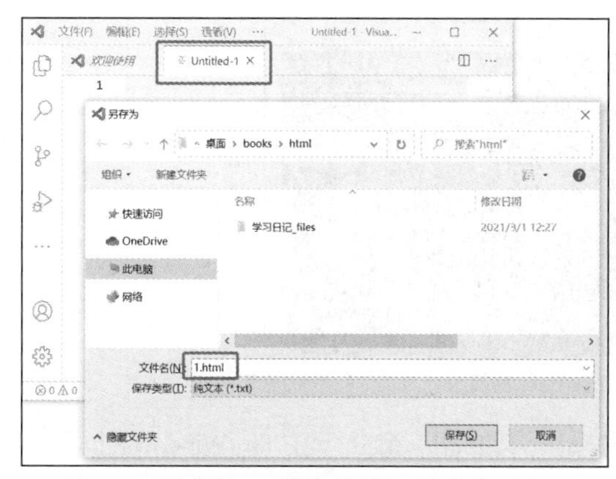

图 1.5　创建新文档

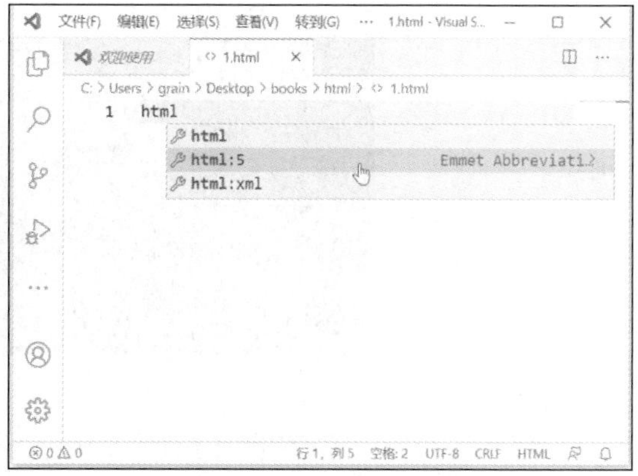

图 1.6　快速生成 HTML 代码

此时选择 html:5，这表示用 HTML5 文档结构来生成整个文件结构，生成的代码如下。

```
1    <!DOCTYPE html>
2    <html lang="en">
3    <head>
4      <meta charset="UTF-8">
5      <meta http-equiv="X-UA-Compatible" content="IE=edge">
6      <meta name="viewport" content="width=device-width, initial-scale=1.0">
7      <title>Document</title>
8    </head>
9    <body>
10
11   </body>
12   </html>
```

读者可以看到，基础的 HTML 文档结构已经产生，而且根据语法成分的不同，代码会显示不同的颜色。在输入 JavaScript 代码的时候，VS Code 也会根据程序的语义给出代码提示，如图 1.7 所示。

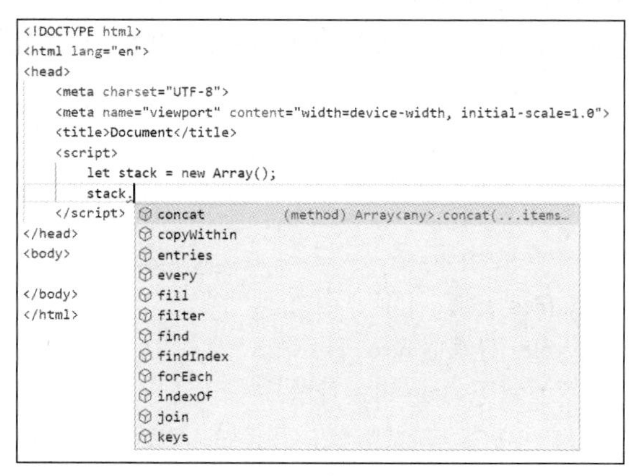

图 1.7　VS Code 给出的代码提示

1.4.3　命令行控制台

在学习本书后面的章节时，将会用到命令行控制台，也称为“命令行窗口”。命令行窗口实际上一直就在操作系统中，因此不需要安装，只是通常用不到。如果使用的是 Windows 系统，那么按“Windows 键+R”组合键，然后输入 cmd 命令，就可以运行“命令行窗口”了。在 Windows 任务栏左侧的搜索框中，通过搜索“命令提示符”，也可以找到这个软件。“命令行窗口”的运行效果如图 1.8 所示。

```
C:\WINDOWS\system32\cmd.exe

C:\>md my-files

C:\>cd my-files

C:\my-files>dir
 驱动器 C 中的卷是 Local Disk
 卷的序列号是 E034-46EF

 C:\my-files 的目录

2021/04/18  22:07    <DIR>          .
2021/04/18  22:07    <DIR>          ..
               0 个文件              0 字节
               2 个目录 16,640,188,416 可用字节

C:\my-files>
```

图 1.8　Windows 中的命令行窗口

在命令行窗口中，只能使用文字命令来执行各种操作。实际上，命令行窗口是 Windows 上最古老的软件，在微软还没有开发出 Windows 操作系统之前，相关命令就已经存在于古老的 DOS 操作系统中了。

读者只需要掌握一些最基本的命令就可以了。在命令行窗口中，可以使用的命令分为两类。

- 内部命令：操作系统提供的基本命令，例如进入一个目录、显示一个目录中的文件列表等。
- 外部命令：需要把程序安装到计算机中，然后执行相应的文件名。

读者需要掌握的常用内部命令如下。

（1）dir：显示一个目录中的文件列表。

例如，在命令行窗口中输入：

```
C:\>dir
```

就会显示当前目录中的所有文件。

（2）cd：进入一个目录。

例如，在命令行窗口中输入：

```
C:\>cd my-files
```

就会进入当前目录下的 my-files 目录。

cd 后面的路径可以使用相对路径，也可以使用绝对路径，例如下面的几条命令。

```
1    C:\>cd my-files
2    C:\>cd my-files\next
3    C:\>cd ..\up-files
4    C:\>D:
```

以上命令的作用依次是：

- 进入当前目录下的 my-files 目录。
- 进入当前目录下的 my-files 目录的 next 子目录。
- 进入当前目录的上一级目录下的 up-files 目录。
- 进入 D 盘的根目录。注意切换盘符的时候，直接输入对应的盘符即可，不需要使用 cd 命令。另外，必须先切换盘符，再进入磁盘中的目录。

（3）md：创建一个目录。

例如，在命令行窗口中输入：

```
C:\>md new-files
```

就可以在当前目录下创建一个名为 new-files 的子目录。

上面这些命令都是常用的内部命令，而在安装了一些软件之后，就可以使用软件提供的外部命令了。后面的章节将对此进行相关介绍。

1.5 安装 Vue.js

Vue.js 有两种使用方式：一种是简单地通过<script>标记引入的方式，适用于简单的页面开发；另一种方式则是使用相关的命令行工具进行完整的安装，适用于组件化的项目开发。

注意

建议读者在学习过程中，先使用简单的通过<script>标记引入的方式，等到掌握了 Vue.js 的基本使用方法之后，当需要进行组件化的项目开发时，再开始使用工具。本书就是按照这种思路来组织内容的。前面的章节都使用非常简单的方式，这样读者就可以开始无障碍学习了。到了第 10 章，当需要学习多组件开发的时候，我们再讲解如何使用相关工具。

最简单的方法是使用 CDN 引入 Vue.js 文件。目前国内外有不少提供各种前端框架文件的 CDN 服务的网站，读者可以直接访问国内任何一家服务商提供的 Vue.js 文件的 CDN 服务：

```
bootcdn.cn/vue/2.6.12/
```

进入上面这个网址以后，读者可以看到很多链接，它们对应不同用途的文件，我们只需要找到最基本的那个就可以了，如图 1.9 所示，请使用图中方框标记的其中一个地址。

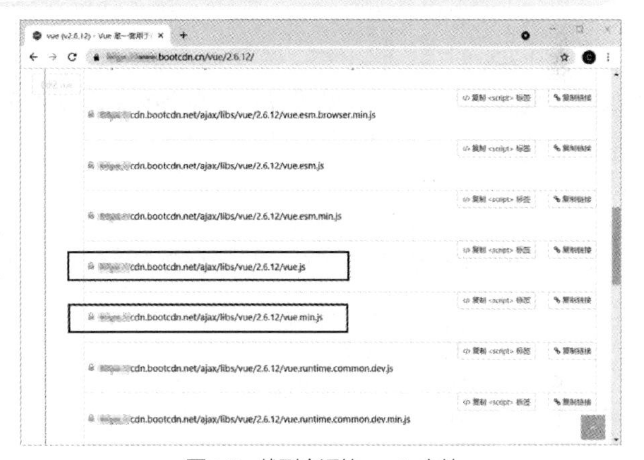

图 1.9　找到合适的 vue.js 文件

说明

vue.min.js 和 vue.js 本质是一样的，前者是后者经过压缩以后的版本。

在 HTML 网页文件中，只要使用<script>标记引入 vue.js 或 vue.min.js 文件，就可以使用 Vue.js 提供的功能了。

在实际开发中，引入这种非常流行的 JavaScript 框架通常有两种方法。一种方法是使用 CDN（content delivery network）方式：

```
<script src="https://cdn.bootcdn.net/ajax/libs/vue/2.6.12/vue.min.js"></script>
```

所谓 CDN，是指内容分发网络。通过构建分布式的内容分发网络，用户可以就近获取所需内容，这样可以提高用户访问的响应速度和命中率。有些服务提供商会免费提供常用框架的 JavaScript 文件的 CDN 服务（可以直接使用），但是在商业化应用的过程中，需要注意版权问题。使用 CDN 方式引入 Vue.js 文件后，就不需要在本地部署该文件了。

另一种方法是仍然使用本地部署。使用本地部署的好处是万一 CDN 服务发生故障，在文件不可用的情况下，网络仍然可以正常运行。

读者可以直接把上面网址中提供的文件下载下来，然后引入网页中。在本书配套资源中也可以找到 Vue.js 文件，你可以直接使用它。

除了上述两种比较简单的方法之外，还可以使用 npm 方法安装 Vue.js，整个过程等到后面用到的时候再讲解。

1.6 上手实践：第一个 Vue.js 程序

案例讲解

作为本章的最后一节，我们来实际动手使用 Vue.js 制作一个案例。这个案例实现的是一个简单的猜数游戏，在浏览器中打开页面，效果如图 1.10 所示。如果用户输入的数值不正确，就提示猜的数太大了或太小了，如图 1.11 所示。直到用户猜对时，祝贺用户猜对，如图 1.12 所示。

猜数游戏

请猜一个介于1和100之间的整数

图 1.10　猜数游戏的初始效果

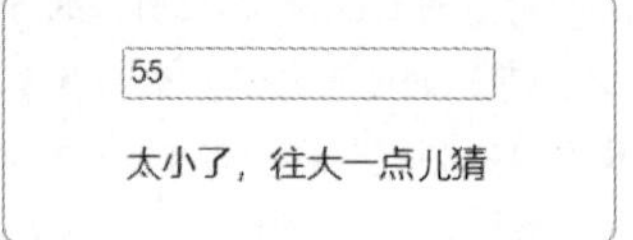

图 1.11　当用户输入的数值不正确时给出提示

87

祝贺你，你猜对了

图 1.12　当用户猜对时祝贺用户

第 1 步：创建一个文件夹，在里面存放下载的 vue.js 文件，然后在同一个文件夹里创建一个 HTML 文件，内容如下所示，详情可以参考本书配套资源文件“第 1 章\basic-01.html”。

```
1   <html>
2   <head>
3     <title>猜数游戏</title>
4     <script src="./vue.js"></script>
5     <style>
6       div#app{
7         width: 250px;
8         margin: 30px auto;
9         border: 1px solid #666;
10        border-radius: 10px;
11        padding:10px;
12      }
13      p{
14        text-align: center;
15      }
16    </style>
17  </head>
18  <body>
19    <div id="app">
20      <p>
21        <input
22          type="text"
23          placeholder="猜数游戏"
24        />
25      </p>
26      <p>请猜一个介于 1 和 100 之间的整数</p>
27    </div>
28  </body>
29  </html>
```

可以看到，这是一个普通的 HTML 文件，如果用浏览器打开，看到的效果和图 1.10 相同，但是现在这个 HTML 文件还没有和用户交互的能力。注意，我们已经通过<script>标记引入了相同目录下的 vue.js 文件，如果引入的是 vue.min.js 文件，与之一致即可。

第 2 步：修改这个 HTML 文件的内容，修改后的 body 部分如下所示，详情可以参考本书配套资源文件“第 1 章\basic-02.html”。

```
1    <body>
2      <div id="app">
3        <p>
4          <input
5            type="text"
6            placeholder="猜数游戏"
7            v-model="guessed"/>
8        </p>
9        <p>{{result}}</p>
10     </div>
11     <script>
12       let vm = new Vue({
13         el:"#app",
14         data: {
15             guessed: ''
16         },
17         computed: {
18           result(){
19             const key = 87;
20             const value = parseInt(this.guessed);
21
22             //如果输入的文字不能转换成整数
23             if(isNaN(value))
24                 return "请猜一个介于 1 和 100 之间的整数";
25
26             if(value === key)
27                 return "祝贺你，你猜对了" ;
28
29             if(value > key)
30                 return "太大了，往小一点儿猜";
31
32             return "太小了，往大一点儿猜";
33           }
34         }
35       });
36     </script>
37   </body>
```

可以看到，这里为文本输入框元素 input 设置了一个名为“v-model”的属性，属性值被设置为“guessed”。v-model 是 Vue 提供的一个指令，其含义就是将文本输入框的内容与一个数据变量关联起来，也称为“绑定”。

然后在 p 元素中，把原来固定的内容改为用双大括号包含的另一个数据变量，用于显示提示信息和结果。

接下来，在<body>部分增加一个<script>标记，并在里面加入与用户交互的逻辑。可以看到，data 部分定义了数据模型，其中包括的 guessed 变量与 input 元素已经绑定，用于记录用户输入的猜测值。每一次用户在文本输入框中改变内容时，就会执行 computed 部分的 result()函数，里面的逻辑是根据用户输入的数值给出相应的提示，详见代码中的注释。

读者不必深究每一行代码的细节，这里只是为了让读者体会一下 Vue 的基本原理，后面的章节会逐一详细讲解。

本案例非常简单，要猜的数字已固定为 87。如果想让这个游戏再真实一些——由程序自动产生一个随机数作为答案，并且猜中以后可以换一个新的答案让用户继续玩这个游戏，那么可以对代码稍做改进，此处不再讲解，本书配套资源文件“第 1 章\basic-03.html”中给出了演示，读者可以参考。

本章小结

作为本书的第 1 章，在正式开始深入学习 Vue.js 之前，本章从 Web 开发的一些基本知识开始，介绍了 Vue.js 框架的基本特点以及 MVVM 模式、Vue.js 程序的安装等内容，并在最后安排了一个动手实践，使读者初步体验了 Vue.js 开发的基本方法。Web 开发的基础是 HTML、CSS 和 JavaScript 这三种基本语言，因此，希望读者在正式开始学习之前，确认自己已经基本掌握这三种语言。

知识点讲解

习题 1

一、关键词解释

前后端分离模式　MVVM 模式　Vue.js　声明式编程　命令行控制台

二、描述题

1. 请简单描述一下 Web 开发技术大致经过了哪几个发展阶段，它们分别是什么。
2. 请简单描述一下 Vue.js 的特性。
3. 请简单描述一下 MVVM 模式包括哪几个核心部分，它们分别是什么。
4. 请简单描述一下 Vue.js 的核心思想。

第2章 Vue.js 开发基础

从本章开始，我们正式学习 Vue.js。本章首先从最基础的知识开始，使读者了解一下让 Vue.js 运转起来的基本结构，以及如何在一个简单的页面上实现数据模型和页面元素的绑定。

Web 开发的基础是 HTML、CSS 和 JavaScript 这三种语言，因此，希望读者在正式开始学习之前，确认自己已经基本掌握这三种语言。特别是 JavaScript，由于历史原因，它经历了比较复杂的演进过程，目前主流的开发中使用的是 ES6 语法。如果读者不是很熟悉的话，可以阅读一下本书附录中的简明介绍，以便对 ES6 有一个基本的了解。本章的思维导图如下所示。

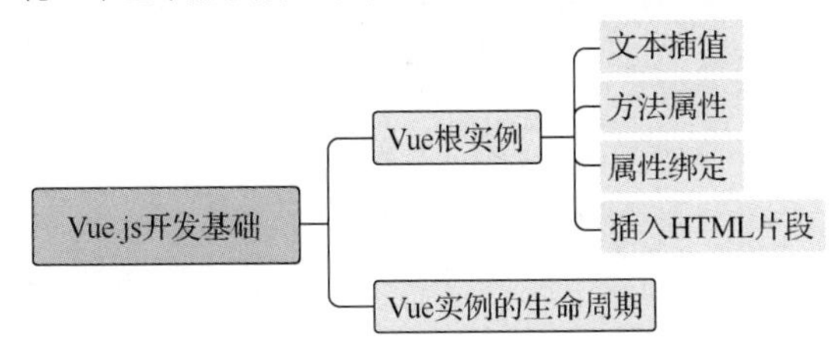

本章导读

知识点讲解

2.1 Vue 根实例

Vue.js 遵循 MVVM 模式，因此使用 Vue.js 的核心工作就是创建一个“视图模型”（ViewModel）对象，并将它作为“视图”（View）和业务“模型”（Model）之间的桥梁。Vue.js 的做法是提供 Vue 类型，开发者可通过创建一个 Vue 类型的实例来实现视图模型的定义。在一个完整的项目中，虽然可能会创建多个 Vue 实例并由此形成层次结构，但是通常一个应用中只能有一个唯一的处于最上层的 Vue 实例，这个 Vue 实例就称为“Vue 根实例”。具体的语法形式如下所示。

```
1   let vm = new Vue({
2      // 选项对象
3   })
```

可以看到，从 JavaScript 的角度看，Vue 是类型，Vue()是其构造函数，可通过使用 new 运算符调用 Vue()构造函数来创建一个“实例”，或者叫作“对象”。调用构造函数的时候，参数是以 JavaScript 的对象方式传入的。在这个对象中，可以设定很多选项，这些选项指定了这个对象的行为，即它与页面如何配合工作。学习使用 Vue.js 的很大一部分内容就是学习如何设置这个对象。

2.1.1 文本插值

先来看一个最简单的例子。在这个例子中，我们将显示一位用户的基本信息并向他问好，代码如下，详情可以参考本书配套资源文件“第 2 章/instance-01.html”。

```
1   <html>
2     <head>
3       <script src="vue.js"></script>
4     </head>
5     <body>
6       <div id="app">
7         <p>用户您好! </p>
8         <ul>
9           <li>姓名 : {{name}}</li>
10          <li>城市 : {{city}}</li>
11        </ul>
12      </div>
13      <script>
14        let user = {
15          name : "Chance",
16          city  : "Beijing",
17        };
18        let vm = new Vue({
19          el: '#app',
20          data: user
21        })
22      </script>
23    </body>
24  </html>
```

这个例子尽管非常简单，但却已经充分体现了 Vue.js 的使用方式。首先需要引入 vue.js 文件，然后 HTML 部分的写法就像普通网页一样，只是在某些需要动态生成的部分，用双大括号括起来一些变量，这些变量正好和后面的 JavaScript 代码中声明的对象一致。

仔细观察<script>部分的代码，理解传入 Vue()构造函数中的对象（注意必须使用 new 运算符才能创建对象）是学习 Vue.js 的关键。

首先，参数对象有一个名为“el”（el 是 element 的前两个字母，表示元素）的属性，其值恰好是我们需要处理的 HTML 元素的根节点 id，即“#app”。这样，想要执行的任何操作都只会影响到这个 div 元素，而不会影响除了它之外的任何内容。

其次，参数对象（也可以叫选项对象）中定义了 data 属性，它的值是一个名为 user 的对象，这个对象就是“业务模型”，并且在代码中已经声明好了，它有两个属性——name 和 city，分别表示姓名和城市。可以看到，HTML 结构中包含了如下部分：

```
1  <div id="app">
2    <p>用户您好! </p>
3    <ul>
4      <li>姓名 : {{name}}</li>
5      <li>城市 : {{city}}</li>
6    </ul>
7  </div>
```

用“双大括号”括起来的 name 和 city，正好对应 data 对象的两个属性。渲染页面的时候，Vue 将会自动地将{{name}}和{{city}}替换为 data.name 和 data.city，这个过程被称为“文本插值”，也就是将文本的内容插入页面中。

运行上面的程序，效果如图 2.1 所示。

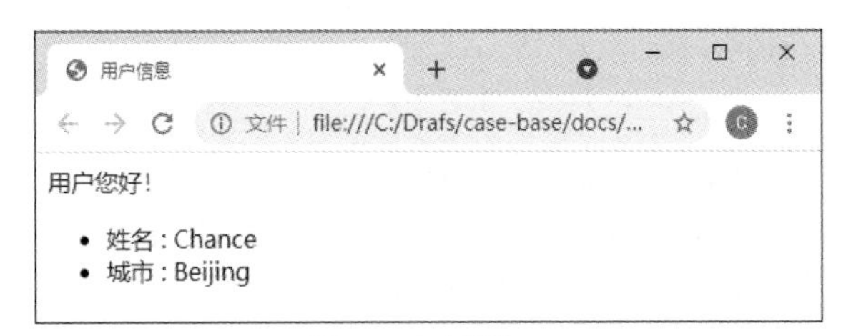

图 2.1 文本插值

结果正如我们所料，根据 data 属性的值，姓名和城市信息正好替换掉了 HTML 中相应的用双大括号包含的部分。这个过程也被称为“绑定”，即通过双大括号语法，对页面元素中的“文本”内容与数据模型中的变量进行“绑定”。

在这个最简单的页面中，我们来分别找一找模型、视图与视图模型。

- 视图：这个插入了一些特殊语法（比如{{}}）的 HTML 页面就是“视图”（View）。
- 模型：在调用构造函数的参数对象中，data 属性定义的就是模型（Model）。
- 视图模型：通过 Vue()构造函数创建的名为 vm 的实例就是“视图模型”（ViewModel）。

说明

在参数对象中，data 对象包含的数据被称为“响应式”（reactive）数据。也就是说，data 中定义的数据将由 Vue.js 的机制监控和管理，实现自动跟踪和更新。在实际的 Web 项目中，data 中定义的数据通常是通过 AJAX 的方式从服务器端获取的。例如上面例子中的用户信息数据，通常当用户登录一个网站后，程序就会从远程的数据库中获取登录用户的信息，然后显示到页面上。

在 Vue.js 中，data 属性除了可以像上面那样直接设置为一个对象以外，也可以设置为一个函数的返回值，代码如下，详情可以参考本书配套资源文件“第 2 章/instance-02.html”。

```
1   <script>
2     let user = {
3       name : "Chance",
4       city  : "Beijing",
5     };
6     let vm = new Vue({
7       el: '#app',
8       data() {
9         return user;
10      }
11    })
12  </script>
```

上述代码使用了 ES6 语法。任何一个对象的成员要么是数据成员，要么是函数成员。但无论是数据成员还是函数成员，在本质上都是一个“键-值”对，“键”是这个成员的名字，“值”是这个成员的内容。对于函数成员来说，“键”是函数的名字，“值”是函数的“地址”。因此，只要能够描述一个函数的名字和这个函数将要执行的操作就可以了。

在 ES6 中，对象的函数成员有 3 种描述方法，我们将它们放在一起并举个简单的例子。

```
1   {
2     functionEs5: function(){
3       return Math.random();
4     },
5     functionEs6(){
6       return Math.random();
7     },
```

```
8       functionArrow: () => Math.random()
9    }
```

在上面的代码中，functionEs5()、functionEs6()和 functionArrow()都是语法正确的函数成员。

functionEs5 是传统的写法，functionEs6 在 ES6 中是合法的写法，functionArrow 是 ES6 引入的箭头函数的写法。关于箭头函数，可参考本书附录中的讲解，请特别注意其对 this 指针的特殊处理。

注意

functionEs5 和 functionEs6 这两种写法是完全等价的，可以互换，不会有任何问题。但是箭头函数与它们并不是完全等价的，主要差别在于对 this 指针的处理方式不同，后面我们会频繁地遇到这个问题，随着学习的深入，读者对这个知识点的理解将会越来越深刻。

请读者务必认真理解上述内容，虽然看起来很简单，但是当遇到一些比较复杂的实际代码时，就容易混乱。另外，我们都会时常到网上查找一些案例代码来参考，网上的资源年代不同，写法各异，正确的和错误的混杂在一起，如果不熟悉各种写法的等价性，就很容易弄得一片混乱。

如果用 ES5 语法来写的话，data 后面的冒号和 function 不能省略，代码如下所示。

```
1    <script>
2      ……省略……
3      let vm = new Vue({
4        el: '#app',
5        data: function() {
6          return user;
7        }
8      })
9    </script>
```

Vue.js 的最大优点是实现了页面元素与数据模型的“双向绑定”。不过在这个例子中，我们目前还只能看到单向绑定，即数据模型中的内容被传递给了页面元素，反向传递在后面的学习中将会看到。可以想象，假设页面元素是一个文本框，如果用户在这个文本框里输入一些文字，那么 Vue.js 将会实时地把输入的内容同步传递给模型的对象，这就是所谓的“双向绑定”。

那么这种绑定机制是如何实现的呢？我们简单探究一下底层的实现方法。通过 Chrome 浏览器的开发者工具，我们可以观察一下 Vue()构造函数产生的对象。我们在代码中加入一条浏览器控制台的输出语句，注意输出的是 vm.$data 对象，这个对象是由 Vue()构造函数动态创建的，代码如下，详情可以参考本书配套资源文件“第 2 章/instance-03.html”。

```
1    <script>
2      let user = {
3        name : "Chance",
4        city : "Beijing",
5      };
6      let vm = new Vue({
7        el: '#app',
8        data: user
9      });
10     console.log(vm.$data);
11   </script>
```

用 Chrome 浏览器打开页面，按“Ctrl+Shift+I”组合键打开“开发者工具”，选择 Console（控制台）标签，可以看到对应的输出，如图 2.2 所示。

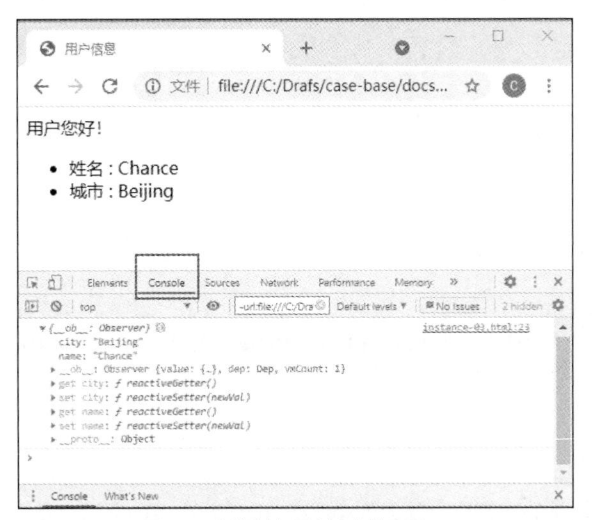

图 2.2 在控制台观察输出的变量

可以看到，在 vm.$data 对象中，除了 name 和 city 这两个属性之外，Vue.js 还自动为这两个属性分别生成了相应的存取器（getter 和 setter）方法，从而拦截了对 name 和 city 属性的读写，Vue.js 借此机会把得到的值写到了页面中。在图 2.2 中可以看到，存取器方法对应的是 reactiveGetter() 和 reactiveSetter()，即它们都是响应式的。

说明

类似于$data，以$开头的一些对象都是由 Vue.js 动态创建的，在开发中可以直接使用。以后我们还会遇到其他具有类似形式的对象。

2.1.2 方法属性

知识点讲解

在传入 Vue()构造函数的对象中，除了 el 和 data 之外，还可以包括 methods 属性，里面可以定义多个方法（或者叫作函数）。例如，假设我们希望在页面上根据用户的姓名和所在城市，显示一条欢迎语：“欢迎来自某地的某人”，效果如图 2.3 所示。添加 sayHello()方法，其作用是将 name 和 city 插入一个模板字符串中，得到一条完整的句子，代码如下，详情可以参考本书配套资源文件“第 2 章/instance-04.html”。

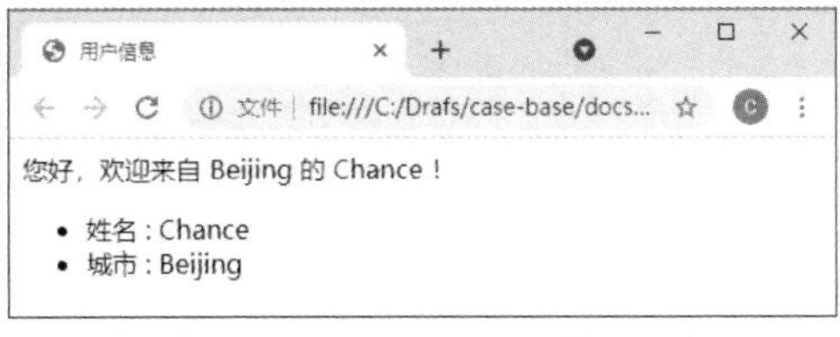

图 2.3 欢迎语的最终显示效果

```
1   <div id="app">
2     <p>{{sayHello()}}</p>
3     <ul>
4       <li>姓名 : {{name}}</li>
5       <li>城市 : {{city}}</li>
6     </ul>
7   </div>
```

```
8   <script>
9     let user = {
10      name : "Chance",
11      city : "Beijing",
12    };
13    let vm = new Vue({
14      el: '#app',
15      data: user,
16      methods:{
17        sayHello(){
18          return '您好，欢迎来自 ${this.city} 的 ${this.name} ！'
19        }
20      }
21    })
22  </script>
```

请注意这里构造欢迎语的字符串，使用的也是ES6新增的一种语法结构，称为“字符串模板”，它以“`”符号开头和结尾，代替了普通字符串开头和结尾的单引号或双引号。在这种字符串模板中，可以方便地插入变量，例如，下面两条语句分别是ES6和ES5的写法，二者是等价的，但显然ES6的写法要更方便且更易于理解。

```
1   //ES6
2   let hello = '欢迎来自 ${this.city} 的 ${this.name} ！';
3
4   //ES5
5   let hello = "欢迎来自 " + this.city + " 的 " + this.name " ！";
```

说明

使用模板字符串的另一个优点是，可以跨行，直接产生多行文本；而普通字符串不能跨行，如果要定义多行字符串，那么必须通过将多个单行字符串拼接才能获得。

另外，注意上面在methods的属性对象中，定义sayHello()方法的语法形式遵循的也是ES6语法，它等价于下面的ES5传统写法：

```
1   methods: {
2     sayHello: function() {
3       return '欢迎来自${this.city}的${this.name}！';
4     }
5   }
```

注意

在HTML部分，可使用双大括号语法将p元素的内容与sayHello()方法绑定，但不要忘记sayHello后面的小括号，这样在绑定时才会先执行sayHello()方法，再把得到的结果显示在p元素中。如果不加小括号，页面上显示的将是这个方法本身的内容，效果如图2.4所示。

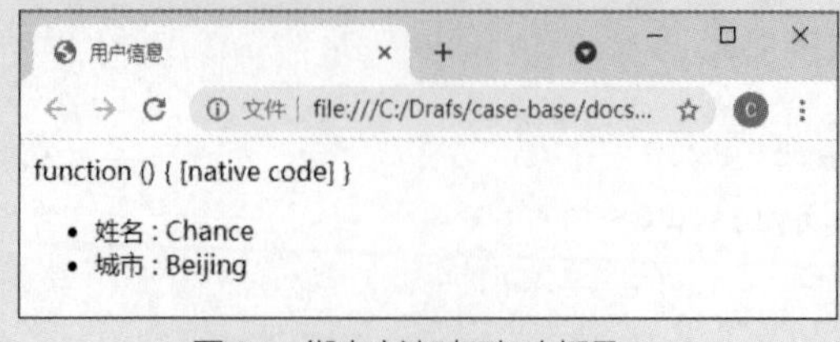

图2.4 绑定方法时不加小括号

下面我们深入理解一下 Vue.js 的“响应式系统”（reactivity system），它是 Vue.js 实现很多“编程魔法”的关键。

当一个 Vue 实例被创建时，data 对象中的所有属性都会被自动添加到 Vue.js 的响应式系统中。当这些属性的值发生改变时，视图将会产生“响应”，即匹配更新为新的属性值。

观察以下代码，请仔细理解注释中的说明：

```
1   // 定义一个最简单的数据模型
2   var model = { a: 1 }
3
4   // 将该对象添加到一个 Vue 实例中
5   var vm = new Vue({
6     data: model
7   })
8
9   // Vue 实例中的字段与 data 中的字段一致
10  vm.a == data.a  // => true
11
12  // 修改 Vue 实例中相应的字段，也会影响到 data 中的原始数据
13  vm.a = 2
14  console.log(data.a) // => 2
15
16  // 同样，修改 data 中的字段，也会影响到 Vue 实例中的数据
17  data.a = 3
18  vm.a // => 3
```

基于上面的说明，在 methods 中定义的方法内部，可以使用 this 指针引用 data 中定义的属性，这个 this 指针指向的就是 Vue()构造函数构建的对象，也就是上面代码中的 vm 对象。Vue.js 的响应式系统会自动地将 data 中的所有属性添加到 vm 对象的属性中。

但这样做会产生如下副作用：在 methods 中定义的方法内部，往往不能使用 ES6 引入的箭头函数的写法来写方法。例如前面的 sayHello()方法，从语法角度看，如果使用箭头函数的写法，那么可以写成下面的形式，详情可以参考本书配套资源文件“第 2 章/instance-05.html”。

```
1   methods: {
2      //箭头函数不绑定自己的 this 指针，因此不能这样写
3      sayHello: () => `欢迎来自${this.city}的${this.name}！`
4   }
```

从语法形式看，上面的代码是正确的，但是实际结果却不正确，得到的效果如图 2.5 所示。

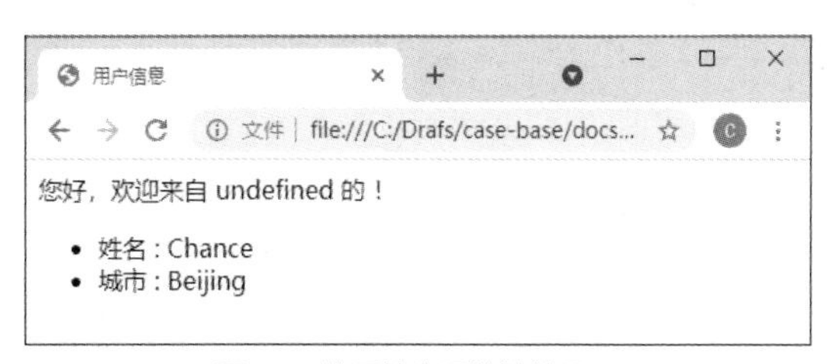

图 2.5　使用箭头函数的效果

从图 2.5 中可以看出，city 属性是 undefined，而 name 属性为空字符串。这是因为箭头函数不绑定自己的 this 指针，而是从父级上下文中查找 this 指针。因此，这里的 this 实际上就是全局上下文，也就是 window 对象。而 window 对象中没有定义 city 属性，所以 this.city 显示为 undefined。但 window

对象定义了自己的 name 属性，此时它的值是空字符串。因此，这里不能使用箭头函数的写法。希望读者能够把 JavaScript 的基础知识掌握扎实，这样学习使用框架时才能事半功倍。

简单总结一下，通过上面的几个小案例，可以清晰地看出，使用 Vue.js 进行开发的本质就是将一些特定的选项对象传递给 Vue()构造函数，创建“视图模型”。目前，我们学习了这些选项对象的 3 种属性。

- el：指定 Vue 动态控制的 DOM 元素根节点。
- data：指定原始数据模型。
- methods：用于对原始数据模型的值做一些加工变形，然后用于视图中。

视图模型可以对原始的业务数据模型做一些加工处理，之后再与视图绑定。Vue.js 定义了丰富的数据处理机制，用于加工处理模型数据。除了上面的 methods，在后面的章节中我们还会详细介绍其他各种强大的机制。

说明

“业务模型”往往倾向于描述数据本来的样子，例如对于一个用户，“名字”和“所在城市”就是这个用户原始的本质信息。我们要在网站上显示一句打招呼的欢迎语，欢迎语和用户本身并没有直接关系，而是通过用户的名字和城市信息构成的一句话。因此，在“视图模型”而不是“业务模型”中构造这条欢迎语是恰当的，欢迎语不应该混入“业务模型”。希望读者能够很好地理解“业务模型”与“视图模型”的各自作用和特点。

2.1.3 属性绑定

知识点讲解

双大括号语法可以实现 HTML 元素的文本插值，但是，如果我们希望绑定的是 HTML 元素的属性，就不能使用双大括号语法了，这时需要使用属性绑定指令。

仍以上面的用户信息页面为例，我们希望根据用户的性别对页面的样式进行区分，为此，在用户数据模型中增加一个 sex（性别）字段，代码如下，详情可以参考本书配套资源文件“第 2 章/instance-06.html”。

```
1   let user = {
2     name: "Chance",
3     city: "Beijing",
4     sex: "male"
5   };
```

然后，在<style>标记部分增加两种 CSS 样式类：male 类显示浅蓝色背景，用于显示男性用户；female 类显示浅红色背景，用于显示女性用户。代码如下所示：

```
1   <style>
2     .male{
3       background-color: rgb(175, 203, 245);
4     }
5     .female{
6       background-color: rgb(248, 213, 241);
7     }
8   </style>
```

接下来，在 HTML 中为 ul 元素动态绑定 class 属性，这里需要使用 v-bind 指令将 class 属性绑定到 data 中新增的 sex 字段上，代码如下所示：

```
1   <ul v-bind:class="sex">
```

```
2      <li>姓名 : {{name}}</li>
3      <li>城市 : {{city}}</li>
4    </ul>
```

这时，ul 元素的 class 属性的值，就会根据用户数据中 sex 字段的值来决定显示哪个样式了，效果如图 2.6 所示。

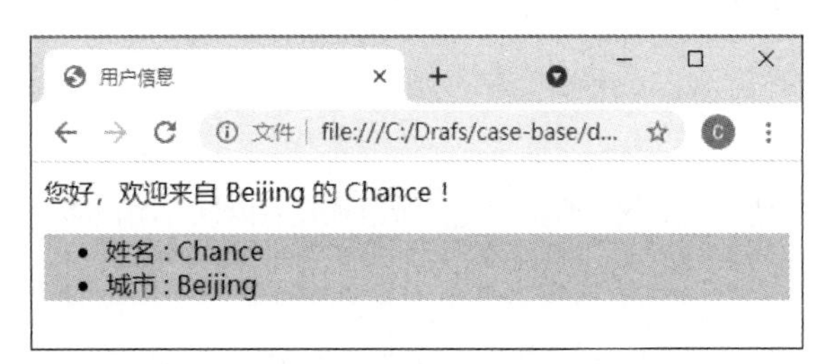

图 2.6　为 ul 元素动态绑定 class 属性的效果

说明

前面曾经提到，英文中的 responsive 和 reactive 虽然都被翻译为“响应式”，但实际上含义不同。与之类似，在这里我们会遇到另一个特别常用的中文词汇“属性”，它实际上对应英文中两个不同的单词，一个是 property，另一个是 attribute，二者在含义上区别不是太大。对于 JavaScript 程序来说，对象的属性是 property；而对于 HTML 元素的属性来说，比如 img 元素的 src 属性，对应的却是 attribute。为了区分，有时也把 attribute 翻译为“特性”。

v-bind 指令有一种简写形式，即省略“v-bind”，而只保留想要绑定的属性前面的冒号。例如，下面的代码就使用了 v-bind 指令的简写形式。

```
1    <ul :class="sex">
2      <li>姓名 : {{name}}</li>
3      <li>城市 : {{city}}</li>
4    </ul>
```

说明

在 Vue.js 中，常用的指令都有简写形式，除了最后几章的综合案例，本书基本上不使用简写形式，以便读者能够加深对指令的印象。

2.1.4 插入 HTML 片段

知识点讲解

前面介绍的双大括号语法，可以用来向 HTML 元素中插入文本。但是，如果插入的不是单纯的文本内容，而是带有 HTML 结构，就要改用 v-html 指令了。

下面首先对 sayHello()方法稍做修改，在字符串中加入一些 HTML 标记，代码如下：

```
1    methods:{
2      sayHello(){
3        return `您好，欢迎来自 <b>${this.city}</b> 的 <b>${this.name}</b> ！`
4      }
5    }
```

然后在浏览器中可以看到如图 2.7 所示的效果，HTML 标记都作为文本直接显示出来了，这不是我们希望的效果。

将双大括号语法改为使用 v-html 指令，代码如下，可以参考本书配套资源文件“第 2 章/instance-07.html”。

```
1   <div id="app">
2     <p v-html="sayHello()"></p>
3     <ul>
4       <li>姓名 : {{name}}</li>
5       <li>城市 : {{city}}</li>
6     </ul>
7   </div>
```

这时可以看到，显示的结果正是我们所希望的，城市和姓名信息都用粗体显示了，效果如图 2.8 所示。

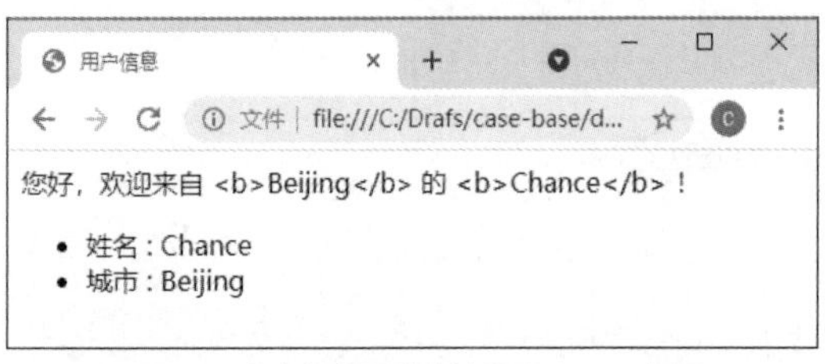

图 2.7　文本插值语法直接显示 HTML 标记

图 2.8　使用 v-html 指令显示 HTML 片段

说明

<b>和<i>（<b>表示加粗、<i>表示斜体）等原来 HTML4 中的一些与文本样式相关的标记在 HTML5 中保留了下来，仍然有效，但是 HTML5 对它们从语义的角度进行了新的解释。

b 元素在 HTML5 中被描述为普通文章中仅从文体上突出的不包含任何额外重要性的一段文本，例如文档概要中的关键字、评论中的产品名等。

i 元素在 HTML5 中则被描述为普通文章中能够突出不同意见、语气或其他特性的一段文本，例如一个分类名称、一个技术术语、一个外语中的谚语、一个想法等。

2.2 Vue 实例的生命周期

知识点讲解

Vue.js 会自动维护每个 Vue 实例的生命周期，也就是说，每一个 Vue 实例都会经历一系列的从创建到销毁的过程。例如，创建实例对象、编译模板、将实例挂载到页面上以及最终进行销毁等。在这个过程中，Vue 实例会在不同阶段的时间点向外部暴露出各自的回调函数，这些回调函数又称为“钩子函数”，开发人员可以在这些不同阶段的钩子函数中定义业务逻辑。

例如，考虑上面的用户信息页面，在定义 user 对象的时候，我们并不知道用户的具体信息。通常的做法是在页面加载后，通过 AJAX 的方式向服务器发送请求，调用服务器上的某个 API，并从返回值中获取有用的信息，从而为 user 对象赋值，代码如下，详情可以参考本书配套资源文件“第 2 章/instance-08.html”。

```
1   <script>
2     let user = {
3       name : '',
4       city : ''
5     };
6     let vm = new Vue({
7       el: '#app',
8       data: user,
```

```
9        mounted(){
10           user = getUserFromApi();
11       },
12       methods:{
13          sayHello(){
14             return `您好，欢迎来自 <b>${this.city}</b> 的 <b>${this.name}</b>！`
15          }
16       }
17    })
18  </script>
```

在上面的代码中，当定义 user 对象的时候，name 和 city 两个字段都被初始化为空字符串。然后等到创建 Vue 实例的时候，在 mounted()方法中调用另一个方法来获取 user 对象的属性值。具体如何使用 AJAX 获取远程的数据，我们将在后面的章节中介绍。

mounted()是最常用的一个钩子函数，因为是在 DOM 文档渲染完毕后调用，所以它相当于 JavaScript 中的 window.onload()方法。

回顾第 1 章中的猜数游戏案例，如果希望每次设置一个新的随机数作为目标值，那么显然需要在两处调用设定目标值的代码，一处是在 mounted()钩子函数中，另一处是在用户每次猜数成功以后，代码如下，详情可以参考本书配套资源文件“第 2 章/basic-03.html”。

```
1   let vm = new Vue({
2      el:"#app",
3      data: {
4         guessed: '',
5         key:0
6      },
7      methods:{
8         setKey(){
9            this.key = Math.round(Math.random()*100);
10        }
11     },
12     mounted(){
13        this.setKey();
14     },
15     computed: {
16        result(){
17           const value = parseInt(this.guessed);
18           if(isNaN(value))
19              return "请猜一个介于 1 和 100 之间的整数";
20
21           if(value === this.key){
22              this.setKey();
23              return "祝贺你，你猜对了，猜下一个数字吧";
24           }
25           if(value > this.key)
26              return "太大了，往小一点儿猜";
27
28           return "太小了，往大一点儿猜";
29        }
30     }
31  });
```

可以看到，上述代码首先在 methods 中定义了一个 setKey()方法，用于设定猜数目标变量 key 为一个 100 以内的随机整数。然后在 mounted()钩子函数中调用 setKey()方法，就可以在用户第一次开始猜数游戏之前设定好答案。从这里我们可以清楚地看出 mounted()钩子函数的作用。

当然，Vue 实例的生命周期中不止挂载这一个阶段，Vue.js 为开发人员提供了众多的生命周期钩子函数，因此重要的是要理解每个钩子函数会在什么时间点被调用。

但是，目前我们还无法深入讲解每个阶段的含义，这里仅简单讲解几个常用的钩子函数。

- beforeCreate()：在实例创建之前调用。
- created()：在实例创建之后调用，此时尚未开始 DOM 编译。
- beforeMount()：在挂载开始之前调用。
- mounted()：在实例被挂载后调用，这时页面的相关 DOM 节点已被新创建的 vm.$el 替换。它相当于 JavaScript 中的 window.onload()方法。
- beforeUpdate()：每次页面中有元素需要更新时，在更新前就会调用 beforeUpdate()钩子函数。
- updated()：每次页面中有元素需要更新时，在更新完之后就会调用 updated()钩子函数。
- beforeDestroy()：在销毁实例前调用，此时实例仍然有效。
- destroyed()：在实例被销毁之后调用。

注意

和 methods 中定义的方法一样，Vue.js 会为所有的生命周期钩子函数自动绑定 this 上下文到实例中，因此可以在钩子函数中对属性和方法进行引用。这意味着不能使用箭头函数来定义生命周期方法(例如 created:() => this.callRemoteApi())，因为箭头函数绑定了上下文，而箭头函数中的 this 指针不指向 Vue 实例对象。

读者需要认真理解 JavaScript 中的 this 指针，默认情况下，this 指针指向调用函数的对象。但是，JavaScript 还允许使用其他方式调用函数，这使得 this 指针可以指向其他任何特定的对象。

在创建 Vue 实例的时候，我们在 methods 中定义的各个方法，其内部的 this 指针都指向 Vue 实例对象，这是 Vue.js 框架进行特殊处理后的结果。

本章小结

在这一章中，我们学习了通过 Vue()构造函数创建根实例，并与页面元素的文本和属性进行绑定的基本方法。在设置传入 Vue()构造函数的对象时，我们学习了 3 个属性：el、data、methods。希望读者能通过最简单的案例，掌握 Vue.js 中的核心原理，理解“视图”“业务模型”“视图模型”三者之间的关系和它们各自的作用。

知识点讲解

习题 2

一、关键词解释

Vue 根实例　文本插值　双向数据绑定　属性绑定　Vue 指令　实例的生命周期　钩子函数

二、描述题

1. 请简单描述一下本章介绍的 Vue 根实例的选项都有哪些，它们在 Vue.js 中起到的作用是什么。
2. 请简单介绍一下 Vue 实例的生命周期钩子函数都有哪些，每个钩子函数会在什么时候被调用。

第 3 章 计算属性与侦听器

在一个应用程序中，会涉及很多变量，而变量之间往往存在很多关联关系。其中有一些变量是根本性的，而另一些则是依赖性的。Vue.js 提供了根据某些变量自动关联另一些变量的机制，以简化对象之间的复杂关系。本章就来介绍 Vue.js 中的计算属性与侦听器。本章的思维导图如下所示。

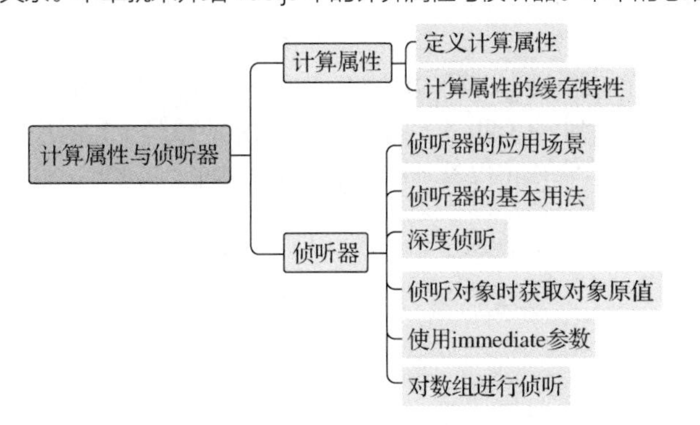

本章导读

3.1 计算属性

知识点讲解

第 2 章已经讲过，我们在 methods 属性中设置的函数通常被称为“方法”，用于实现对原始数据的加工，从而方便你在视图中使用加工后的数据。Vue.js 除了“方法”之外，还有很多其他的方式用于加工处理数据，这里介绍一种新的属性——computed（计算属性）。

3.1.1 定义计算属性

下面举一个十分简单的例子，代码如下，详情可以参考本书配套资源文件“第 3 章/computed-01.html”。

```
1    <script>
2      let square = { length:2 };
3      let vm = new Vue({
4        data: square,
5        computed: {
6          area(){
7            return this.length * this.length;
8          }
9        }
10     })
11     console.log(vm.area);  // 输出 4
12   </script>
```

在这个例子中，业务模型是一个正方形（square），只有一个属性，即正方形的边长（length）属性。然后，在 computed 属性中定义了一个名为 area（面积）的方法，用于计算正方形的面积，即返回 length 的平方。

通过 Chrome 浏览器控制台，可以看到实际运行的结果：length 的值为 2，因此 vm.area 会返回 2 的平方 4。

说明

本章将会多次用到 Chrome 的开发者工具，以查看控制台的输出结果。在 Chrome 浏览器中，按“Ctrl+Shift+I”组合键可以快速打开“开发者工具”，选择 Console（控制台）标签，便可以看到程序中 console.log() 语句的输出结果。

计算属性是“存取器”，本质上是函数，但在访问（调用）时，却需要像对待变量那样，不带小括号，例如上面写作 vm.area 而不是 vm.area()。

我们大多数时候用到的都是 get 存取器，即“读”方式的存取器。上面定义的 area()计算属性就是一个“读”方式的存取器。我们有时也会用到 set 存取器，即“写”方式的存取器。这时代码就需要修改成如下形式，以分别设定 get 和 set 存取器，详情可以参考本书配套资源文件“第 3 章/computed-02.html”。

```
1   <script>
2     let square = {length:2};
3     let vm = new Vue({
4       data: square,
5       computed: {
6         area: {
7           get(){
8             return this.length * this.length;
9           },
10          set(value){
11            this.length = Math.sqrt(value);
12          }
13        }
14      }
15    })
16    console.log(vm.area);    // 输出 4
17    vm.area = 9
18    console.log(vm.length);  // 输出 3
19  </script>
```

可以看到，在 computed 属性中，area 被设置为一个对象，里面分别设定了 get 和 set 方法。get 方法和上面的相同，仍返回边长的平方；而 set 方法要带一个参数，参数名可以随便起，比如这里叫作 value。在 set 存取器中，value 表示对 area 进行赋值的参数，即正方形的面积，此时边长被更新为面积的平方根。

因此，在 Chrome 控制台中，如果把 9 设置给 vm.area，这时就会调用 set 存取器，从而把 length 的值更新为 3，正如控制台输出的结果所示。

另外，通过读写存取器的方式，我们也可以实现对原始业务模型的加工处理。计算属性可以在原始数据模型的基础上增加新的数据，而新增加的数据和原始数据之间存在着一定的约束关系。上面的例子就实现了给正方形增加一个“面积”属性的功能，而原有的“边长”属性和新的“面积”属性之间存在着平方关系，二者并不是独立的，当其中一个被改变时，另一个也会跟着改变。因此，在“业务模型”中得到边长，而在“视图模型”中处理面积，这是最合理的方式。

说明

读者学习到这里可能会有一个疑问，在向 HTML 元素中绑定模型的时候也可以使用表达式，假如需要在视图中显示面积的话，直接在绑定的时候计算不是很方便吗？何必多此一举地声明一个计算属性呢？就像下面的代码这样。

```
<p>这个正方形的面积是 {{length*length}}</p>
```

这里的答案是，应该尽量让 HTML 部分简单干净、易于理解，尽量不要在 HTML 代码中混入计算逻辑，而且在实际开发中，我们遇到的逻辑往往会比较复杂。如果把很长的逻辑代码写到 HTML 标记中，就会使代码难以理解和维护。因此，我们应该努力通过不断地封装，使程序的结构保持简单清晰，而不要产生纠缠在一起的“面条”式程序代码。

方法论

读者在学习编程的时候，要比学习语法规则更加重视逻辑的表达，特别是形成一些好的编程理念，这才是区分程序员级别的标准。马克思曾说，“语言是思维的物质外壳”。语言和框架仅仅是我们思想的载体，而真正关键和需要永远探索的是通过语言表达的逻辑和内容。

3.1.2 计算属性的缓存特性

当然，这里读者自然会想到，上面的求面积的 get 存取器，其实也可以在 methods 属性中实现，如以下代码所示。

```
1   <script>
2     var vm = new Vue({
3         ……省略……
4         methods: {
5           area: function () {
6               return this.length * this.length;
7           }
8         }
9     });
10    console.log(vm.area()); // 4
11  </script>
```

使用计算属性的 get 存取器与在 methods 中定义一个方法相比，除了调用时一个带小括号、另一个不带之外，效果是一样的。但是这里要特别注意，并且一定要牢记它们之间的如下重要区别：计算属性具有缓存的效果，而方法不具有。到底应该用哪个，要根据实际情况来定。具体来说：

- computed 定义的属性在第一次访问时进行计算，以后再次访问时不再计算，而直接返回上次计算的结果。但是，如果计算属性的值依赖于响应式数据，那么当响应式数据发生变化的时候，也会重新计算。
- 而定义在 methods 中的方法每次调用时都会计算一次。

下面通过一个小的示例来说明这一点。定义一个方法和一个计算属性，二者实现完全相同的功能，可通过名字予以区分。代码如下，详情可以参考本书配套资源文件“第 3 章/computed-03.html”。

```
1   <script>
2     let vm = new Vue({
3       methods: {
4         getTimeA: () => Math.random()
```

```
5         },
6         computed: {
7           getTimeB: () => Math.random()
8         }
9       });
10      console.log(vm.getTimeA());
11      console.log(vm.getTimeA());
12      console.log(vm.getTimeA());
13      console.log("-----------------");
14      console.log(vm.getTimeB);
15      console.log(vm.getTimeB);
16      console.log(vm.getTimeB);
17    </script>
```

执行以后，在控制台可以得到如下结果。可以看到，使用 vm.getTimeA()方法得到的结果每次都不一样，而使用 vm.getTimeB 存取器得到的结果每次都是一样的。

```
1    0.5961562739692035
2    0.6277325778909522
3    0.9653799305917248
4    -----------------
5    0.8451697303918768
6    0.8451697303918768
7    0.8451697303918768
```

当只计算一次，以后都不再计算时，可以使用计算属性来实现；而当每次都需要计算时，可以使用方法属性来实现。

说明

考虑一下为什么在这个示例中可以使用箭头函数的形式。这是因为这个函数内部不存在对 this 指针的引用，因此使用箭头函数和使用完整的函数表达式是等价的。如果函数内部使用了 this 指针引用其他属性，就不能使用箭头函数的形式了。

此外，这里还要注意区分“缓存”和“响应式依赖”的区别。那么，什么是响应式依赖呢？观察下面的代码，详情可以参考本书配套资源文件“第 3 章/computed-04.html”。

```
1    <script>
2      let square = {length:2};
3      let vm = new Vue({
4        data: square,
5        computed: {
6          area(){
7            return this.length * this.length;
8          }
9        }
10     })
11     console.log(vm.area);  // 输出 4
12     vm.length = 3
13     console.log(vm.area);  // 输出 9
14   </script>
```

在 Chrome 控制台中可以看到，两次输出的值分别是 4 和 9，这说明第二次输出面积的时候，面积并不是 4，而是又重新计算了一次。之所以如此，是因为在计算面积的时候用到了 length 属性，我们称 area 这个计算属性“依赖”于 length 属性，而 length 属性是经过 Vue.js 处理的响应式属性。这时，计算属性会随着依赖属性的变化而随时更新。实际上，这个变化是在 length 属性改变时发生的，计算属性仍然具有缓存特性。

初学者很容易简单地理解为计算属性如果有“响应式依赖”，那它就不具有缓存特性，这是不对的，请看下面的例子，详情可以参考本书配套资源文件“第 3 章/computed-05.html”。

```
1   <script>
2     let square = {length:2};
3     let vm = new Vue({
4       data: square,
5       computed: {
6         area(){
7           return this.length * this.length * Math.random();
8         }
9       }
10    })
11    console.log(vm.area);  // 3.63128303025658
12    console.log(vm.area);  // 3.63128303025658
13    vm.length = 3
14    console.log(vm.area);  // 5.52910038332111
15    console.log(vm.area);  // 5.52910038332111
16  </script>
```

在计算面积的时候，乘以一个随机数，然后查看输出结果。在没有改变 length 属性之前，两次输出的 area 属性值是一样的，这说明没有重新计算面积。length 属性发生改变以后，会重新计算一次面积，然后缓存下来，直到下一次 length 属性发生改变。

依赖属性可以传递，例如再增加一个计算属性，用于计算与这个正方形面积相等的圆形的半径（radius），代码如下所示，详情可以参考本书配套资源文件“第 3 章/computed-06.html”。

```
1   <script>
2     let square = {length:2};
3     let vm = new Vue({
4       data: square,
5       computed: {
6         area(){
7           return this.length * this.length;
8         },
9         radius(){
10          return Math.sqrt(this.area / Math.PI);
11        },
12      }
13    })
14    console.log(vm.radius);  // 1.1283791670955126
15    vm.length = 20
16    console.log(vm.radius);  // 11.283791670955125
17  </script>
```

通过查看控制台的输出结果，可以发现在修改了边长以后，radius 这个计算属性也变了，因为它依赖的 area 属性也是响应式的。

关于计算属性，最重要的是理解它的响应式特性。换言之，当一个计算属性依赖于响应式属性时，计算属性会随着依赖的属性而立即更新，更新以后，这个属性值也就被缓存了下来，直到依赖的属性下一次更新，才会触发计算属性再次改变。

3.2 侦听器

知识点讲解

“响应式”是 Vue.js 的最大特点，响应式的目的是使 Vue.js 管理的对象之间存在自动的更新机制。前面介绍的方法和计算属性都具有响应式的特点。此外，Vue.js 还提供了一种称为“侦听器”的工具，它也利用了响应式的特点，但是适用于一些其他的开发场景。

3.2.1 侦听器的应用场景

侦听器的基本作用是在数据模型中的某个属性发生变化的时候进行拦截，从而执行指定的处理逻辑。我们通常会在两种场景中用到侦听器。

1．拦截操作

第一种场景是，当希望在某个属性发生变化的时候执行指定的操作。例如，在一个电子商务网站中，每次购物车内的商品发生变化时，都需要把商品列表保存到本地存储中。改变购物车内商品的操作可能有多个，而且还会逐渐增加，包括加入购物车、修改一件商品的购买数量、从购物车中移除一件商品等。这时就有两种方式可用来实现购物车发生改变时进行的存储操作。

- 第一种方式是在每一个改变购物车商品的操作中调用一次存储操作。
- 第二种方式是侦听购物车内的商品，在发生变化的时候调用一次存储操作。

显然第二种方式要比第一种方式更可取。因为在第一种方式下，存储操作会散落在程序的各个地方，不利于程序的维护，如果以后增加了对购物车的操作，那就需要在新的操作中调用存储操作；而第二种方式只在一处进行处理，即使以后新增对购物车的操作，也无须关心存储的问题，这就是侦听器起到的典型作用。

方法论

从系统设计模式的角度讲，第二种方式又称为“AOP”（aspect oriented programming，面向切面编程），对于在系统中需要进行的日志记录、性能统计、安全控制、事务处理、异常处理等操作，常常使用这种方式将一些具有共性的操作集中在一起进行处理。

Vue.js 的侦听器为开发者提供了一种这样的机制：侦听数据模型的某个响应式属性的变化，无论有多少种改变它的操作，只要在它变化时进行拦截，就可以进行统一的处理。

2．耗时操作

下面考虑另一种可能用到侦听器的开发场景。再次考虑上面计算正方形面积的那个例子，在业务模型中，只需要提供边长这个属性，面积属性可以通过计算属性方便地获取，这样做非常合理。对于有约束关系的不同属性，通常都可以这样做。

但是考虑一种情况，如果根据一个属性计算另一个属性的过程复杂且耗时，比如需要对一段文本进行复杂的加密，则可能需要耗时几秒钟，抑或这个计算无法在浏览器中完成，而需要访问一个外部服务器，通过 AJAX 从远程取得这个值；那么如果属性频繁发生改变，就会导致频繁地调用这个耗时计算，但通常我们都需要避免频繁地进行耗时计算。

假设有一个带有自动提示功能的文本框，在用户输入文字的同时，会向服务器发出请求，取回根据用户输入的内容计算出的提示。用户在文本框中按键输入的速度是很快的，如果每个用户的每次按键都触发远程调用，这就不合适了。因此，大家通常都会设置一个阈值，比如 500 ms，只有当 500 ms 内没有新的输入之后，才会向服务器发出请求。这时就应该考虑使用 Vue.js 的“侦听器”机制，对用户输入的内容进行侦听，仅当前后两次变化的时间间隔超过 500 ms 时，才向服务器发出请求。如果没有超过 500 ms，则直接忽略。

> **注意**
>
> 在绝大多数场景中，都应该使用计算属性而非侦听器，只有当遇到上面所列的两种情况并且有充分的理由时，才应考虑使用侦听器。

3.2.2 侦听器的基本用法

上面计算正方形面积的例子，如果改用侦听器的做法——把 length 和 area 都放在 data 中，然后侦听 length 的变化并更新 area 属性，那么可以这样来实现，详情请参考本书配套资源文件“第 3 章/watch-01.html”。

```
1   <script>
2     let square = {
3       length:2,
4       area:4
5     };
6     let vm = new Vue({
7       data: square,
8       watch: {
9         length(value){
10          this.area = value * value;
11          console.log(vm.area);  // 输出 9
12        }
13      }
14    })
15    console.log(vm.area);  // 输出 4
16    vm.length = 3
17  </script>
```

在上述代码中，square 对象中同时包括了边长和面积两个属性，然后在创建 Vue 实例时，增加了针对 length 属性的侦听器，里面的函数名则与要侦听的属性名一致。例如，这里的 length()方法就用于侦听 length 属性的变化，每次 length 属性发生变化的时候，就会调用 length()方法。length()方法的参数就是 length 属性变化以后的新值。在 length()方法中，可以根据 length 属性的新值，执行相应的操作，例如计算边长的平方，然后更新 area 属性的值。

这样做得到的效果，与把 area 作为计算属性的效果是一样的。

> **注意**
>
> 这里仅仅举例说明了侦听器的用法，实际上对于这样的场景，应该使用计算属性而非侦听器。

如果需要的话，侦听器里的函数也可以带两个参数，前者是变化后的新值，后者是变换前的原值。例如：

```
1  watch: {
2    length(newValue, oldValue){
3      this.area = newValue * newValue;
4      console.log(oldValue);
5    }
6  }
```

3.2.3 深度侦听

计算属性和侦听器具有很多共性，它们都能够在依赖的响应式属性发生变化时做出反应。对于计算属性，会重新计算属性值；对于侦听器，会触发指定的回调函数。

但是二者存在一个重要的区别，就是计算属性是“深度侦听”的，而侦听器如果没有特殊指定的话，那么默认情况下不是“深度侦听”的。Vue.js 框架之所以这样做，是出于对性能的考虑。

所谓“深度侦听”，是指当依赖或侦听的属性是一个对象而不是简单类型的值（例如数值、字符串等）时，就会以递归方式侦听对象的所有属性。

假设有一个数据模型定义如下：一个圆形（circle），包含两个属性——位置（position）和半径（radius），而 position 又是一个包含两个属性的对象，而不是一个简单类型的值。此时，如果想尝试侦听 position 属性的变化，那么可以按照前面介绍的方法，编写如下代码，详情可以参考本书配套资源文件“第 3 章/watch-02.html”。

```
1   <p id="app">{{position2}}</p>
2   <script>
3     let circle = {
4       position: {
5         x:0, y:0
6       },
7       radius: 10
8     };
9     let vm = new Vue({
10      el:"#app",
11      data: circle,
12      watch: {
13        position(newValue) {
14            console.log('在 watch 中侦听到:
15            位置变化到了(${newValue.x},${newValue.y})');
16        }
17      },
18      computed:{
19        position2(){
20          console.log('计算属性被触发更新:
21          位置变化到了(${this.position.x},${this.position.y})');
22          return {x: this.position.x+1, y:this.position.y+1}
23        }}
24    });
25    vm.position.x = 3;
26  </script>
```

在上述代码中，this.position 刚开始的时候值是{x:0, y:0}，之后执行了“vm.position.x = 3”语句以修改 position.x 属性。此时在浏览器中打开这个页面，可以发现控制台的输出结果如下。

```
1   计算属性被触发更新:
2             位置变化到了(0,0)
3   计算属性被触发更新:
4             位置变化到了(3,0)
```

计算属性被两次触发了重新计算，一次是初始化的时候，另一次是 position.x 被改为 3 的时候。但是控制台并没有输出 watch 被触发时的记录，这说明侦听器并没有侦听到 this.position 的变化。

this.position 是一个对象，position 这个变量实际上仅仅记录了一个地址，而我们修改的是 position 对象的 x 字段的值，而没有修改 position 对象本身的地址，因此默认情况下，watch 侦听不到这个变化。也就是说，侦听器默认不是“深度侦听”的。Vue.js 为侦听器提供了一个“深度侦听”选项，用以解决这个问题，可对代码做如下修改，详情可以参考本书配套资源文件“第 3 章/watch-03.html”。

```
1   <script>
2     let circle = {
3       position: {
4         x:0, y:0
5       },
6       radius: 10
7     }
8     let vm = new Vue({
9       data: circle,
10      watch: {
11        position: {
12          handler(newValue) {
13            console.log(`在 watch 中侦听到:
14              位置变化到了(${newValue.x},${newValue.y})`);
15          },
16          deep: true
17        }
18      }
19    })
20    vm.position.x = 3;
21  </script>
```

可以看到，上述代码针对 position 的侦听换了一种写法——改为对象的描述方式，并增加了“deep:true”作为参数，这相当于告诉 Vue 使用“深度侦听”的方式侦听 position 对象，也就是不仅仅侦听 position 变量的地址，而且会以递归方式跟踪它的各级属性。这样就可以实现当对象的某个深层属性发生变化的时候，能被 watch 侦听到。控制台的输出结果如下。

```
在 watch 中侦听到：位置变化到了(3,0)
```

3.2.4 侦听对象时获取对象原值

使用“深度侦听”的方式虽然可以捕获侦听对象的改变，但是这里我们再修改一下，看看会有什么问题。对 watch 的代码做如下修改，目的是希望能够操作修改的原值和新值，详情可以参考本书配套资源文件“第 3 章/watch-04.html”。

```
1   watch: {
2     position: {
3       handler(newValue, oldValue) {
4         console.log(
5           `位置从 (${oldValue.x},${oldValue.y})
6             变化到了($newValue.x},${newValue.y})`);
7       },
8       deep: true
9     }
10  }
```

但遗憾的是，在浏览器中，控制台会输出下面的结果：

```
位置从 (3,0) 变化到了 (3,0)
```

可以看到，Vue 实例并没有记住原值，因此前后显示的都是新值。使用“深度侦听”的方式，虽然可以侦听到对象的属性发生了变化，但是依然无法得到属性的原值。

要解决这个问题，可以采用“偷梁换柱”的办法。

首先给 position 对象设置一个计算属性，因为在计算属性中，可以知道发生了改变。然后在计算属性中，把 position 对象先序列化为一个字符串，再把这个字符串解析为一个对象，这样得到的新对象和原对象将是两个完全不同的对象，但它们的所有属性值是完全一样的。

最后针对这个计算属性设置侦听，这样就可以得到新旧两个值了，代码如下，详情可以参考本书配套资源文件“第 3 章/watch-05.html”。

```
1    let vm = new Vue({
2      data: circle,
3      computed:{
4       computedPosition(){
5         return JSON.parse(JSON.stringify(this.position));
6       }
7     },
8     watch: {
9       computedPosition: {
10        handler(newValue, oldValue) {
11          console.log(`位置从 (${oldValue.x},${oldValue.y})
12            变化到了 (${newValue.x},${newValue.y})`);
13        },
14        deep: true
15      }
16    }
17   });
```

控制台的输出结果如下，这说明不但监控到了新值，也得到了原值。

```
位置从 (0,0) 变化到了 (3,0)
```

注意

再次强调，在 Vue.js 中，最方便的是使用计算属性，计算属性同样具有响应式特性，而且没有 watch 侦听器中有关对象和数组的各种限制。因此，只有使用计算属性无法完成的功能，才考虑使用 watch 侦听器来实现。

3.2.5 使用 immediate 参数

默认情况下，只有当侦听的对象发生变化的时候，才会执行相应的操作，但是初始化的时候不会被侦听到。在一些特殊的场景中，我们可能希望在初始化的时候就执行一次侦听操作，此时可以使用 immediate 参数。请看下面这个例子，详情可以参考本书配套资源文件“第 3 章/watch-06.html”。

```
1    <script>
2     let circle = {
3       position: {
4         x:0, y:0
5       },
6       position2: {
7         x:0, y:0
8       }
```

```
9       }
10      let vm = new Vue({
11        data: circle,
12        watch: {
13          position: {
14            handler(value) {
15              this.position2.x = this.position.x + Math.random();
16              this.position2.y = this.position.y + Math.random();
17              console.log(this.position2.x, this.position2.y);
18            },
19            deep: true,
20            immediate: true
21          }
22        }
23      });
24      vm.position.x = 3;
25    </script>
```

上述代码在数据模型中定义了两个位置对象，分别是 position 和 position2。然后设定侦听器，当 position 对象的属性值发生变化的时候，就改变 position2 的位置，将它移到 position 附近的某个随机位置。

最后对 position 对象进行"深度侦听"，并设定 immediate 为 true。在上述代码中修改一次 position 的位置，运行后得到的结果如下。

```
1    0.555852945520603 0.72800340034948
2    3.099302074627821 3.89650240852788
```

可以看到，当 position 移动位置的时候，position2 也被移到了 position 的旁边。我们只改变了一次位置，就有两次输出，这说明被侦听到了两次。其中第一次就是在初始化页面的时候被侦听到了，这就是设置 immediate 为 true 的作用所在。

再次提醒读者，使用 watch 侦听器前请仔细确认一下是否有必要。如果能用计算属性实现，就不要使用侦听器。在第 8 章，我们还会举一个使用侦听器的综合案例。

3.2.6 对数组进行侦听

和对象类似，数组也是引用类型，因此也存在比较复杂的侦听规则。从理论上说，修改一个数组的内容，比如修改数组中某个元素的值，或者给数组添加新的元素等，都不会修改数组本身的地址（引用），因此也不会被侦听到。为此，Vue.js 对数组做了特殊处理，使得使用标准的数组操作方法对数组所做的修改，都可以被侦听到。

1．使用标准方法修改数组可以被侦听到

当通过下列方法操作或更改数组时，变化可以被侦听到。这些方法包括：

- push()　　尾部添加
- pop()　　尾部删除
- unshift()　　头部添加
- shift()　　头部删除
- splice()　　删除、添加、替换
- sort()　　排序
- reverse()　　逆序

下面的例子通过 push()方法在数组 array 中添加了一个新的元素，这个变化可以被侦听到。详情可以参考本书配套资源文件“第 3 章/watch-07.html”。

```
1   <script>
2     let vm = new Vue({
3       data: {
4         array: [0, 1, 2]
5       },
6       watch: {
7         array(newValue) {
8           console.log(`array 变化为${newValue}`);
9         }
10      }
11    });
12    vm.array.push(3); //可以被侦听到
13  </script>
```

2. 替换数组可以被侦听到

为了使一个数组的变化被侦听到，最简单的方法就是重新构造这个数组。例如，当需要清除某个数组中的所有元素时，直接把一个空的数组赋值给它是最简单的。

类似地，数组还会经常用到另一些方法，例如 filter()、concat()和 slice()等。它们不会变更原始数组，而是返回一个新数组。当使用这些非变更方法时，可以用新数组替换旧数组，这样也可以使侦听器感知到数组的变化。下面以 filter()方法为例进行讲解，详情可以参考本书配套资源文件“第 3 章/watch-08.html”。

```
1   <script>
2     let vm = new Vue({
3       data: {
4         array: [0, 1, 2]
5       },
6       watch: {
7         array(newValue) {
8           console.log(`array 变化为${newValue}`);
9         }
10      }
11    });
12    //替换为新数组，这可以被侦听到
13    vm.array = vm.array.filter(_ => _ > 0);
14  </script>
```

3. 无法被侦听的情况

由于受早期版本的 JavaScript（ES5）的限制，在 Vue 2 中并不能侦听到数组的某些变化，包括下面两种情况：

- 直接通过下标的方式来修改数组，例如 vm.items[5] = newValue。
- 直接通过修改数组的 length 属性的方式来修改数组，例如 vm.items.length = 10。

除了上述两种情况，我们还经常遇到的场景是：数组元素是一个对象，而我们改变的是数组元素的一个属性。下面的代码分别展示了这三种情况，详情可以参考本书配套资源文件“第 3 章/watch-09.html”。

```
1   <script>
2     let vm = new Vue({
```

```
3        data: {
4          array: [0, 1, 2, {x:1}]
5        },
6        watch: {
7          array(newValue) {
8            console.log(newValue[2], newValue[3].x);
9          }
10       }
11     });
12     vm.array[2] = 5;               //修改数组元素本身
13     vm.array[3].x = 10;            //数组元素是对象，修改对象的属性
14     vm.array.length = 0;           //通过 length 属性修改数组长度
15   </script>
```

在上面的代码中，这三种情况都无法被侦听到。解决方法如下：

（1）在实际开发中，通过 length 属性改变数组长度的情况很少见，基本上只要记住不要这样做就可以。如果需要改变数组长度，用上面介绍的几种操作数组的标准方法代替即可。

（2）对于需要修改数组的某个元素对象属性的情况，可以按照前面介绍的方法，把侦听器设为“深度侦听”的，就可以被侦听到了。

（3）对于直接修改数组元素的情况，可以使用 Vue.js 提供的$set()方法。请读者参考下面的代码，详情可以参考本书配套资源文件“第 3 章/watch-10.html”。

```
1   <script>
2     let vm = new Vue({
3       data: {
4         array: [0, 1, 2, {x:1}]
5       },
6       watch: {
7         array(newValue) {
8           console.log(newValue[2], newValue[3].x);
9         }
10      }
11    });
12    vm.$set(vm.array, 2, 5);         //修改元素
13    vm.$set(vm.array[3], 'x', 10); //修改元素的属性
14  </script>
```

上述代码使用$set()方法分别修改了数组的第 2 个元素以及第 3 个元素的“x”属性。

使用$set()方法修改数组元素时，第 1 个参数是要修改的数组，第 2 个参数是要修改的元素的索引，第 3 个参数是元素修改后的值。

$set()方法也可以用于修改对象的属性值，第 1 个参数是要修改的对象，第 2 个参数是字符串形式的想要修改的属性的名称，第 3 个参数是修改后的属性值。

因此，即使不把侦听器设为“深度侦听的”，通过使用$set()方法修改某个对象的属性值，也可以侦听到这种情况。

这里对上面的讲解进行总结：

- 如果使用了 push()等标准的数组操作方法，那么可以被侦听到。
- 如果彻底替换为一个新的数组，那么可以被侦听到。
- 如果直接修改数组的元素，那么无法被侦听到，解决方法是使用$set()方法修改元素的内容，只有这样才能被侦听到。

- 如果侦听器已通过“{deep:true}”设置为“深度侦听”的，那么当修改对象元素的属性时，可以被侦听到。但是，如果是元素本身被修改，那么依然无法被侦听到。
- 如果侦听器没有被设置为“深度侦听”的，那么对象的属性可以用$set()方法来修改，从而实现此修改被侦听到的目的。
- 不要通过 length 属性来修改数组长度，而改用其他标准方法显示数组长度的变化。

本章小结

在这一章中，我们讲解了计算属性和侦听器这两个重要的 Vue.js 特性，希望读者能够了解方法、计算属性、侦听器三者之间的异同，并掌握它们各自的适用范围。

知识点讲解

习题 3

一、关键词解释

响应式属性　计算属性　响应式依赖　侦听器　深度侦听　immediate 参数

二、描述题

1. 请简单描述一下方法、计算属性和侦听器的相同点和不同点。
2. 请简单描述一下侦听器的几种应用场景。
3. 请简单描述一下在什么情况下使用深度侦听，如何做到深度侦听。
4. 请简单描述一下对引用类型数据的侦听情况。

（1）可以直接被侦听到的情况。

（2）不可以直接被侦听到的情况。

（3）不可以被侦听到的情况。

三、实操题

1. 定义一个对象，其中包含姓名和城市；在页面中显示自我介绍，例如“我叫什么，来自××城市”。请分别使用 methods（方法）、computed（计算属性）和 watch（侦听器）这 3 种方式进行实现。

2. 定义一个数组，其中包含产品的名称、单价和购买数量，使用 methods（方法）、computed（计算属性）和 watch（侦听器）三者中最优的方式计算购物车中产品的总价格；然后修改产品的购买数量，并重新计算其总价格。

第4章 控制页面的 CSS 样式

前面讲解了通过 Vue.js 提供的模板语法和相关指令对 DOM 元素与数据模型进行绑定的方法。除了 DOM 元素本身，元素的样式也是 Web 开发中经常要处理的对象。例如，给某个页面元素的 class 属性添加或删除一个 class 名称就可以区分这个页面元素的不同状态，在网站导航中通过添加一个名为 active 的 CSS 类就可以区分一个菜单项处于选中状态还是未选中状态。

命令式的框架，例如典型的 jQuery，一般通过 addClass()和 removeClass()这样的函数来给一个元素增加和删除 class 名称；而 Vue.js 则以声明的方式，通过 v-bind 指令来实现元素与模型数据的绑定。本章的思维导图如下所示。

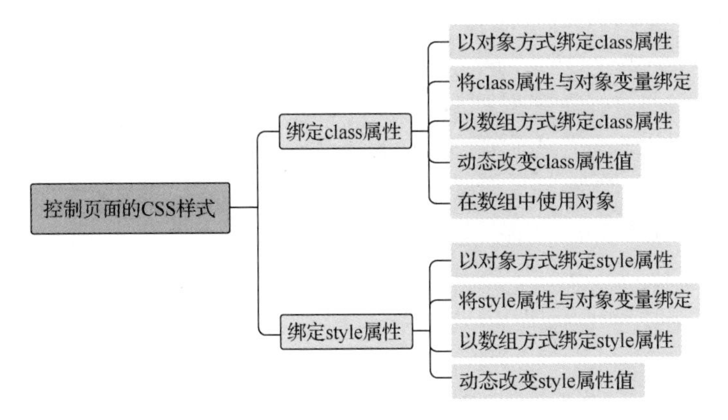

本章导读

4.1 绑定 class 属性

知识点讲解

首先来看对 class 属性的操作。本章的操作都是使用 v-bind 指令完成的，因此本章的案例也可以帮助读者复习 v-bind 指令和数据绑定的相关知识。

4.1.1 以对象方式绑定 class 属性

以对象方式绑定 class 属性的基本语法是使用 v-bind 指令，并设定对象的属性名为 class 属性的名称，值为 true 或 false。如果值为 true，那么表示 class 属性中将包括绑定的这个 class 属性的名称，否则就不包含这个 class 属性的名称。

```
<div v-bind:class="{class_name: <true | false>}"></div>
```

下面进行一下演示。准备一个简单的页面，里面有 4 个<div>标记，通过简单地设置 CSS，可以得到如图 4.1 所示的效果。

1 2 3 4

图 4.1　一个包含 4 个<div>标记的页面

这里一共有两个样式类——一个是深色边框，另一个是灰色背景，4 个<div>标记使用了这两个样式类的不同组合，依次为：白色背景+浅色边框、白色背景+深色边框、灰色背景+浅色边框、灰色背景+深色边框。这个页面的代码如下所示，详情可以参考本书配套资源文件“第 4 章/class-01.html”。

```
1    <html>
2      <head>
3        <style>
4          div>div {
5            width: 60px;
6            height: 60px;
7            border: 2px solid #bbb;
8            text-align: center;
9            line-height: 60px;
10           font-size: 30px;
11           margin:10px;
12           float:left;
13         }
14         .selected{
15           border-color: #000;
16         }
17         .active{
18           background: #bbb;
19         }
20       </style>
21     </head>
22     <body>
23       <div id="app">
24         <div>1</div>
25         <div class="selected">2</div>
26         <div class="active">3</div>
27         <div class="selected active">4</div>
28       </div>
29     </body>
30   </html>
```

可以看到，上述代码在<style>标记部分设置了两个 CSS 样式类：selected 和 active。在 HTML 部分，1 号<div>标记对这两个样式类都没有使用，2 号和 3 号<div>标记分别使用了一个样式类，4 号<div>标记则同时使用了 selected 和 active。

那么现在，如果想要通过 JavaScript 控制这 4 个 div 元素的 class 属性值以达到相同的效果，该如何操作呢？这时就可以使用 Vue.js 的 v-bind 指令。对上述代码中的<body>标记和<script>标记部分做如下修改，完整代码可以参考本书配套资源文件“第 4 章/class-02.html”。

```
1    <body>
2      <div id="app">
3        <div v-bind:class=
4          "{selected: div1.selected, active: div1.active}"
5        >1</div>
6        <div v-bind:class=
7          "{selected: div2.selected, active: div2.active}"
```

```
8        >2</div>
9        <div v-bind:class=
10         "{selected: div3.selected, active: div3.active}"
11       >3</div>
12       <div v-bind:class=
13         "{selected: div4.selected, active: div4.active}"
14       >4</div>
15     </div>
16
17     <script>
18       var vm = new Vue({
19         el: '#app',
20         data:{
21           div1:{selected: false, active: false},
22           div2:{selected: true,  active: false},
23           div3:{selected: false, active: true},
24           div4:{selected: true,  active: true},
25         }
26       })
27     </script>
28   </body>
```

可以看到，在创建的 Vue 实例中，我们设置的 data 对象有 4 个属性，它们分别对应 4 个<div>标记，每一个<div>标记又对应一个对象，它们各自设置了 selected 和 active 两个属性，并分别对应不同的 true 和 false。这样运行以后，得到的结果将和原来的完全相同。

4.1.2 将 class 属性与对象变量绑定

实际上，当使用对象语法绑定 class 属性的时候，不一定要使用内联方式，也可以将 class 属性通过 v-bind 指令绑定到一个变量。例如，对<body>标记部分的代码做如下修改，其他不变，得到的效果与之前完全一样，这里就是将 div 元素的 class 属性与变量绑定了。完整代码可以参考本书配套资源文件“第 4 章/class-03.html”。

```
1  <body>
2    <div id="app">
3      <div v-bind:class="div1">1</div>
4      <div v-bind:class="div2">2</div>
5      <div v-bind:class="div3">3</div>
6      <div v-bind:class="div4">4</div>
7    </div>
8  </body>
```

再进一步，class 属性通过 v-bind 指令还可以绑定到计算属性或方法上。例如，下面的代码中定义了计算属性 randomComputed()和方法 randomMethod()，完整代码可以参考本书配套资源文件“第 4 章/class-04.html”。

> **注意**
>
> 这里复习一下，在将计算属性和方法绑定到 class 属性时，前者不加括号，后者要加括号。

```
1  <body>
2    <div id="app">
3      <div v-bind:class="randomComputed">1</div>
4      <div v-bind:class="randomComputed">2</div>
```

```
5        <div v-bind:class="randomMethod()">3</div>
6        <div v-bind:class="randomMethod()">4</div>
7      </div>
8
9      <script>
10       function randomBool(){
11         //等概率返回 true 或 false
12         //将 0~1 的随机数四舍五入为布尔类型
13         return Boolean(Math.round(Math.random()));
14       }
15
16       var vm = new Vue({
17         el: '#app',
18         computed:{
19           randomComputed(){
20             return {selected: randomBool(), active: randomBool()}
21           }
22         },
23         methods:{
24           randomMethod(){
25             return {selected: randomBool(), active: randomBool()}
26           }
27         }
28       })
29     </script>
30   </body>
```

这两个对象的计算过程完全相同，结果都是返回一个包含 selected 和 active 两个属性的对象，selected 和 active 属性则分别取随机的 true 或 false 值。上面的代码将计算属性 randomComputed()绑定到了前两个<div>标记，而将方法 randomMethod()绑定到了后两个<div>标记，结果如图 4.2 所示。

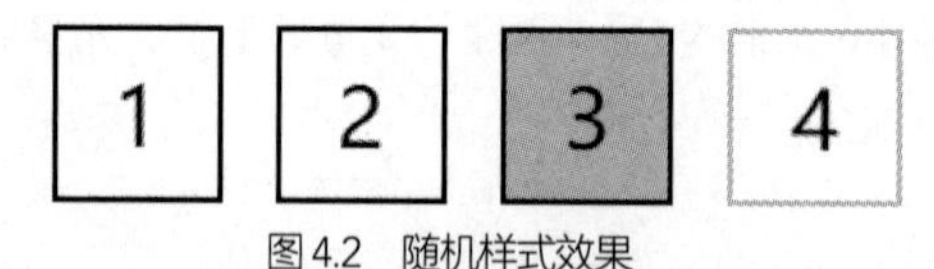

图 4.2　随机样式效果

从图 4.2 中可以看出，无论怎么刷新页面，前两个 div 元素的样式永远是相同的，而后两个 div 元素的样式一般是不同的，大约只有 25%的机会相同。这里请读者停下来，思考一下，这是什么原因呢？

答案在前面章节中介绍过，计算属性具有缓存的特性，只计算一次，在绑定第 2 个<div>标记的 class 属性时，计算属性不会重新计算，因此总是与第一个<div>标记相同；而后两个<div>标记被绑定到了方法上，每次都会重新计算，因此得到的都是独立计算的随机样式。

4.1.3 以数组方式绑定 class 属性

在 Vue.js 中，除了可以使用对象对 class 属性进行绑定之外，还可以利用数组的方式绑定 class 属性。在数组中，只要每个元素的值是一个与样式类对应的字符串即可，代码如下：

```
<div v-bind:class="['active', 'selected']">vue</div>
```

上面的代码会使<div>标记的 class 属性值设置包含两个类名。当然数组元素也可以是变量、计算属性或调用方法的结果，只要对应的值是样式类对应的字符串即可，代码如下，详情可以参考本书配套资源文件“第 4 章/class-05.html”。

```
1   <body>
2     <div id="app">
3       <div v-bind:class="[className1, className2]">vue</div>
4     </div>
5
6     <script>
7       var vm = new Vue({
8         el: '#app',
9         data: {
10          className1: 'active',
11          className2: 'selected'
12        }
13      })
14    </script>
15  </body>
```

以上代码的渲染结果如下：

```
<div class="active selected"></div>
```

因此，在 Vue.js 中绑定 class 属性非常灵活方便，只要数据模型中产生相应的对象或数组，就可以让页面的样式随时和数据模型同步。这也正是 Vue.js 框架的优势所在。

4.1.4 动态改变 class 属性值

在实际页面中，往往需要根据数据模型中的某些条件，动态决定 class 属性值，这时通常利用三元表达式来实现。

例如，假设希望根据布尔类型的属性 isActive 来决定样式。如果 isActive 为 true，就设置 class 属性值为 active，否则设置 class 属性值为 selected，那么可以使用如下代码，详情可以参考本书配套资源文件“第 4 章/class-06.html”。

```
1   <body>
2     <div id="app">
3       <div v-bind:class="[isActive ? 'active' : 'selected']">vue</div>
4     </div>
5     <script>
6       var vm = new Vue({
7         el: '#app',
8         data: {
9           isActive: false
10        },
11      })
12    </script>
13  </body>
```

以上代码的渲染结果如下：

```
<div class="selected"></div>
```

4.1.5 在数组中使用对象

当 class 属性有多个条件时，以上方式就比较烦琐了，这时就可以在数组中使用对象语法，代码如下，详情可以参考本书配套资源文件“第 4 章/class-07.html”。

```
1   <body>
2     <div id="app">
3       <div v-bind:class="[{active: className1}, className2]">vue</div>
4     </div>
5
6     <script>
7       var vm = new Vue({
8         el: '#app',
9         data: {
10          className1: true,
11          className2: 'selected'
12        }
13      })
14    </script>
15  </body>
```

从以上代码可以看出，当 className1 为 true 时，渲染结果如下：

```
<div class="active selected"></div>
```

在实际开发中，常常遇到某些元素既有固定的 class 属性值，也有通过 Vue.js 控制的 class 属性值的情况，这时可以二者并用，Vue.js 会自动合并处理。

```
1   <div>
2     <div class="menu-item" v-bind:class="isActive()">vue</div>
3   </div>
```

在上面的代码中，没有使用 v-bind 的 class 属性中指定的是固定的类名；而使用了 v-bind 的 class 属性中指定的是 Vue 实例控制的类名，Vue.js 会自动处理。上述代码等价于下面的写法：

```
1   <div>
2     <div v-bind:class="['menu-item', isActive()]">vue</div>
3   </div>
```

4.2 绑定 style 属性

在某些场景中，需要动态确定元素的 style 属性，这在 Vue.js 中也可以方便地实现。

4.2.1 以对象方式绑定 style 属性

绑定内联属性时的对象语法看起来非常像 CSS，但其实却是一个 JavaScript 对象，可使用驼峰式（camelCase）或短横线分隔式（kebab-case，记得用引号括起来）命名规范来命名。

```
<div v-bind:style="{className: <true | false>, 'class-name': <true | false>}"></div>
```

下面改造一下之前案例中的 class-01.html，演示如何绑定 style 属性，代码如下，详情可以参考本书配套资源文件“第 4 章/style-01.html”。

```
1   <body>
2     <div id="app">
3       <div>1</div>
4       <div v-bind:style="{ 'border-color': selected }">2</div>
5       <div v-bind:style="{ 'background': active }">3</div>
```

```
6        <div v-bind:style="{ borderColor: selected, 'background': active }">4</div>
7      </div>
8      <script>
9        var vm = new Vue({
10         el: '#app',
11         data:{
12           selected: '#000',
13           active: '#bbb'
14         }
15       })
16     </script>
17   </body>
```

从上述代码可以看出，data 对象中定义了两个变量，分别用来设置边框颜色值和背景颜色值。这两个变量都被绑定到了 4 个<div>标记上，从而实现了和 class-01.html 相同的效果。

4.2.2 将 style 属性与对象变量绑定

实际上，使用对象语法绑定 style 属性的时候，也可以将 style 属性通过 v-bind 指令绑定到一个变量，代码如下所示，详情可以参考本书配套资源文件"第 4 章/style-02.html"。

```
1   <body>
2     <div id="app">
3       <div>1</div>
4       <div v-bind:style="div2">2</div>
5       <div v-bind:style="div3">3</div>
6       <div v-bind:style="div4">4</div>
7     </div>
8     <script>
9       var vm = new Vue({
10        el: '#app',
11        data:{
12          div2: { 'border-color': '#000' },
13          div3: { 'background': '#bbb' },
14          div4: { borderColor: '#000', 'background': '#bbb' }
15        }
16      })
17    </script>
18  </body>
```

上述代码为<body>标记中的<div>标记绑定了三个变量，并在 data 对象中定义了对应的对象值，得到的效果完全一样，这里就是将 div 元素的 style 属性与变量绑定了。对象语法也可以结合计算属性和方法使用，代码如下，详情可以参考本书配套资源文件"第 4 章/style-03.html"。

```
1   <body>
2     <div id="app">
3       <div>1</div>
4       <div v-bind:style="divComputed2">2</div>
5       <div v-bind:style="divComputed3">3</div>
6       <div v-bind:style="divMethod4">4</div>
7     </div>
8   </body>
9   computed: {
10    divComputed2() {
11      return this.div2
```

```
12      },
13      divComputed3() {
14        return this.div3
15      },
16    },
17    methods: {
18      divMethod4() {
19        return this.div4
20      }
21    }
```

从上述代码可以看出，我们添加了计算属性 computed 和方法 methods，修改了<body>标记中绑定的 style 属性值，此外还将之前的变量改成了计算属性和方法，其余代码没变，得到的效果与之前完全一致。

4.2.3 以数组方式绑定 style 属性

同绑定 class 属性一致，除了可以使用对象对 style 属性进行绑定之外，还可以利用数组的方式绑定 style 属性。在数组中，每个元素的值是一个对象或变量名，代码如下：

```
<div v-bind:style="[{键: 值}, 变量名]"></div>
```

在上面的代码中，数组有两个元素：一个是对象，另一个是对象对应的变量名。当然，数组元素也可以是计算属性或调用方法的结果。下面在 style-03.html 代码的基础上，修改<body>标记的部分，其余代码保持不变，完整代码可以参考本书配套资源文件“第 4 章/style-04.html”。

```
1   <body>
2     <div id="app">
3       <div>1</div>
4       <div v-bind:style="[div2, divComputed3]">2</div>
5       <div v-bind:style="[{ borderColor: '#000'}, divComputed3]">3</div>
6       <div v-bind:style="divMethod4">4</div>
7     </div>
8   </body>
```

从以上代码可以看出，第 2 个<div>标记绑定的是 data 对象中的变量和计算属性，第 3 个<div>标记绑定的也是对象和计算属性，第 4 个<div>标记绑定的是方法。这三种绑定 style 属性的方式虽然不同，但运行结果是一样的，如图 4.3 所示。

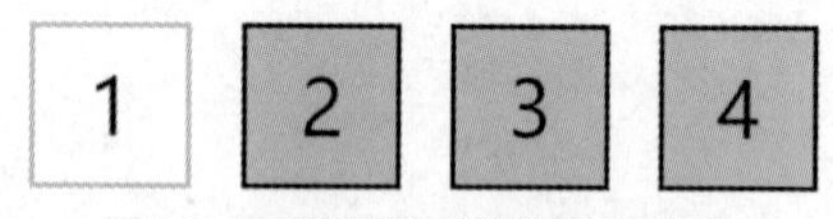

图 4.3　不同绑定方式的效果是一样的

4.2.4 动态改变 style 属性值

之前的 4.1.4 小节介绍了如何动态改变绑定的 class 属性值，这里也可以动态改变绑定的 style 属性值，例如使用三元表达式的方式，如下所示，完整代码可以参考本书配套资源文件“第 4 章/style-05.html”。

```
1   <body>
2     <div id="app">
3       <div v-bind:style="{ borderColor: selected1 ? '#000' : '#bbb' }">1</div>
4       <div v-bind:style="{ borderColor: selected2 ? '#000' : '#bbb' }">2</div>
5     </div>
6     <script>
```

```
7       var vm = new Vue({
8         el: '#app',
9         data:{
10          selected1: false,
11          selected2: true
12        },
13      })
14    </script>
15  </body>
```

在上述代码中，为了让对比效果更明显，定义了两个变量，并分别将 selected1: false 和 selected2: true 绑定到了两个<div>标记的 style 属性上，效果如图 4.4 所示。

1	2

图 4.4　动态改变 style 属性值

本章小结

本章介绍了如何通过 Vue.js 动态地控制 HTML 元素的 CSS 样式类和 style 属性，它们都是使用对象或数组，通过非常直观的语法来实现的。

知识点讲解

习题 4

一、关键词解释

绑定 class 属性　绑定 style 属性

二、描述题

1. 请简单描述一下控制页面的 CSS 样式有哪几种。

2. 请简单描述一下绑定 class 属性的几种方式，它们大致是如何绑定的。

3. 请简单描述一下绑定 style 属性的几种方式，它们大致是如何绑定的。

三、实操题

通常，日历中每个月份的日期显示首尾会用上个月和下个月的日期来填充，如题图 4.1 所示，当前日期是 2021 年 8 月 18 日，8 月 1 日前面是 7 月份的日期，8 月 31 日后面是 9 月份的日期。通过绑定 class 属性和 style 属性这两种方式来区分不是当前月份的日期，并标注出当天的日期。实现的日历效果如题图 4.1 所示。

2021年8月

一	二	三	四	五	六	日
26 十七	27 十八	28 十九	29 二十	30 廿一	31 廿二	1 建军节
2 火把节	3 男人节	4 廿六	5 廿七	6 廿八	7 立秋	8 初一
9 初二	10 末伏	11 初四	12 初五	13 初六	14 七夕节	15 初八
16 初九	17 初十	18 十一	19 十二	20 出伏	21 十四	22 中元节
23 处暑	24 十七	25 十八	26 十九	27 二十	28 廿一	29 廿二
30 廿三	31 廿四	1 廿五	2 廿六	3 廿七	4 廿八	5 廿九

题图 4.1　日历效果

第5章 事件处理

前面的章节介绍了对数据与页面元素的文本和属性进行绑定的基本方法，本章我们就来讲解一下与使用 Vue.js 处理事件相关的内容。使用 Vue.js 的事件处理机制，可以更方便地处理事件。本章的思维导图如下所示。

本章导读

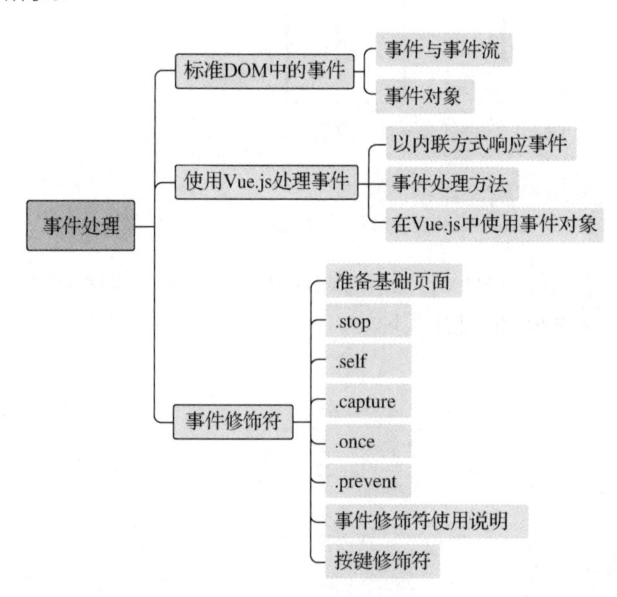

5.1 标准 DOM 中的事件

知识点讲解

Web 页面和其他传统媒体的最大区别在于 Web 页面可以与用户交互，而事件是 JavaScript 最引人注目的特性，它提供了一个平台，让用户不仅能够浏览页面中的内容，而且能够跟页面进行交互。本节将首先对事件与事件流的概念进行介绍，然后介绍在 Vue.js 中如何处理事件。

5.1.1 事件与事件流

“事件”是发生在 HTML 元素上的某些特定的事情，它的目的是使页面具有某些行为，执行某些“动作”。类比生活中的例子，学生听到“上课铃响”，就会“走进教室”。这里“上课铃响”就是“事件”，“走进教室”就是响应事件的“动作”。

在一个网页中，通常已经预先定义好了很多事件，开发人员可以编写相应的“事件处理程序”来响应相应的事件。

事件可以是浏览器行为，也可以是用户行为。例如，下面三个行为都是事件：

- 一个页面完成加载。
- 某个按钮被单击。
- 将鼠标移到某个元素上。

页面随时都会产生各种各样的事件，但绝大部分事件我们并不关心，我们只需要关注特定少量事件。例如，鼠标在页面上移动的每时每刻都在产生鼠标移动事件，但是除非我们希望鼠标移动时产生某些特殊的效果或行为，否则一般情况下我们不会关心这些事件的发生。因此，对于事件来说，重要的是发生的对象和事件的类型，我们仅关心特定目标的特定类型的事件。

例如，当某个特定的 div 元素被单击时，我们希望弹出一个对话框，此时我们就会关心“这个 div 元素”的“鼠标单击”事件，然后针对它编写“事件处理程序”。这里大家先了解一下事件的概念，后面我们再具体讲解如何编写代码。

了解事件的概念之后，大家还需要了解“事件流”这个概念。由于 DOM 是树状结构，因此当某个子元素被单击时，它的父元素实际上也被单击了，并且它的父元素的父元素也被单击了，直到根元素。因此，一次“鼠标单击”产生的不是一个事件，而是一系列事件，这一系列事件就组成了“事件流”。

一般情况下，当某个事件发生的时候，实际上都会产生一个事件流，但我们并不需要对事件流中的所有事件编写处理程序，而是只对关心的那个事件进行处理就可以了。

既然事件发生时总是以“事件流”的形式一次性发生，那就一定要分个先后顺序。图 5.1 演示了一个事件流发生的顺序。假设某个页面上有一个 div 元素，它的里面有一个 p 元素，使用鼠标单击这个 p 元素，图 5.1 就说明了这个单击行为产生的事件流顺序。

总体来说，浏览器产生事件流分为三个阶段。从最外层的根元素 html 开始依次向下，称为“捕获阶段”；到达目标元素时，称为“到达阶段”；然后依次向上回到根元素，称为“冒泡阶段”。

DOM 规范规定在捕获阶段不会命中事件，但是实际上，目前的各种浏览器对此都进行了扩展。如果需要的话，每个对象在捕获阶段和冒泡阶段都可以获得一次处理事件的机会。

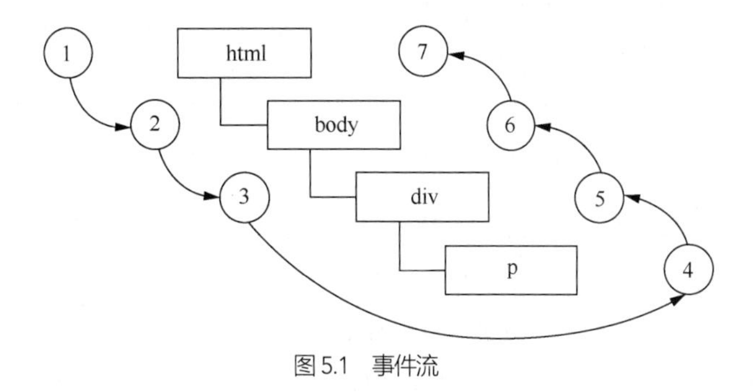

图 5.1 事件流

上面仅仅做了概念描述，等到后面了解了具体编程的方法后，读者对此将会有更深的理解。

5.1.2 事件对象

浏览器中的事件都是以对象的形式存在的，在标准的 DOM 中，规定事件对象必须作为唯一的参数传给事件处理函数。下面的代码显示了如何使用标准的 DOM 提供的方法处理事件。使用 Vue.js 能够方便地实现相同的功能，并且事件对象是一样的。

```
1   <body>
2   <div id="target">
3     <p>click p</p>
4     click div
```

```
5    </div>
6    <script>
7    document
8      .querySelector("div#target")
9      .addEventListener('click',
10       (event) => {
11         console.log(event.target.tagName)
12       }
13     );
14   </script>
15   </body>
```

上面的代码首先根据 CSS 选择器在页面中选中了一个对象，然后给它绑定事件侦听函数。可以看到，箭头函数的参数就是“事件对象”，事件对象描述了事件的详细信息，开发者可以根据这些信息进行相应的处理，实现特定的功能。例如，上面的代码仅仅简单地显示了事件目标的标记名称。

不同的事件对应的事件属性也不一样，例如鼠标移动相关的事件就有坐标信息，而其他事件就不会包含坐标信息。但是，有些属性和方法是所有事件都会包含的。

表 5.1 列出了一些事件对象中的常见属性，具体使用的时候，可以查阅相关文档。

表 5.1　事件对象中的常见属性

标准 DOM	类型	读/写	说明
altKey	Boolean	读写	按下 Alt 键则为 true，否则为 false
button	Integer	读写	鼠标事件，值对应按下的鼠标键
cancelable	Boolean	只读	是否可以取消事件的默认行为
stopPropagation()	Function	N/A	阻止事件向上冒泡
clientX	Integer	只读	鼠标在客户端区域（当前窗口）的水平坐标，不包括工具栏、滚动条等
clientY	Integer	只读	鼠标在客户端区域（当前窗口）的垂直坐标，不包括工具栏、滚动条等
ctrlKey	Boolean	只读	按下 Ctrl 键则为 true，否则为 false
relatedTarget	Element	只读	鼠标正在进入/离开的元素
charCode	Integer	只读	按下按键的 Unicode 值
keyCode	Integer	读写	按下按键时为 0，其余情况下为按下按键的数字代号
detail	Integer	只读	鼠标按键的单击次数
preventDefault()	Function	N/A	阻止事件的默认行为
screenX	Integer	只读	鼠标相对于屏幕的水平坐标
screenY	Integer	只读	鼠标相对于屏幕的垂直坐标
shiftKey	Boolean	只读	按下 Shift 键则为 true，否则为 false
target	Element	只读	引起事件的元素/对象
type	String	只读	事件的名称

浏览器支持的事件种类非常多，可以分为好几类，每一类里面又有很多事件。事件可以分为以下类别。

- 用户界面事件：涉及与 BOM 交互的通用浏览器事件。
- 焦点事件：在元素获得或失去焦点时触发的事件。
- 鼠标事件：使用鼠标在页面上执行某些操作时触发的事件。

- 滚轮事件：使用鼠标滚轮时触发的事件。
- 输入事件：向文档中输入文本时触发的事件。
- 键盘事件：使用键盘在页面上执行某些操作时触发的事件。
- 输入法事件：使用某些输入法时触发的事件。

当然，随着浏览器的发展，事件也会不断变化，例如移动设备出现以后，就增加了“触摸”事件。

5.2 使用 Vue.js 处理事件

5.1 节介绍了标准 DOM 中的事件、事件流及事件对象的概念。本节讲解如何使用 Vue.js 处理事件。

5.2.1 以内联方式响应事件

仍然以之前讲过的计算正方形的面积为例，我们可以在页面上增加一个按钮元素和一个段落元素，当这个按钮被单击时，将会触发一个鼠标单击事件。在 Vue.js 中，可以使用 v-on 指令绑定事件，代码如下，详情可以参考本书配套资源文件“第 5 章/event-01.html”。

```
1    <body>
2      <div id="app">
3        <button v-on:click="length++">改变边长</button>
4        <p>正方形的边长是{{length}}、面积是{{area}}。</p>
5      </div>
6
7      <script>
8        let square = {length:2};
9        let vm = new Vue({
10         el:"#app",
11         data: square,
12         computed: {
13           area(){
14             return this.length * this.length;
15           }
16         }
17       })
18     </script>
19   </body>
```

可以看到，v-on 指令后面以冒号开头跟着的是事件名称，与标准的 DOM 规范中定义的事件名称一致。

对于特别简单的逻辑，可以在等号的后面直接使用 JavaScript 语句进行相应的处理，这称为“内联方式”。例如上述代码的作用是每单击一次按钮，就让正方形的边长属性自增一次 1。运行以后，可以看到效果如图 5.2 所示。

图 5.2　初始效果

每单击一次按钮，页面上显示的边长和面积就会有变化。例如，单击一次按钮，效果如图 5.3 所示。

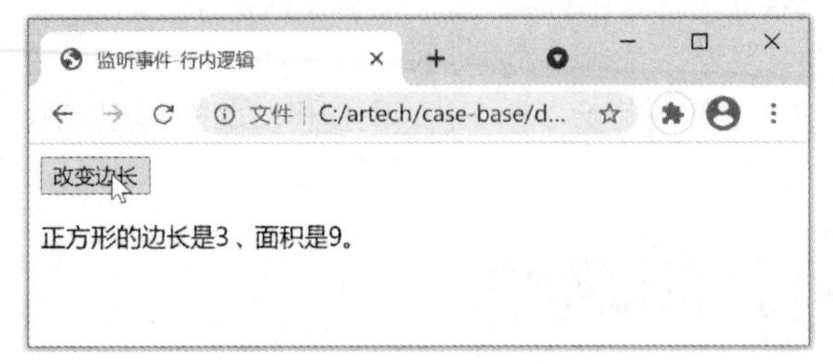

图 5.3　单击一次按钮后的效果

5.2.2　事件处理方法

如果事件触发以后想要执行的逻辑不像上面的例子中那样简单，而是比较复杂，那就不适合写在 HTML 中了。这时就可以绑定到一个方法上，然后在 JavaScript 中清晰地写好对应的这个方法，代码如下所示，详情可以参考本书配套资源文件“第 5 章/event-02.html”。

```
1    <body>
2      <div id="app">
3        <button v-on:click="changeLength">改变边长</button>
4        <p>正方形的边长是{{length}}、面积是{{area}}。</p>
5      </div>
6
7      <script>
8        ……省略……
9          methods: {
10           changeLength(){
11             this.length++;
12           }
13         }
14       ……省略……
15     </script>
16   </body>
```

定义好一个处理事件的方法之后，除了将某个元素的某个事件绑定到方法之外，也可以行内方式调用这个方法。例如在下面的例子中，我们把一个按钮变成了两个按钮，单击时分别使正方形的边长增加 1 和增加 10。使用的虽然是同一个方法，但是调用时传入的参数不同，代码如下，详情可以参考本书配套资源文件“第 5 章/event-03.html”。

```
1    <body>
2        <div id="app">
3            <button v-on:click="changeLength(1)">边长+1</button>
4            <button v-on:click="changeLength(10)">边长+10</button>
5            <p>正方形的边长是{{length}}、面积是{{area}}。</p>
6        </div>
7        <script>
8            ……省略……
9            methods: {
10               changeLength(delta){
11                   this.length += delta;
```

```
12              }
13          }
14          ……省略……
15      </script>
16  </body>
```

在上面的代码中，HTML 部分绑定事件的处理逻辑是以行内方式调用 changeLength()方法，把边长的增加量传递到方法中。请注意，在语法上这与绑定到方法的名称是有区别的。

运行后，默认显示效果如图 5.4 所示。

单击一次“边长+1”按钮，效果如图 5.5 所示。

图 5.4 默认显示效果

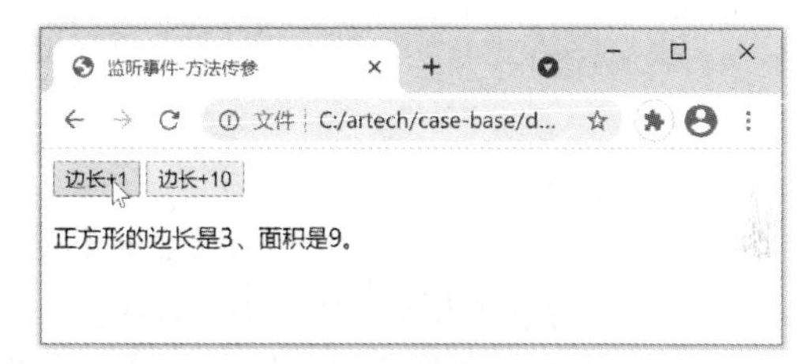

图 5.5 单击“边长+1”按钮后的显示效果

单击一次“边长+10”按钮，效果如图 5.6 所示。

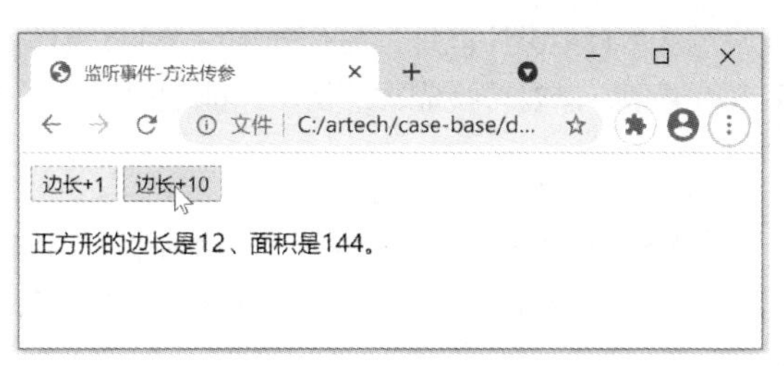

图 5.6 单击“边长+10”按钮后的显示效果

就像 v-bind 指令可以简写一样，v-on 指令可以简写为@符号，例如下面的代码就使用@符号代替了“v-on:”。

```
1   <div id="app">
2     <div id="outer" @click="show('外层 div 被单击');">
3       <div id="inner" @click="show('内层 div 被单击');"></div>
4     </div>
5   </div>
```

5.2.3 在 Vue.js 中使用事件对象

5.1 节已经介绍过，在 DOM 的事件处理中，“事件对象”非常重要。在所有的事件处理函数中，都可以获得一个“事件对象”，其中包含了很多关于事件的信息。在事件处理方法中，可以使用事件对象中的这些信息。

例如，将两个按钮的 value 属性分别设置为 1 和 10，然后我们希望不通过函数参数的方式传递 value 属性值，而是在事件处理方法中，通过事件对象获取这两个按钮各自的 value 属性值，实现和上面例子一样的效果，代码如下，详情可以参考本书配套资源文件“第 5 章/event-04.html”。

```
1   <body>
2     <div id="app">
```

```
3       <button v-on:click="changeLength" value="1">边长+1</button>
4       <button v-on:click="changeLength" value="10">边长+10</button>
5       <p>正方形的边长是{{length}}、面积是{{area}}。</p>
6     </div>
7     <script>
8       ……省略……
9       methods: {
10          changeLength(event){
11              this.length += Number(event.target.value);
12          }
13      }
14      ……省略……
15    </script>
16  </body>
```

可以看到，v-on 指令绑定的是方法名而不是方法调用。两个按钮的 value 属性值分别为 1 和 10，在 JavaScript 定义的方法属性中，changeLength()方法带了一个 event 参数，这个参数就是标准的 DOM 事件对象，具体包含的属性都可以通过相关文档查到。

例如，这里通过 event.target 获得了触发事件的 DOM 元素，从而使程序能够区分出是哪个按钮被单击了。然后取得该元素的 value 属性值，作为边长属性的增量。

需要注意的是，上述代码对从事件对象中获取的按钮对象的 value 属性值做了类型转换，因为直接获得的 value 属性值都是字符串类型，需要转换成数值类型才能和边长进行计算。

说明

即使不绑定到方法名，而是绑定到方法调用，也是可以使用事件对象的，这时可以使用 Vue.js 预定义好的特殊变量$event 作为参数，这个特殊变量就是这个事件的事件对象，代码如下，详情可以参考本书配套资源文件“第 5 章/event-05.html”。

```
1 <button v-on:click="changeLength($event)" value="1">边长+1</button>
2 <button v-on:click="changeLength($event)" value="10">边长+10</button>
3 <p>正方形的边长是{{length}}、面积是{{area}}。</p>
```

5.3 动手练习：监视鼠标移动

案例讲解

下面我们举一个稍微综合一些的例子。在页面上定义一个 div 元素，通过 CSS 设置边长为 127 px 的正方形，并加上边框。我们想要实现的效果是，鼠标一旦进入这个 div 元素的范围内，就在正方形的上方显示鼠标在正方形内的位置坐标，同时根据坐标 x 和 y 的值计算出一个灰色的颜色值，将正方形的背景色设置为这个颜色。这样当鼠标在正方形内移动时，正方形的背景色就会随之实时变化，代码如下，详情可以参考本书配套资源文件“第 5 章/event-06.html”。

```
1   <body>
2     <div id="app">
3       <p>鼠标位于({{x}},{{y}})</p>
4       <p>背景色{{backgroundColor}}</p>
5       <div v-on:mousemove="mouseMove"
6         v-bind:style="{backgroundColor}">
```

```
7        </div>
8      </div>
9
10     <script>
11       let vm = new Vue({
12         el:"#app",
13         data: {x:0, y:0},
14         methods:{
15           mouseMove(event){
16             this.x = event.offsetX;
17             this.y = event.offsetY;
18           }
19         },
20         computed:{
21           backgroundColor(){
22             const c = (this.x+this.y).toString(16);
23             return c.length==2
24               ? `#${c}${c}${c}` : `#0${c}0${c}0${c}`;
25           }
26         }
27       })
28     </script>
29   </body>
```

下面分析一下这个案例。可以看到，对于这个 div 元素，我们将鼠标移动（mousemove）事件绑定到了一个方法（onMouseMove）上。在这个方法中，通过事件对象的 offsetX 和 offsetY 属性，可以获取鼠标的位置坐标，同时将该坐标记录到 data 对象中。

接下来，我们通过计算属性 background 计算出背景颜色值。计算的方法是将 x 和 y 坐标相加，这个颜色值的范围是 0～254，让背景色的红、绿、蓝分量值都等于这个颜色值，这样得到的就是#000000～#FEFEFE 范围内的从黑色到白色的所有灰色。鼠标在移动的时候，坐标会变化，同时这个灰色的颜色值也会随之变化。

运行这个页面后，得到的效果如图 5.7 所示。

当鼠标在正方形范围内的正方向移动时，背景色会变化：鼠标越靠近左上角，颜色越深；鼠标越靠近右下角，颜色越浅。例如，当鼠标在正方形的右下角时，效果如图 5.8 所示。

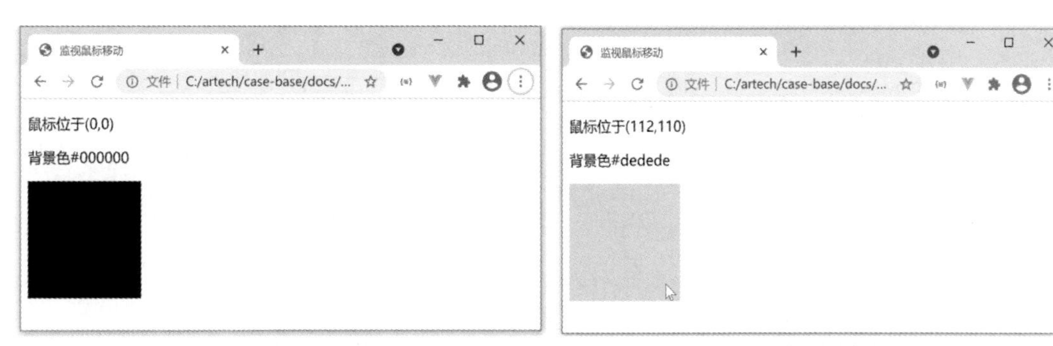

图 5.7 默认显示效果

图 5.8 鼠标在正方形的右下角时的效果

这个案例结合了大家在本章前面学到的以下几个知识点：

- 鼠标事件的处理。
- 在事件对象中获取信息。
- 计算属性。

- 将计算属性绑定到元素的 CSS 样式上。

希望读者能够理解这个案例用到的各个知识点，并能够举一反三，将它们用到各种实际需要的场景中。

5.4 事件修饰符

标准的 DOM 事件对象中包括了 preventDefault()、stopPropagation()等方法，用于取消事件的默认行为或阻止事件的传播（继续冒泡）等。此外，像 jQuery 中那样在事件处理程序中调用 event 参数的 preventDefault()或 stopPropagation()方法也是可以的，但 Vue.js 提供了更好的处理方式。

Vue.js 为 v-on 指令提供了“事件修饰符”，通过它们可以声明而非命令的方法实现上述功能。

例如，下列代码中的.stop 就是一个事件修饰符，在常规的事件绑定后，再添加事件修饰符，事件修饰符就会发挥作用。.stop 事件修饰符的作用相当于在事件处理方法中调用 stopPropagation()方法。但是，使用事件修饰符的方式，表达更清晰，也符合声明式习惯。

```
1    <!-- 阻止单击事件继续传播 -->
2    <a v-on:click.stop="click"></a>
```

5.4.1 准备基础页面

Vue.js 定义了若干事件修饰符，下面逐一进行介绍。为了讲解方便，这里先准备一个非常简单的基础页面，代码如下，详情可以参考本书配套资源文件“第 5 章/event-07.html”。

```
1    <body>
2      <div id="app">
3        <div id="outer" v-on:click="show('外层 div 被单击');">
4          <div id="inner" v-on:click="show('内层 div 被单击');"></div>
5        </div>
6      </div>
7
8      <script>
9        let vm = new Vue({
10         el:"#app",
11         methods:{
12           show(message){
13             alert(message);
14           }
15         }
16       })
17     </script>
18   </body>
```

上述代码设置了 outer 和 inner 两层 div 元素。从 DOM 结构的角度看，内层 div 元素是外层 div 元素的子元素。这两层 div 元素分别绑定了事件处理方法，并以不同参数调用同一个 show()方法，从而显示相应的内层或外层 div 被单击的信息。运行上面的页面，可以看到如果单击内层的 div，就会两次弹出提示框，第一次显示“内层 div 被单击”，第二次显示“外层 div 被单击”。这是因为事件会以“冒泡”的方式传播，先后触发两个 div 的单击事件。但是，如果单击外层 div，那么只会弹出一次提示框。

5.4.2 .stop

.stop 事件修饰符会自动调用 stopPropagation()方法，从而阻止事件的继续传播。

下面在内层 div 的事件绑定代码中加入.stop 事件修饰符，代码如下所示。再次运行这个页面，单击内层 div，就只会弹出一次提示框了，这是因为.stop 事件修饰符阻止了事件的“冒泡”传播，因此外层 div 就不会触发单击事件了。完整代码可以参考本书配套资源文件“第 5 章/event-08.html”。

```
1   <div id="app">
2     <div id="outer" v-on:click="show('外层div被单击');">
3       <div id="inner" v-on:click.stop="show('内层div被单击');"></div>
4     </div>
5   </div>
```

5.4.3 .self

.self 事件修饰符的作用是，仅当一个事件的目标（event.target）是当前元素自身时，才会触发处理函数。也就是说，内部的子元素不会触发这个事件。

例如，在上面那个例子的基础代码中，单击内层 div 也会触发外层 div 的事件。下面对代码再做一些修改，在外层<div>标记的单击事件绑定代码中添加.self 事件修饰符，如下所示，详情可以参考本书配套资源文件“第 5 章/event-09.html”。

```
1   <div id="app">
2     <div id="outer" v-on:click.self="show('外层div被单击');">
3         <div id="inner" v-on:click="show('内层div被单击');"></div>
4     </div>
5   </div>
```

可以发现，此时如果单击位置在内层 div 中，则只弹出一次提示框，而不再弹出外层 div 被单击的提示框。如果单击位置在外层 div 中，但不在内层 div 中，则仍然弹出一次提示框，显示“外层 div 被单击”。

也就是说，只有当单击的对象是绑定的对象本身（外层 div）时，才会触发事件。如果是从内层对象（内层 div）“冒泡”上来的话，则不会触发事件。

5.4.4 .capture

.capture 事件修饰符的作用是改变事件流的默认处理方式，从默认的冒泡方式改为捕获方式。如下代码在外层 div 的事件绑定代码中添加了.capture 事件修饰符。完整代码可以参考本书配套资源文件“第 5 章/event-10.html”。

```
1   <div id="app">
2     <div id="outer" v-on:click.capture="show('外层div被单击');">
3       <div id="inner"v-on:click="show('内层div被单击');"></div>
4     </div>
5   </div>
```

在前面的基础页面中，当没有.capture 事件修饰符的时候，如果单击内层 div，就会先弹出一个提示框，显示“内层 div 被单击”，之后再弹出另一个提示框，显示“外层 div 被单击”。也就是说，默认情况下，先触发内层元素的事件，并在冒泡之后才触发外层元素的事件。

而在添加.capture 事件修饰符以后，就会交换顺序，先显示“外层 div 被单击”，再显示“内层 div 被单击”。这是因为.capture 事件修饰符将事件流的处理顺序改成了捕获方式，即从外向内依次触发事件。

5.4.5 .once

.once 事件修饰符的含义是只触发一次事件。如果给外层 div 增加.once 事件修饰符，那么每次刷新页面以后，只有第一次单击时才会弹出提示框，此后单击时都不会再弹出提示框，代码如下，详情可以参考本书配套资源文件“第 5 章/event-11.html”。

```
1   <div id="app">
2     <div id="outer" v-on:click.once="show('外层 div 被单击');">
3       <div id="inner"></div>
4     </div>
5   </div>
```

5.4.6 .prevent

在添加了.prevent 事件修饰符以后，程序就会自动调用 event.preventDefault()方法，从而取消事件触发的默认行为。

如下代码在内层 div 中新增加了一个链接，这个链接被绑定到了 show 方法上。这时运行这个页面，单击链接，就会先弹出提示框，之后再跳转到链接的目标页面。对于链接元素 a 来说，跳转到目标地址就是单击事件的默认行为。完整代码可以参考本书配套资源文件“第 5 章/event-12.html”。

```
1   <div id="outer">
2     <div id="inner">
3       <a href="http://www.artech.cn" v-on:click="show('链接被单击')" >
4         这是一个链接
5       </a>
6     </div>
7   </div>
```

如果在 v-on:click 的后面增加一个.prevent 事件修饰符，运行结果就变成——弹出提示框后页面不再跳转，这相当于取消了单击链接的默认行为，代码如下：

```
1   <div id="outer">
2     <div id="inner">
3       <a href="http://www.artech.cn" v-on:click.prevent="show('链接被单击')" >
4         这是一个链接
5       </a>
6     </div>
7   </div>
```

注意

不要把.prevent 事件修饰符和.stop 事件修饰符弄混淆。.prevent 事件修饰符用于取消默认行为，比如单击链接会跳转页面，单击“提交”按钮会提交表单等；而.stop 事件修饰符用于阻止事件的传播，二者完全不同。例如，一个表单提交按钮如果在单击事件上添加了事件.prevent 修饰符，那么单击这个按钮就不会提交表单了，实际行为完全由程序指定的事件处理函数负责。

5.4.7 事件修饰符使用说明

在使用事件修饰符的时候，还有两点需要记住。

1．独立使用事件修饰符

在某些情况下，也可以仅仅使用某个事件修饰符，而不绑定具体的事件处理方法，例如下面的代码。

```
1    <!-- 只有事件修饰符 -->
2    <form v-on:submit.prevent></form>
```

上述代码的作用就是让表单的提交事件取消默认的行为，但是并不做其他事情。

2．串联使用事件修饰符

对于一次绑定，可以同时设置多个修饰符，只需要把它们依次串联在一起就可以了，这称为修饰符的“串联”。例如，以下代码的作用就是取消默认行为，同时阻止事件的传播。

```
1    <!-- 修饰符可以串联 -->
2    <a v-on:click.stop.prevent="doThat"></a>
```

当串联使用修饰符时，要注意它们的顺序，相同的修饰符组合，顺序不同会产生不同的效果。例如，v-on:click.prevent.self 会阻止所有的单击事件，而 v-on:click.self.prevent 只会阻止元素自身的单击事件。

5.4.8 按键修饰符

1．与按键相关的三个事件

对于键盘的按键事件，我们需要先讲解一下相关的规范。按键事件由用户按下或释放键盘上的按键触发，主要有 keydown、keypress、keyup 三个事件。

- keydown：按下键时触发。
- keypress：按下有值的键时触发，而当按下 Ctrl、Alt、Shift、Meta 这样无值的键时，keypress 事件不会触发。对于有值的键，按下时先触发 keydown 事件，再触发 keypress 事件。
- keyup：松开键时触发。

如果用户一直按着某个键不松开，就会连续触发键盘事件，触发的顺序如下：

keydown → (keypress → keydown) → …重复以上过程… → keyup

因此，具体侦听哪个事件需要根据实际情况来确定，大多数情况下，侦听 keyup 事件是比较合适的，可以避免重复触发。

2．按键名

在侦听键盘事件时，经常需要明确指定按下的是哪个键。因此，必须通过一定的方式来明确地区分各个按键。

DOM 标准在事件对象中定义了每个按键对应的“按键名”，例如回车键是 Enter，向下的方向键是 ArrowDown，向下的翻页键是 PageDown，完整的列表可通过查阅如下网址获得：https://developer.mozilla.org/zh-CN/docs/Web/API/KeyboardEvent/key/Key_Values。

在知道了一个键的“按键名”以后，就可以方便地在绑定键盘事件的时候通过修饰符指定具体绑定到哪个按键上。例如，绑定到回车键的代码如下所示：

```
1    <!-- 只有在 'key' 是 'Enter' 时调用 'vm.submit()' -->
2    <input v-on:keyup.enter="submit">
```

可以看到，上述代码首先将按键名绑定到 keyup 事件，即按键被抬起的时候触发事件，然后确定只对回车键起作用。

注意，像 PageDown 这样的按键名使用的是 pascal 命名规范——名称中如果有多个英文单词的话，每个单词的首字母大写。而在 HTML 的标记属性中，通常使用的是另一种名为 kebab-case 的命名规范——全部使用小写字母，单词之间用短横线连接。例如，PageDown 如果采用 kebab-case 命名规范的话，就是 page-down。

因此，当指定绑定的按键是 PageDown 时，就应该写作：

```
<input v-on:keyup.page-down="onPageDown">
```

注意

过去在没有统一标准和使用“按键名”之前，按键还有按键码，每个按键对应一个整数编码，例如回车键的按键码是 13，但是按键码在标准规范中已经被废弃，新的浏览器可能会不支持，因此建议不要使用按键码，而应该尽可能使用“按键名”来指定按键。

Vue.js 为了兼容一些旧的浏览器，为一些常用的按键提供了“别名”。Vue.js 对这些常用按键做了兼容性处理，因此推荐使用这些别名，以提高代码的浏览器兼容性：

- .enter
- .tab
- .delete（捕获“删除”和“退格”键）
- .esc
- .space
- .up
- .down
- .left
- .right

3．系统按键修饰键

除了字母、数字等常规按键之外，还有几个键称为“系统按键”，它们是特殊的按键，通常与其他按键同时被按下，包括.ctrl、.alt、.shift 和.meta。

其中的.meta 键，在 Windows 键盘上指的是 Windows 键，而在 Mac 键盘上指的是 Command 键。

例如，下面的代码为一个文本输入框绑定了 keyup 事件，并且使用了.ctrl 和.c 系统按键，这表示当按下 Ctrl+C 组合键的时候，会弹出提示框，显示“复制成功”。完整代码可以参考本书配套资源文件“第 5 章/event-13.html”。

```
1    <div id="app">
2      <input type="text" v-on:keyup.ctrl.c="show('复制成功')">
3    </div>
4
5    <script>
6      let vm = new Vue({
7        el:"#app",
8        methods:{
9          show(message){
10           alert(message);
```

```
11          }
12        }
13    })
14  </script>
```

如果我们仔细试验一下，就可以发现，对于上面的代码，如果用户按下的不是 Ctrl+C 组合键，而是 Ctrl+Shift+C 组合键，那么同样会执行 show()方法。也就是说，只要组合键中包含了 Ctrl 键和 C 键，就会进行绑定，这其实并不符合我们的实际需求，因为只有当用户按下的仅仅是 Ctrl 键和 C 键时，浏览器才会执行复制操作，因此这里也应该只有当 Ctrl 键和 C 键被按下的时候才弹出提示框。

这时就可以使用 Vue.js 提供的.exact 系统按键修饰符。意思就是，在指定的组合键中，当按下且只按下某个指定的系统按键时才会执行绑定操作。因此，对上面的代码稍做修改：

```
1   <div id="app">
2     <input type="text" v-on:keyup.ctrl.exact.c="show('复制成功')">
3   </div>
```

这样就必须是严格的 Ctrl+C 组合键才会触发事件了。

4．鼠标按钮修饰符

对于鼠标事件，可以使用以下三个修饰符，它们用来指定按下鼠标左键、中键、右键三个按键中的哪一个。

- .left：鼠标左键被按下。
- .right：鼠标右键被按下。
- .middle：鼠标中键被按下。

在鼠标单击事件中，也可以指定必须同时在键盘上按住特定的按键，例如下面的代码，注意.exact 修饰符此时所起的作用。

```
1   <!-- 除了 Ctrl 键之外，如果 Alt 键或 Shift 键也同时被按下，那么也会触发 -->
2   <button v-on:click.ctrl="onClick">A</button>
3
4   <!-- 有且只有 Ctrl 键被按下的时候才触发 -->
5   <button v-on:click.ctrl.exact="onCtrlClick">A</button>
```

本章小结

通过本章的学习，我们可以看到 Vue.js 的数据处理机制有不少优点。在 Vue.js 中，事件的处理方法都被绑定在视图的 ViewModel 上，因此不会导致维护上的困难。开发人员在开发时，看一下 HTML 模板，就可以方便地定位 JavaScript 代码里对应的方法。无须在 JavaScript 中手动绑定事件，ViewModel 代码可以是非常纯粹的逻辑，易于测试。当 ViewModel 在内存中被销毁时，所有的事件处理器也都会自动被删除。

知识点讲解

习题 5

一、关键词解释

DOM　事件　事件流　事件对象　事件绑定　事件修饰符　按键修饰符

二、描述题

1. 请简单描述一下事件对象中常见的几个属性，对应的含义是什么。
2. 请简单描述一下浏览器支持的事件种类大致有哪些。
3. 请简单描述一下常用的事件修饰符有哪些，对应的含义是什么。
4. 请简单描述一下使用事件修饰符的几种方式，分别应如何使用。
5. 请简单描述一下常用的按键修饰符有哪些，都是什么时候触发事件的。

三、实操题

请实现以下页面效果：页面上默认显示一个笑脸表情，如题图 5.1 所示。当鼠标指针在表情外时，眼睛能够跟随鼠标指针的移动而转动；当把鼠标指针移到表情上时，表情就会变成题图 5.2 所示的效果。

题图 5.1　鼠标指针在表情外

题图 5.2　鼠标指针在表情上

第6章 表单绑定

在 Web 开发中，表单是最重要的组成部分之一，用于实现与服务器的各种逻辑交互。因此，Vue.js 也对各种表单元素的控制提供了相应的方法。表单绑定使用的是 v-model 指令，用来将表单元素的值与数据模型绑定，使用起来非常方便。

常用的 HTML 表单元素可以分为三类——input、textarea 和 select 元素，它们实现的功能可分为两类——用户自由输入一些文本内容，也可从预设的选项中进行选择。本章的思维导图如下所示。

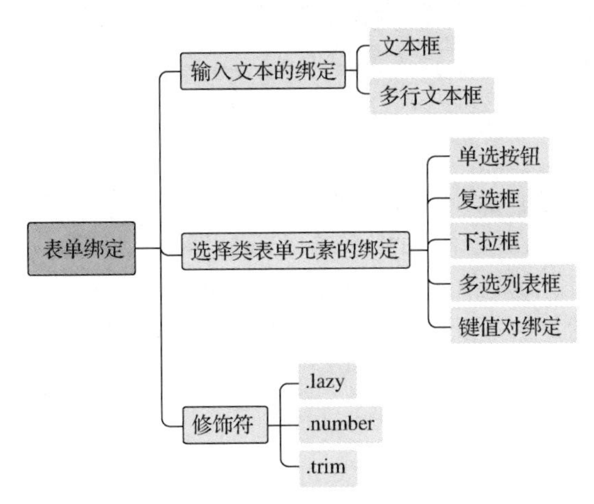

本章导读

6.1 输入文本的绑定

知识点讲解

用户可以自由输入的表单元素分为文本框和多行文本框两种。

6.1.1 文本框

文本框对应 HTML 的 input 元素，将 type 设置为 text，然后使用 v-model 指令即可将文本框与数据模型中指定的属性绑定起来，例如下面的代码，详情可以参考本书配套资源文件“第 6 章/form-01.html”。

```
1    <input v-model="name" placeholder="请输入姓名">
2    <p>{{ name }} 您好! </p>
```

用户在文本框中输入的时候，在它下方的文字段落中，会实时同步显示输入的内容。这个效果的实现只需要设置一条 v-model 指令并执行第 2 章介绍的文本插值，而不需要额外写任何代码，这看起来非常神奇。例如，在文本框中输入“Jane”，效果如图 6.1 所示。

图 6.1　绑定文本框

> **注意**
>
> 使用 v-model 指令绑定一个文本框以后，如果在 HTML 中还给这个文本框设置了 value 属性，那么这个 value 属性会被忽略，而只根据数据模型中的值来显示。

问题是时代的声音，回答并指导解决问题是理论的根本任务。下面我们简单探索一下 v-model 指令的内部原理。其实，v-model 指令的原理并不复杂，它相当于结合了 v-bind 指令和事件绑定。例如，上面的代码等价于如下代码，详情可以参考本书配套资源文件“第 6 章/form-02.html”。

```
1    <input v-bind:value="name" v-on:input="name = $event.target.value"
              placeholder="请输入姓名">
2    <p>{{ name }} 您好! </p>
```

可以看到，在这里 v-model 指令相当于对文本框元素的 value 属性与 name 属性进行了绑定，然后又绑定了 input 事件，最后在进行事件处理时把输入的值传给了 name 属性。当然这只是用最简单的一个例子说明了一下原理，实际上对于不同的表单元素，Vue.js 要做很多相关处理。

对于不同的表单元素，v-model 指令会使用不同的属性和事件。对于文本框元素，使用的是 value 属性和 input 事件，这样就会在输入的过程中随时同步输入的内容和数据模型。

6.1.2　多行文本框

当输入的内容较多时，通常使用多行文本框，只需要简单地更换为 textarea 元素即可，代码如下，详情可以参考本书配套资源文件“第 6 章/form-03.html”。

```
1    <textarea rows="4" v-model="comment" placeholder="请输入您的留言"></textarea>
2    <p>您的留言是</p>
3    <p style="white-space: pre-line;">{{ comment }}</p>
```

注意上述代码中，在显示留言的文本段落中，为了能跟输入的内容一致地换行，使用了一条 CSS 规则“white-space: pre-line”，它的意思是：在这个文字段落中，连续的空格会被合并，但是换行符会被保留。因此在输入时，对于换行的地方，显示的时候也会换行。例如网络购物时的留言，效果如图 6.2 所示。

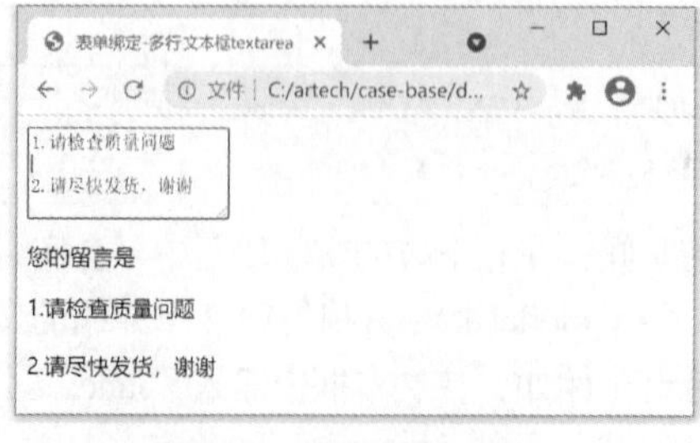

图 6.2　绑定多行文本框

需要注意的是，对多行文本不能使用双大括号语法进行文本插值，而应使用 v-model 指令，下面的代码是错误的：

```
1   <!--这样是错误的-->
2   <textarea>{{text}}</textarea>
```

6.2 选择类表单元素的绑定

知识点讲解

上面介绍了允许用户自由输入时的文本框和多行文本框的绑定方法。下面讲解各种用于选择的表单元素的绑定方法。

在 HTML 中，有三种表单元素能让用户从预设的一些选项中选择所需的值。

6.2.1 单选按钮

单选按钮对应 HTML 的 input 元素，type 属性为 radio，表现在网页上通常是圆形的，在一组选项中，只能选择一个。

在 Vue.js 中绑定单选按钮的方法是将一组单选按钮的 value 属性分别设置好，然后使用 v-model 指令绑定到同一个变量就可以了。例如，下面的代码可以让用户在页面中选择一种语言，详情可以参考本书配套资源文件“第 6 章/form-04.html”。

```
1   <div id="app">
2       <span>选择一种语言: {{ language }}</span>
3       <br/>
4       <input type="radio" id="python"
5           value="Python" v-model="language"/>
6       <label for="python">Python</label>
7
8       <input type="radio" id="javascript"
9           value="JavaScript" v-model="language"/>
10      <label for="javascript">JavaScript</label>
11
12      <input type="radio" id="pascal"
13          value="Pascal" v-model="language"/>
14      <label for="pascal">Pascal</label>
15  </div>
16  <script>
17      let vm = new Vue({
18          el:"#app",
19          data:{
20              language:""
21          }
22      })
23  </script>
```

可以看到，三个选项都是 input 元素，type 属性为 radio，它们的 v-model 都被绑定到了同一个数据模型属性 language，但它们各自的 value 属性值不同，设置 id 属性的目的是和 label 元素组对，得到的效果如图 6.3 所示。

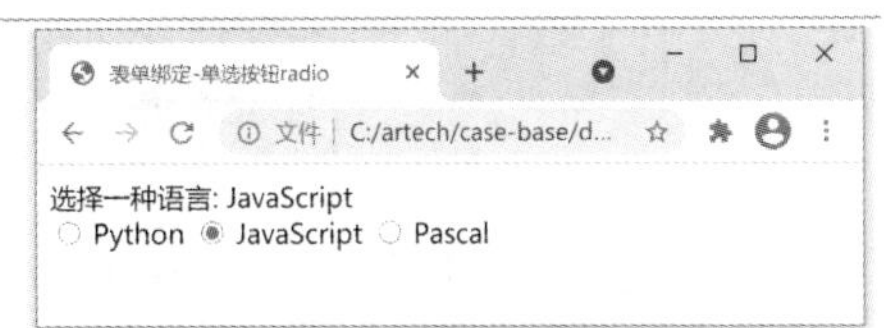

图 6.3　绑定单选按钮

6.2.2 复选框

复选框和单选按钮类似，复选框的 type 属性为 checkbox，一般在页面上表现为方形，在一组选项中，允许选择一个或多个。只需要稍做改造，上面的代码就可以变成演示复选框的例子，如下所示，详情可以参考本书配套资源文件“第 6 章/form-05.html”。

```
1   <div id="app">
2       <span>请选择语言，已选择 {{ languages.length }} 种</span>
3       <br/>
4       <input type="checkbox" id="python"
5           value="Python" v-model="languages"/>
6       <label for="python">Python</label>
7       ……省略其余选项……
8   </div>
9   <script>
10      let vm = new Vue({
11          el:"#app",
12          data:{
13              languages:[]
14          }
15      })
16  </script>
```

可以看到，input 元素的 type 属性被改为 checkbox，绑定的模型属性名从 language 被改为 languages——复数表示多种语言，同时初始化一个空数组，这样可以存放多个值。其他保持不变，运行效果如图 6.4 所示。

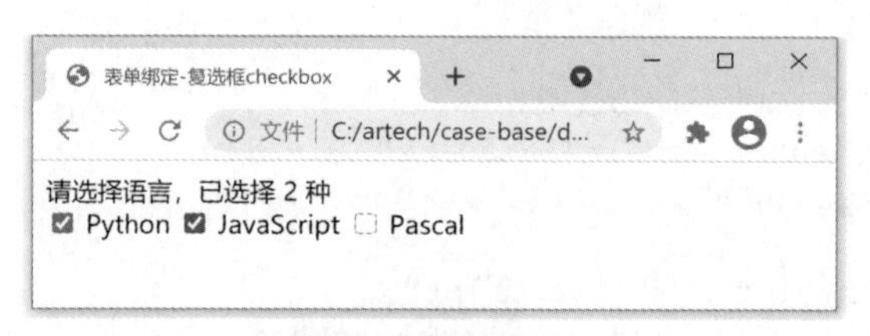

图 6.4　绑定复选框

与单选按钮不同，复选框有时也独立使用，这时就会绑定到布尔值，例如下面的代码，详情可以参考本书配套资源文件“第 6 章/form-06.html”。

```
1   <input type="checkbox" id="agree" v-model="agree" >
2   <label for="agree">{{ agree ? "同意" : "不同意" }}</label>
```

在以上代码中，单独的一个复选框被绑定到了 agree 变量。默认复选框没有勾选，因此显示不同意。勾选复选框，就会显示同意，效果如图 6.5 所示。

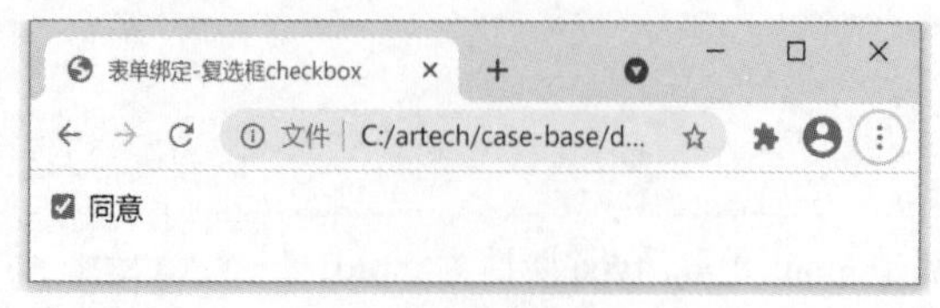

图 6.5　绑定单个复选框

在 Vue.js 中，还可以进一步设定一个复选框选中和未选中时对应的模型属性的值，上面的代码可以修改为如下更清晰的方式，完整代码可以参考本书配套资源文件“第 6 章/form-07.html”。

```
1   <input type="checkbox" id="agree" v-model="agree"
2       true-value="同意" false-value="不同意">
3   <label for="agree">{{ agree }}</label>
```

注意这里的 true-value 和 false-value 只影响绑定的模型属性的值，而不影响 HTML 元素的 value 属性值。

6.2.3 下拉框

下拉框的作用与单选按钮相似，也是从多个选项中选择一项。但下拉框平常是隐藏的，展开以后，才会显示更多选项，因此在选项比较多的时候，通常使用下拉框。将上面的案例改造为使用下拉框的实现方式，代码如下，详情可以参考本书配套资源文件“第 6 章/form-08.html”。

```
1   <div id="app">
2       <span>选择一种语言: {{ language }}</span>
3       <br/>
4       <select v-model="language">
5           <option disabled value="">请选择</option>
6           <option>python</option>
7           <option>JavaScript</option>
8           <option>Pascal</option>
9       </select>
10  </div>
```

可以看到，只要换成 select 元素，并通过 v-model 指令将其与模型的 language 属性绑定就可以了，非常简单方便，效果如图 6.6 所示。

需要注意的一点是，因为设备兼容性，在下拉框的选项中，最好在第一行设置“请选择”选项。在表单中，如果是必选的，那么可以将“请选择”选项禁用，从而使用户无法选择这一项。

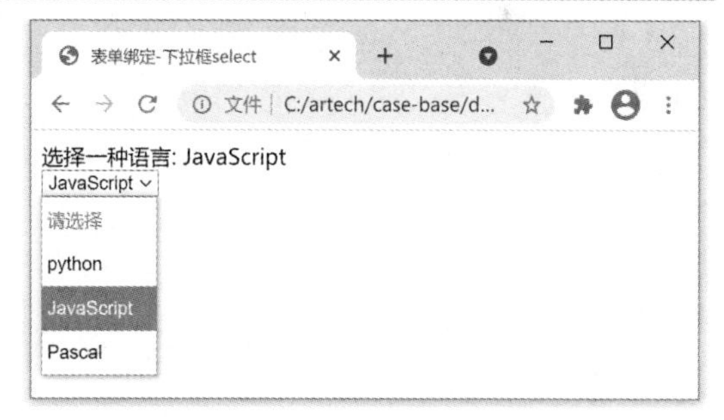

图 6.6 绑定下拉框

6.2.4 多选列表框

使用 select 元素，也可以实现多选的效果，方法是设置 multiple 属性，这样显示在页面上的将是一个列表框而不是下拉框。代码如下所示，详情可以参考本书配套资源文件“第 6 章/form-09.html”。

```
1   <div id="app">
2       <span>请选择语言，已选择 {{ languages.length }} 种</span>
3       <br/>
4       <select multiple v-model="languages">
5           <option>python</option>
6           <option>JavaScript</option>
7           <option>Pascal</option>
8       </select>
9   </div>
10  <script>
11      let vm = new Vue({
12          el:"#app",
13          data:{
14              languages:[]
```

```
15          }
16      })
17  </script>
```

得到的效果如图 6.7 所示。用户在选择时，如果按住 Ctrl 键，就可以实现逐个多选；如果按住 Shift 键，就可以连选多个。

图 6.7 绑定列表框以实现多选

6.2.5 键值对绑定

上面讲解的是简单绑定，选中的选项的值都直接写死在了 HTML 代码中。但在实际开发中，大家经常遇到的情况却不是这样的。

例如，要给用户提供一个下拉框，以便从中选择一种语言，此时选项内容一般是由模型动态提供的，而且一般以“键值对”形式提供，如下所示，完整代码可以参考本书配套资源文件“第 6 章/form-10.html”。

```
1   <div id="app">
2       <span>请选择语言，已选择 {{ selected.length }} 种</span>
3       <br/>
4       <select multiple v-model="selected">
5           <option v-for="option in languages" v-bind:value>
6               {{option.text}}
7           </option>
8       </select>
9   </div>
10  <script>
11      let vm = new Vue({
12          el:"#app",
13          data:{
14              selected:[],
15              languages:[
16                  {text: 'Python',     value: 101},
17                  {text: 'JavaScript', value: 102},
18                  {text: 'Pascal',     value: 103}
19              ]
20          }
21      })
22  </script>
```

可以看到，每个选项都有一个编号和一个文本名称，例如 Python 的编号是 101。将所有的选项都放在模型中，这些选项与<option>标记也需要绑定，这里使用了 v-for 指令，以循环生成所有的选项，这里大家了解一下即可，我们将在下一章中详细介绍 v-for 指令。

这样实际运行以后，渲染得到的 HTML 如下所示：

```
1   <select multiple="multiple">
2       <option value="101">Python</option>
3       <option value="102">JavaScript</option>
4       <option value="103">Pascal</option>
5   </select>
```

通常在实际的 Web 项目中，这种选项列表中每一项的名称和对应的编号一般都存放在数据库中，由后端程序从数据库中取出来以后，再以 API 的方式传递到前端。用户选择以后，提交给服务器的数据也是选项的编号，而不是文本内容。

6.3 修饰符

v-model 指令在绑定的时候，也可以指定修饰符，以实现一些特殊的约束或效果。

6.3.1 .lazy

对于文本输入框，默认情况下，v-model 指令在每次 input 事件触发后，都会对文本输入框的值与数据进行同步。通过添加.lazy 修饰符，可以将上述行为改为在 change 事件触发之后进行同步，这样就只有在文本框失去焦点后才会改变对应的模型属性的值，因此称为“惰性”绑定。示例如下，完整代码可以参考本书配套资源文件“第 6 章/form-11.html”。

```
1   <div id="app">
2     <!-- 在"change"时而非"input"时更新 -->
3     <input v-model.lazy="msg">
4     <span>{{msg}}</span>
5   </div>
6   <script>
7     let vm = new Vue({
8       el:"#app",
9       data: {
10        msg: '111',
11      }
12    })
13  </script>
```

运行文件，可以看出，在文本框中输入内容后，视图不会实时更新，而是等到文本框失去焦点之后才会更新。如果没有.lazy 修饰符，在文本框中输入内容时视图就会跟着更新。

6.3.2 .number

如果希望用户输入的值能够自动转为数值类型，那么可以给 v-model 指令添加.number 修饰符，示例如下，完整代码可以参考本书配套资源文件“第 6 章/form-12.html”。

```
1   <div id="app">
2     <input v-model.number="age" type="number">
3     <span>{{age}}</span>
4   </div>
5   <script>
6     let vm = new Vue({
7       el:"#app",
8       data: {
9         age: '',
10      },
11      watch: {
12        age() {
13          console.log(typeof(this.age))
14        }
15      }
16    })
17  </script>
```

上述代码使用 watch 侦听 age 的变化，并使用 typeof 方法判断 age 的数据类型。运行文件，在文本框中输入“1”，控制台就会输出“number”，表示当前 age 是 number 类型。如果不加修饰符.number，控制台就会输出“string”，表示当前 age 是字符串类型。

通常情况下，在 HTML 中，input 元素的值总是返回字符串。使用.number 修饰符以后，用户输入的值就会自动转为数值类型，之后再赋值给数据模型。如果输入的值无法被 parseFloat()解析，则返回原始值。

6.3.3 .trim

如果要自动过滤用户输入的首尾空白字符，可以给 v-model 指令添加.trim 修饰符，示例如下，完整代码可以参考本书配套资源文件“第 6 章/form-13.html”。

```
<input v-model.trim="msg">
<span>一共有{{msg.length}}个字符</span>
```

运行文件，在文本框中输入“ 12 76 ”，如果不加.trim 修饰符，视图中显示的字符一共有 7 个。加了.trim 修饰符之后，就会自动去掉首尾空格（中间的空格不会去掉），此时视图中显示的字符一共有 5 个，如图 6.8 所示。

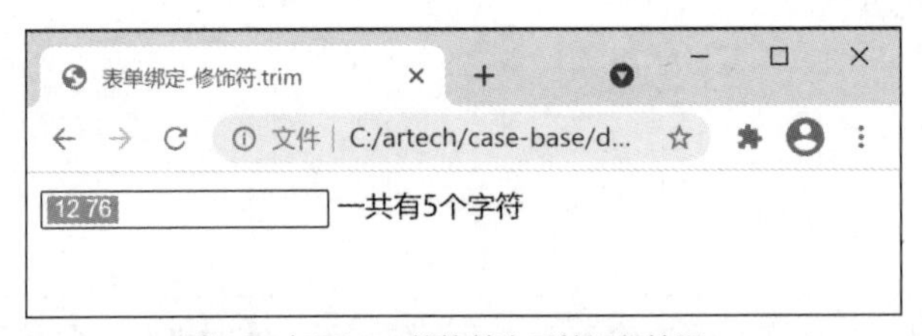

图 6.8 加了.trim 修饰符之后的运行结果

本章小结

表单和表单元素是 Web 应用的重要组成部分，本章讲解了如何使用 Vue.js 进行表单和表单元素与数据模型的绑定，此外还介绍了一些相关的知识点。

知识点讲解

习题 6

一、关键词解释

表单绑定　键值对绑定　修饰符

二、描述题

1. 请简单描述一下表单绑定使用什么指令。
2. 请简单描述一下表单元素都有哪些。
3. 请简单描述一下在使用 v-model 指令进行绑定时常用的修饰符有哪几个，它们对应的含义是什么。

三、实操题

通过表单绑定实现创建图书的功能，图书的属性包括书名、作者、单价、所属分类、封面、简介、是否出版。单击“创建”按钮，控制台就会输出所提交图书的相关信息。

第7章 结构渲染

前面已经把关于在一个页面范围内使用 Vue.js 的大部分知识点讲完了，本章介绍最后一个知识点——结构渲染。

传统的命令式框架（例如 jQuery）的最重要功能就是实现对 DOM 元素的操作，例如更新 DOM 元素的内容、增加或移除一个 DOM 元素等。但是在声明式框架中，不鼓励直接操作 DOM 元素，除非在必要的情况下才会操作 DOM 对象。那么，jQuery 这类框架中相应的功能在 Vue.js 中是如何实现的呢？

这就要使用 Vue.js 的结构渲染功能了，其中主要包括的就是条件渲染和列表渲染。前者用于根据一定的条件来决定是否渲染某个 DOM 结构，后者则可以按照一定的规律循环生成 DOM 元素。本章的思维导图如下所示。

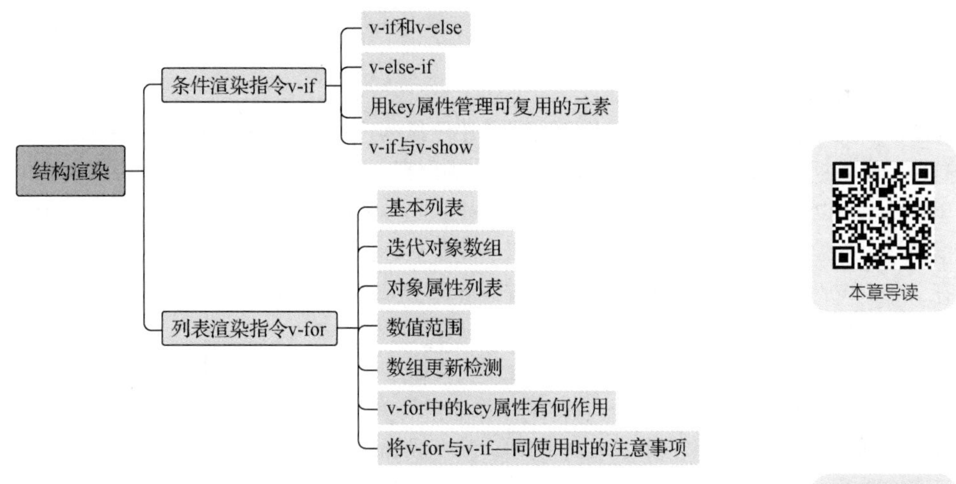

7.1 条件渲染指令 v-if

知识点讲解

v-if 指令用于根据一定的条件渲染一块内容。这块内容只会在指令的表达式返回 true 的时候才被渲染。想要完整地实现 v-if 的功能，还需要掌握两个配套的指令——v-else 和 v-if-else。

7.1.1 v-if 和 v-else

和绝大多数编程语言一致，有了 if，也就会有 else 与之相配。当条件满足时，渲染 v-if 对应的 HTML 结构，否则渲染 v-else 对应的 HTML 结构。当然，也可以只单独使用 v-if，而不使用 v-else。

下面用一个简单的例子演示一下 v-if 和 v-else 的用法。在实际的 Web 项目中，我们经常遇到允许用户使用手机号登录或者使用邮箱登录的情况，此时页面上就需要提供相应的登录方式供用户选择。代码如下，详情可以参考本书配套资源文件“第 7 章/v-if-v-for-01.html”。

```
1   <div id="app">
2     <div v-if="loginByMobile">
3       <label>手机号登录</label>
4       <input type="text" placeholder="请输入手机号">
5     </div>
6     <div v-else>
7       <label>邮箱登录</label>
8       <input type="text" placeholder="请输入邮箱">
9     </div>
10    <button v-on:click="loginByMobile = !loginByMobile">更换登录方式</button>
11  </div>
12
13  <script>
14    var vm = new Vue({
15      el: '#app',
16      data:{
17        loginByMobile: true
18      }
19    })
20  </script>
```

HTML 部分包括两个<div>标记，里面分别是用于显示“手机号登录”或“邮箱登录”的输入框，注意这两个输入框在真正的页面上只有一个会被渲染出来，另一个则不会被渲染。第一个<div>标记有一个 v-if 属性，设定的是一个布尔型变量 loginByMobile。因此，当 loginByMobile 变量为 true 的时候，就会渲染这个<div>标记，否则就会渲染下面那个带有 v-else 属性的<div>标记。

在 JavaScript 部分，数据模型中定义了这个 loginByMobile 变量，它的初始值被设置为 true，即默认为手机号登录方式。

在这两个<div>标记的下面是一个按钮，上述代码通过 v-on 指令给它绑定了单击事件。当这个按钮被单击的时候，就执行相应的操作，具体的操作非常简单，就是对变量 loginByMobile 的值取反。原本是 true 的话，就变成 false；原本是 false 的话，就变成 true。

读者在这里可以考虑一下，如果不使用 Vue.js，而是使用原生的 JavaScript 或 jQuery 框架，这里应该如何实现呢？显然是在按钮的单击事件中，通过操作 DOM 的 API 函数来插入和移除相应的 DOM 结构，那样的话，代码不仅复杂得多，而且难以维护。我们在这里再次见证了声明式框架的优势。

7.1.2 v-else-if

对于多重条件，可以使用 v-else-if 指令，这个指令可以连续重复使用，示例如下，完整代码可以参考本书配套资源文件“第 7 章/v-if-v-for-02.html”。

```
1   <div id="app">
2     <div v-if="type === 'A'">
3       A 区域
4     </div>
5     <div v-else-if="type === 'B'">
```

```
6       B 区域
7     </div>
8     <div v-else-if="type === 'C'">
9       C 区域
10    </div>
11    <div v-else>
12      A/B/C 都不是
13    </div>
14  </div>
15
16  <script>
17    var vm = new Vue({
18      el: '#app',
19      data:{
20        type: 'B'
21      }
22    })
23  </script>
```

分析以上代码，如果变量 type 为 A，页面显示“A 区域”；否则，如果 type 为 B，页面显示“B 区域”；否则，如果 type 为 C，页面显示“C 区域”。如果以上条件都不符合的话，页面显示“A/B/C 都不是”。由于 data 中定义的变量 type 为 B，因此页面显示“B 区域”。如果 data 中定义的变量 type 为 D，页面就会显示“A/B/C 都不是”。

7.1.3 用 key 属性管理可复用的元素

知识点讲解

Vue.js 会尽可能高效地渲染元素，并且通常会复用已有元素而不是重新构造 DOM 结构。这样做除了能够提高性能之外，还有其他一些好处。现在回头看一下上面的登录示例，在文本框中输入一些内容，然后单击“更换登录方式”按钮，文本框中的内容不会被清除。因为 Vue.js 实际上使用的是同一个文本框，它不会被替换掉，替换的仅仅是 placeholder 属性值。这样做的目的是减少重新构造 DOM 结构的开销，提高渲染性能。

但是，在实际项目中，这样做不一定符合实际需求。如果我们希望在更换登录方式以后，文本框中的内容也随之清除，该怎么办呢？Vue.js 提供了一种方法来告诉渲染引擎“这两个元素是完全独立的”，即添加一个具有唯一值的 key 属性。修改之前的登录示例，如下所示，完整代码可以参考本书配套资源文件“第 7 章/v-if-v-for-03.html”。

```
1   <div id="app">
2     <div v-if="loginByMobile">
3       <label>手机号登录</label>
4       <input type="text" placeholder="请输入手机号" key="by-mobile">
5     </div>
6     <div v-else>
7       <label>邮箱登录</label>
8       <input type="text" placeholder="请输入邮箱" key="by-email">
9     </div>
10    <button v-on:click="loginByMobile = !loginByMobile">更换登录方式</button>
11  </div>
```

此后，每次切换登录方式时，文本框都将被重新渲染。

> **注意**
>
> label 元素仍然会被高效地复用，因为它们没有添加 key 属性。

7.1.4 v-if 与 v-show

Vue.js 还提供了一个与 v-if 类似的指令 v-show，v-show 也可以用于根据条件展示元素，且用法和 v-if 一致。

它们的区别在于，v-if 操作的是 DOM 元素，而 v-show 操作的是元素的 CSS 属性（display 属性）。此外，v-show 不能与 v-else 配合使用。

例如，对上面的登录示例稍做修改，将 v-if 改为 v-show。但由于 v-show 不能与 v-else 配合使用，因此修改代码如下，详情可以参考本书配套资源文件“第 7 章/v-if-v-for-04.html”。

```
1   <div id="app">
2     <div v-show="loginByMobile">
3       <label>手机号登录</label>
4       <input type="text" placeholder="请输入手机号" key="by-mobile">
5     </div>
6     <div v-show="!loginByMobile">
7       <label>邮箱登录</label>
8       <input type="text" placeholder="请输入邮箱" key="by-email">
9     </div>
10    <button v-on:click="loginByMobile = !loginByMobile">更换登录方式</button>
11  </div>
```

从运行后的显示效果看，没有任何不同，但是通过开发者工具可以看出二者的区别：v-if 中不显示的 DOM 元素根本就不存在，但是对于 v-show，即使不显示的 DOM 元素也还是存在的，只是通过“display:none”这条 CSS 规则被隐藏了，如图 7.1 和图 7.2 所示。

图 7.1　v-show　　　　图 7.2　v-if

总结如下。

- v-if 是“真正”的条件渲染，因为它会确保在切换过程中条件块内的事件侦听器被销毁和重建。
- v-if 是“惰性”的，即如果在进行初始渲染时条件为假，则不会渲染，直到条件第一次变为真时，才开始渲染相应的 DOM 结构。

- v-show 相对简单，不管初始条件是什么，元素总是会被渲染，并且还会基于 CSS 的 display 属性进行切换。
- 通常，v-if 的切换开销更大，而 v-show 的初始渲染开销更大。因此，如果切换非常频繁，建议优先使用 v-show；而如果在运行时条件很少改变，则使用 v-if 效果较好。

7.2 列表渲染指令 v-for

知识点讲解

v-for 有些类似于 JavaScript 中的 for···of 循环结构。在 Vue.js 中，v-for 指令几乎每个项目都会用到，因为任何页面多少都会显示一系列对象的列表，这时就用到了 v-for 指令。

7.2.1 基本列表

v-for 指令能够在页面上产生一组具有相同结构的 DOM 元素。下面使用一个最基本的案例演示 v-for 指令的基本语法，代码如下，详情可以参考本书配套资源文件“第 7 章/v-if-v-for-05.html”。

```
1   <body>
2     <div id="app">
3       <ul>
4         <li v-for="item in list">{{item}}</li>
5       </ul>
6     </div>
7
8     <script>
9       var vm = new Vue({
10        el: '#app',
11        data:{
12          list: ['阳光', '空气', '沙滩', '草地']
13        }
14      })
15    </script>
16  </body>
```

运行以上代码，效果如图 7.3 所示。

图 7.3　迭代普通数组

可以看到，v-for 指令通过“item in list”来指明每次循环的对象，这里的 item 可以随便取名，in 是 Vue.js 指定的关键字，list 是数据模型中已经定义好的变量。

注意 Vue.js 使用的是 in 这个关键字，从实际发挥的作用看，这里的 in 相当于 ES6 中引入的 for···of 循环结构而不是 for···in 循环结构。

此外，在循环的过程中，每次迭代的元素都会有一个顺序号，称为“索引”。如果在渲染的时候需要使用这个索引，可以使用如下写法：

```
1  <ul>
2    <li v-for="(item, index) in list">
3      {{item}}({{index}}
4    </li>
5  </ul>
```

7.2.2 迭代对象数组

迭代对象数组即循环一个数组，这个数组中的元素是一些对象，例如电商网站上显示的产品列表。

下面举一个产品列表的例子，显示一组产品的图片、名称、价格等信息，代码如下，详情可以参考本书配套资源文件“第 7 章/v-if-v-for-06.html”。

```
1   <body>
2     <div id="app">
3       <div>
4         class="li" v-for="item in list"
5         v-bind:key="item.productId"
6         <img v-bind:src="item.picture" />
7         <div>
8           <h3>{{item.name}}</h3>
9           <p>￥{{item.price}}</p>
10        </div>
11      </div>
12    </div>
13
14    <script>
15      var vm = new Vue({
16        el: '#app',
17        data:{
18          list: [
19            { productId: 1,
20              name: '柯西-施瓦兹不等式马克杯',
21              picture: 'images/pic1.png',
22              price: 45.98
23            },
24            ……省略其他……
25          ]
26        }
27      })
28    </script>
29  </body>
```

注意

在上面的代码中，用到了 key 属性，可将每个产品的 id 绑定到元素的 key 属性上。对于这种以对象作为循环变量的情况，建议一律在对象中找到一个具有唯一性的属性，并绑定到元素的 key 属性上。例如，这里的 id 就是产品对象中具有唯一性的属性，因为所有产品的 id 都不会重复。

具体为什么要这样做，我们在后面会做详细分析，读者现在只需要记住这个约定即可。这里循环显示的是一个产品数组，页面上展示了产品的图片、名称和价格，效果如图 7.4 所示。

图 7.4 对象列表

7.2.3 对象属性列表

另外一种场景是对一个对象的不同属性和属性值进行迭代，形成一个列表。下面使用一个简单的对象来演示一下如何构造一个对象的属性列表。代码如下，详情可以参考本书配套资源文件“第 7 章/v-if-v-for-07.html”。

```
1   <body>
2     <div id="app">
3       <ul v-for="(value, prop) in user">
4         <li>{{prop}} : {{value}}</li>
5       </ul>
6     </div>
7
8     <script>
9       var vm = new Vue({
10        el: '#app',
11        data:{
12          user: {
13            name: 'tom',
14            age: 26,
15            gender: '女'
16          }
17        }
18      })
19    </script>
20  </body>
```

以上代码在 data 对象中定义了一个变量，即用户对象 user，值为用户信息。可循环显示用户信息的内容，效果如图 7.5 所示。

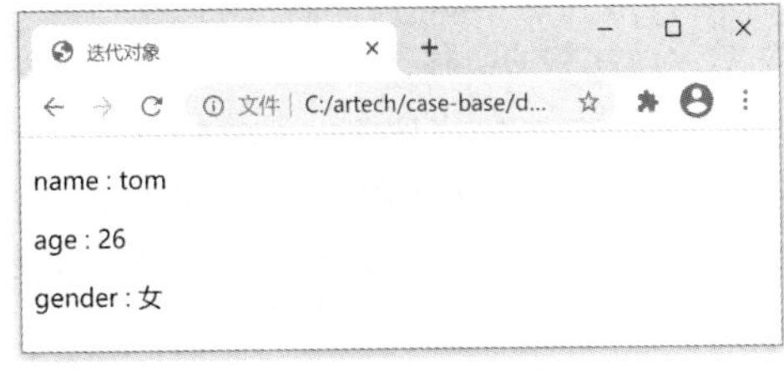

图 7.5 对象属性列表

不过在实际开发中，这种用法不太常见，因为如果要显示一个对象，那么通常不会直接把这个对象的所有属性拿来显示到页面上，而是事先都会有所筛选和加工。

7.2.4 数值范围

Vue.js 还提供了一种非常方便的能够在一定的数字范围内循环的方法，查看下面的代码，详情可以参考本书配套资源文件“第 7 章/v-if-v-for-08.html”。

```
1    <body>
2      <div id="app">
3        <p>前 10 个奇数是：</p>
4        <p v-for="count in 10">第{{count}}个奇数是{{count * 2 - 1}}</p>
5      </div>
6
7      <script>
8        var vm = new Vue({
9          el: '#app',
10         data:{}
11       })
12     </script>
13   </body>
```

运行以上代码，结果显示<p>标记循环了 10 次，如图 7.6 所示。

图 7.6 数值范围

7.2.5 数组更新检测

Vue.js 的最大优势在于一经绑定，数据模型的所有修改，就都会自动同步到视图中。因此，对于 v-for 指令绑定的列表，也同样会实时反映出数据模型的变化。

但是，自动更新视图的前提是能够检测到数据模型的变化。第 3 章介绍的侦听器，对数组变化的侦听存在一些限制。在通过 v-for 指令绑定数组时，也存在类似的一些限制情况。

v-for 指令绑定的数组，在出现以下两种情况时，不会自动更新视图。

- 直接通过索引的方式修改数组，例如 vm.items[5] = newValue。
- 直接通过修改 length 属性的方式修改数组，例如 vm.items.length = 10。

读者可以参考下面的案例代码，详情可以参考本书配套资源文件“第 7 章/v-if-v-for-09.html”。

```
1    <div id="app">
```

```
2     <p>
3       <button v-on:click="handler_1">修改数组元素</button>
4       <button v-on:click="handler_2">修改数组长度</button>
5     </p>
6     <p v-for="item in list" :key="item">
7       <input type="checkbox"> {{item}}
8     </p>
9   </div>
10
11  <script>
12    var vm = new Vue({
13      el: '#app',
14      data: {
15        list: ['JavaScript','HTML','CSS']
16      },
17      methods: {
18        handler_1() {
19          this.list[1] = 'Python';
20        },
21        handler_2() {
22          this.list.length = 1;
23        }
24      }
25    })
26  </script>
```

上面的代码通过 v-for 指令绑定了一个列表，这个列表有三个字符串元素。两个按钮对应的事件处理方法都无法使视图更新。我们需要对上述代码进行如下修改，才能正常触发视图的更新，完整代码可以参考本书配套资源文件“第 7 章/v-if-v-for-10.html”。

```
1   methods: {
2     handler_1() {
3       this.$set(this.list, 1, 'Python')
4     },
5     handler_2() {
6       this.list.splice(1)
7     }
8   }
```

需要注意的是，上面绑定的数组元素是字符串，和数值等类型一样，它们都是基本类型，而不是对象类型。如果数组中的元素是对象，那就可以直接修改元素的属性，而不影响视图的自动更新。对上面的案例稍做修改，代码如下，详情可以参考本书配套资源文件“第 7 章/v-if-v-for-11.html”。

```
1   <div id="app">
2     <p>
3       <button v-on:click="handler_1">修改数组元素</button>
4     </p>
5     <p v-for="item in list" :key="item.id">
6       <input type="checkbox"> {{item.name}}
7     </p>
8   </div>
9
10  <script>
11    var vm = new Vue({
12      el: '#app',
```

```
13      data: {
14        list:  [
15          {id:1 , name: 'JavaScript'},
16          {id:1 , name: 'HTML'},
17          {id:1 , name: 'CSS'}
18        ]
19      },
20      methods: {
21        handler_1() {
22          this.list[1].name = 'Python'; //可以触发更新
23        }
24      }
25    })
26  </script>
```

可以看到，现在 list 数组中的元素变成了对象，绑定到列表的是 item.name 而不是 item 本身。这时，可以直接修改元素的属性，不需要使用$set()方法。

除了上面介绍的两种特殊情况之外，包括替换数组、使用 push()等标准方法修改数组等操作，也都是可以自动更新到视图中的。

7.2.6 v-for 中的 key 属性有何作用

前面曾经讲过，使用 v-for 时，如果每次迭代的元素是一个对象，而不是一个简单的值，那么建议将数据模型中具有唯一性的属性绑定到 DOM 元素的 key 属性上。

这里解释一下具体的原理，以便读者在实践中遇到不同的场景时，能够灵活运用。

当 Vue.js 更新使用 v-for 渲染的列表时，默认使用“就地更新”的策略。如果数据项的顺序发生了改变，Vue.js 不会移动 DOM 元素来匹配数据项的顺序，而是就地更新每个元素，并且确保它们在每个索引位置得到正确渲染。假设一个列表对应的数据模型在数组的末尾增加了一个新元素，Vue.js 的做法就是把这个元素放到数组的最后，这自然是最方便的做法。但是，如果数据模型在数组的开头插入了一个元素，那么默认情况下，Vue.js 依然会在数组的最后添加一个元素，然后从第一个元素开始逐个更新，以保持与数据模型的一致。

但是，这种做法在某些情况下就会产生一些问题。下面通过一个例子来进行说明，假设我们想要开发一个微型的“待办事项”（Todo List）页面。我们将在这个页面上列出一些待办事项，用户既可以添加新的待办事项，也可以在某个待办事项的前面打勾，表示已经完成该事项。代码如下，详情可以参考本书配套资源文件“第 7 章/v-if-v-for-12.html”。

```
1   <body>
2     <div id="app">
3       <div>
4         <input type="text" v-model="todo">
5         <button v-on:click="onClick">添加</button>
6       </div>
7       <ul>
8         <li v-for="item in list"><input type="checkbox"> {{item.todo}}</li>
9       </ul>
10    </div>
11
12    <script>
13      var vm = new Vue({
14        el: '#app',
```

```
15        data: {
16          todo: '',
17          newId: 5,
18          list: [
19            { id: 1, todo: '去健身房健身' },
20            { id: 2, todo: '去饭店吃饭' },
21            { id: 3, todo: '去银行存钱' },
22            { id: 4, todo: '去商场购物' }
23          ]
24        },
25        methods: {
26          onClick() {
27            // unshift()会在数组的开头插入元素
28            this.list.unshift({ id: this.newId++, todo: this.todo });
29            this.todo = '';
30          }
31        }
32      })
33    </script>
34  </body>
```

我们先看一下数据模型：

- list 是一个数组，其中记录着当前待办事项列表，并且每一行都有一个唯一的 id 以及相应的待办事项。
- todo 用于获取输入框中的内容。
- newId 用于记录下一个想要插入的待办事项的编号，假设默认有 4 个待办事项，id 分别是 1～4，那么下一个编号就是 5。

下面我们再看一下模型是如何与页面绑定的。这里的 ul 结构用于循环显示 list 列表中当前的所有待办事项，每一项的前面都有一个复选框可勾选。文本框通过 v-model 与 todo 属性绑定，以便用户随时向列表中添加新的待办事项。在输入框中输入内容，单击“添加”按钮，此时就会调用 onClick()方法，添加新的待办事项。在 onClick()方法中，使用数组对象的 unshift()方法，在 list 数组的开头添加一个对象，这个对象有 id 和 todo 两个属性，其中 id 等于 newId，同时使 newId 自增 1，以便下次插入时使用。

此时运行这个页面，假设勾选了第二个复选框，如图 7.7 所示，这表示对应的事项“去饭店吃饭”已经完成了。然后添加新的一项，例如在输入框中输入“去公园散步”，单击“添加”按钮，此时的效果如图 7.8 所示。可以看到，列表的最上面多了一项“去公园散步”，这是符合预期的，但是选中的复选框从“去饭店吃饭”变成了“去健身房健身”，这显然不是我们想要的结果。正确的结果是，应该对排在第 3 项的“去饭店吃饭”打勾。

图 7.7　勾选“去饭店吃饭”

图 7.8　程序依然勾选列表中的第 2 项

产生这个问题的原因就是，项目列表都是“就地更新”的，复选框仍然保持着原来的状态，于是列表中的第 2 项处于选中状态。

解决这个问题的方法，就是对 li 元素绑定 key 属性——在 v-for 的后面添加 v-bind:key，修改代码如下：

```
1   <li v-for="item in list" v-bind:key="item.id">
2     <input type="checkbox"> {{item.todo}}
3   </li>
```

修改代码后，刷新这个页面，就会发现问题已经得到圆满解决。这就是对迭代的元素绑定 key 属性的作用所在，可以简单理解为，将 key 属性绑定到数据模型中具有唯一性的属性之后，整个迭代元素和数据模型就一一对应了，新元素会按顺序插入原来的列表中，而不是“就地更新”。

这里简要介绍一下使用 v-for 绑定对象时的原理。Vue.js 的内部实现了一套虚拟 DOM，也就是内存中的 DOM 结构，可在必要时根据虚拟的 DOM 结构更新真正的页面 DOM 结构，因为每次虚拟 DOM 发生变化时，一般只是局部有变化，这显然不能简单粗暴地更新整个页面的所有元素，而应该尽可能少地更新页面元素，只有这样，效率才会越高。

在不指定 key 属性的时候，Vue.js 会最大限度地减少对元素的更改并且尽可能尝试“就地”修改，同时尽可能复用相同类型元素的算法；而在使用 key 属性时，Vue.js 会基于 key 属性的变化重新排列元素的顺序，并且移除 key 属性不存在的元素。

观察上面的待办事项案例可知，在没有绑定 key 属性之前列表元素的更新方式与绑定之后不同。

Vue.js 这样做的原因是，如果没有为每一个列表元素指定可以唯一识别这个列表元素的“标识”的话，列表元素和数据模型就无法形成一一对应的关系，Vue.js 的引擎也就无法识别出新加入的列表元素应该插入的位置，因此默认采用的办法就是把新加入的元素放到最后，然后从开头依次更新到与数据模型一致的状态，此时用户选中的复选框的位置将不会发生变化。

而一旦在 Vue.js 的列表中对 key 属性绑定了“唯一标识”以后，Vue.js 就可以明确地知道新元素应该插入什么位置了。唯一标识一般使用对象的 id 等属性，用数据库中的术语来说，就是对象的“主键”。

7.2.7 将 v-for 与 v-if 一同使用时的注意事项

前面的条件渲染章节讲解了 v-if 指令，需要注意的是，除非必要，否则不要将 v-if 和 v-for 用在同一个元素上。当它们处于同一节点时，v-for 的优先级比 v-if 高，v-for 每次迭代时都会执行一次 v-if，这会造成不必要的计算开销，影响性能，尤其是当只需要渲染很小一部分的时候，表现尤为明显。比较好的做法是直接在数据模型中对列表进行过滤，以减少视图中的判断。例如，下面就是一个相当不好的案例，这个案例的完整代码可以参考本书配套资源文件“第 7 章/v-if-v-for-13.html”。

```
1   <div id="app">
2     <p v-for="item in list" v-bind:key="item.id" v-if="item.id < 2">
3       {{item.name}}
4     </p>
5   </div>
```

对于上述情况，即使 100 个 item 中只有一个符合 v-if 的条件，也需要循环整个数组，这在性能上是一种浪费。在这种情况下，可以使用计算属性，在数据模型中事先做好处理，然后将符合条件的结果通过 v-for 显示出来，代码如下所示：

```
1   <div id="app">
2     <p v-for="item in filteredList" v-bind:key="item.id">
3       {{item.name}}
4     </p>
5   </div>
6   computed: {
7     filteredList() {
8       return this.list.filter(function(item) {
```

```
9          //返回 id 小于 2 的项并添加到 filteredList 数组中
10         return item.id < 2
11       })
12     }
13   }
```

两者的显示结果是一样的，但在性能上却相差很大。数据量小的情况下可能效果不太明显，但如果数据量大的话，区别就会很明显了。效果如图 7.9 所示。

图 7.9 将 v-for 和 v-if 一起使用的弊端

另一种场景是，如果希望有条件地跳过循环的执行，那么应该将 v-if 置于外层元素上。例如，在一个电商网站的产品列表页面中，通常会先判断一下这个列表中的产品数量。如果列表是空的（例如没有搜索到用户查找的产品），那就显示一句提示语，而不再显示列表，代码如下：

```
1   <div id="app">
2     <div v-if="products.length == 0">没有找到您搜索的产品</div>
3     <div v-else>
4       <p v-for="item in products" :key="item.id">
5         名称：{{item.name}}  价格：{{item.price}}
6       </p>
7     </div>
8   </div>
```

可以看到，上述代码先在外层<div>标记中判断想要迭代的数组的长度，如果数组的长度为 0，那就不需要执行 v-for 了，直接显示“没有找到您搜索的产品”这句提示语就可以了。

本章小结

本章介绍了 Vue.js 的两个关键指令——v-if 指令和 v-for 指令，它们分别用于条件渲染和列表渲染。v-if 指令需要与 v-show 指令分开使用。v-for 指令需要 key 属性的配合，此外还要留意数组元素更新时的限制情况。

知识点讲解

习题 7

一、关键词解释

条件渲染　列表渲染

二、描述题

1. 请简单描述一下 v-if、v-else 和 v-else-if 指令的含义和使用方法。
2. 请简单描述一下 v-if 和 v-show 指令的相同点和不同点。
3. 请简单描述一下 key 属性的作用。
4. 请简单描述一下 v-for 指令中 key 属性的作用。
5. 请简单描述一下在将 v-for 指令与 v-if 指令一同使用时的注意事项。

三、实操题

根据第 4 章中以绑定 class 属性方式实现的日历效果，使用 v-for 指令简化代码，以实现相同的日历效果。

第8章 阶段案例——网页汇率计算器和番茄钟

众所周知，只有把理论知识同具体实际相结合，才能正确回答实践提出的问题，扎实提升读者的理论水平与实战能力。

在这一章中，我们将综合使用前面学习过的知识点，练习两个案例：一个是网页汇率计算器，另一个是番茄钟。本章的思维导图如下所示。

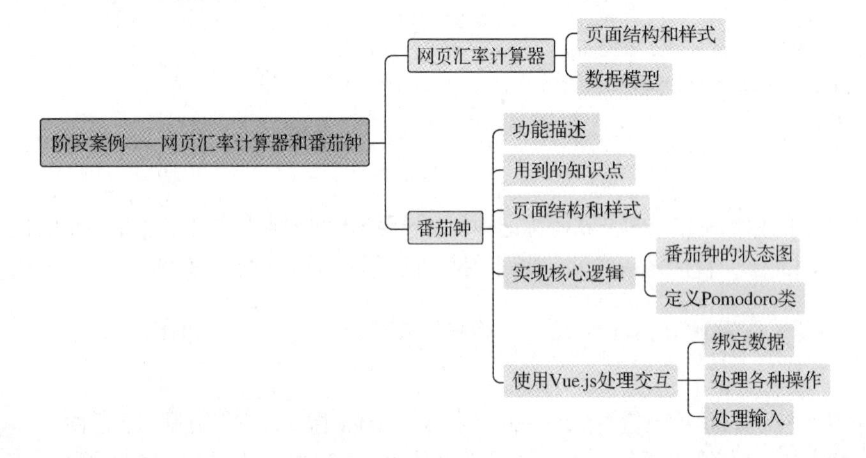

8.1 网页汇率计算器

知识点讲解

网页汇率计算器的完成效果如图 8.1 所示。

图 8.1　网页汇率计算器

在完成的网页汇率计算器中，最上一行是待计算的原始货币种类的金额，默认是人民币 CNY，金额是 100 元，可以在横线上修改金额。在修改金额的同时，下面 4 种货币对应的金额会实时计算更新。如果用鼠标单击下面 4 行中的任意一行，就会与第一行交换，从而变成待计算的货币种类。

8.1.1 页面结构和样式

这个案例的页面结构非常简单，除了顶部的标题和底部的说明文字，中间是一个 ul 列表，这个列表的每一行都有左右两个子元素。

在第 1 个 li 元素中，左边是币种名称，右边是一个文本框，可通过 CSS 样式使它只显示下边框。

后面 4 个 li 元素都包含左右两个 span 元素，分别用于显示币种和金额。

基于这种结构，通过 CSS 样式进行排版。由于使用 CSS3 的选择器可以非常方便地设置样式，因此这里不再讲解 CSS 的设置方法，读者可以直接打开本书配套资源中的源文件“第 8 章/demo-currency.html”。

```
1   <div id="app">
2       <p class="title">汇率计算器</p>
3       <ul>
4           <li>
5               <span>CNY</span>
6               <input type="text">
7           </li>
8           <li data-currency="JPY">
9               <span>JPY</span>
10              <span>1511.81</span>
11          </li>
12          ……这里省略其余三个 li 元素……
13      </ul>
14      <p class="intro">用鼠标单击可以切换货币种类</p>
15  </div>
```

8.1.2 数据模型

下面重点讲解一下数据模型，实际上这个数据模型与页面结构完全一致，第一行是输入的货币和金额，因此使用一个 from 对象来存放。下面是 4 种对应的货币种类和金额，因此用一个数组来存放。from 对象和数组元素的结构相同，都包括两个属性：currency 属性是货币的名称，这里使用的都是国际标准的货币名称；另一个属性是 amount（金额）。

```
1   data: {
2       from: {currency:'CNY', amount:100},
3       to:[
4         {currency:'JPY', amount:0},
5         {currency:'HKD', amount:0},
6         {currency:'USD', amount:0},
7         {currency:'EUR', amount:0}
8       ]
9   }
```

了解了数据模型的基本结构以后，我们来看一下数据模型是如何与 HTML 元素绑定的，代码如下所示：

```
1   <ul>
2       <li>
3         <span>{{from.currency}}</span>
4         <input v-model="from.amount"></input>
5       </li>
6       <li v-for="item in to">
7         <span>{{item.currency}}</span>
8         <span>{{item.amount}}</span>
9       </li>
10  </ul>
```

在第一个 li 元素中，左边的 span 元素用文本插值方式绑定到 from.currency 属性，右边的文本框用 v-model 指令绑定到 from.amount 属性。接下来的 4 个 li 元素使用 v-for 指令以循环的方式绑定，在 to 数组中，每个对象对应一个 li 元素，并将里面的两个 span 元素分别绑定到 currency 和 amount 属性。

接下来要做的是让这个汇率计算器真正能够计算。为了计算汇率，从而使任何一种货币都可以转换成另一种货币，我们需要一个汇率表。为此，我们单独写了一个汇率表：

```
1   let rate={
2     CNY:{CNY:1     , JPY:16.876, HKD:1.1870, USD:0.1526, EUR:0.1294 },
3     JPY:{CNY:0.0595, JPY:1     , HKD:0.0702, USD:0.0090, EUR:0.0077 },
4     HKD:{CNY:0.8463, JPY:14.226, HKD:1     , USD:0.1286, EUR:0.10952},
5     USD:{CNY:6.5813, JPY:110.62, HKD:7.7759, USD:1     , EUR:0.85164},
6     EUR:{CNY:7.7278, JPY:129.89, HKD:9.1304, USD:1.1742, EUR:1      },
7   }
```

这里实际上用的仍是 JavaScript 对象，5 个属性分别对应 5 个币种名称，每个属性的值又是一个对象，对象的属性还是这 5 个币种名称，而每个值就是从外层币种换到内层币种的汇率。上面的汇率表反映了 2021 年 4 月 5 日的真实汇率情况。

接下来，为了能够让用户在第 1 行右侧的横线上修改待换算的货币金额，并使下方的货币金额随之改变，我们只需要监视 from.amount 的值就可以了。因为这个文本框已经和 from.amount 绑定了，所以用户在修改了文本框里的数值之后，数值就会自动同步到 from.amount 变量中，这是 Vue.js 帮我们完成的。

下面对 from 变量进行监视，由于 from 变量是一个对象，而这个对象又包含了两个属性，除了 amount 之外，currency 将来也会修改，因此这两个属性都需要监视。这时可以将 deep 参数设置为 true，否则 Vue.js 不会监视 from 对象中属性的变化。接下来，将 immediate 参数也设置为 true，这表示在初始化页面的时候，就立即执行一次，而不必等着 from 的值第一次变化的时候才第一次执行。因为一开始就需要计算初始金额，所以这里将 immediate 参数也设置为 true，这样就可以让页面在一打开的时候，下方的 4 种货币就显示 100 元人民币对应的兑换金额。

```
1   watch:{
2       from: {
3         handler(value){
4             this.to.forEach(item => {
5               item.amount = this.exchange(this.from.currency,
6                 this.from.amount, item.currency)});
7         },
8         deep:true,
9         immediate:true
10      }
11  }
```

在上面的计算中，我们对 to 数组的每个元素使用 forEach()方法遍历了一次，并且每一次都根据来源币种、来源金额和目的币种，计算了一次换算以后的金额。在此过程中，需要调用一个换算金额的方法，它定义在 methods 中，代码如下：

```
1   exchange(from, amount, to){
2     return (amount * rate[from][to]).toFixed(2)
3   }
```

可以看到，操作非常简单，从汇率表中查出汇率，然后乘以待换算的金额，即可得到结果。例如，输入 1000，马上就会计算出对应的货币金额，效果如图 8.2 所示。

图 8.2 汇率计算（一）

最后，为了实现当用户单击图 8.2 中下方 4 行中的任意一行后，就交换这一行与第一行的货币种类，需要在 methods 中为视图里的最后 4 个 li 元素绑定一个方法，代码如下：

```
1   changeCurrency(event){
2     const c = event.currentTarget.dataset.currency;
3     const f = this.from.currency;
4     this.from.currency = c;
5     this.to.find(_ => _.currency === c).currency = f;
6   }
7   <li v-for="item in to"
8     v-bind:data-currency="item.currency"
9     v-on:click="changeCurrency">
10    <span>{{item.currency}}</span>
11    <span>{{item.amount}}</span>
12  </li>
```

运行文件，单击货币种类为 HKD 的那一行，效果如图 8.3 所示。这样就完成了这个案例。

图 8.3 汇率计算（二）

8.2 番茄钟

“番茄钟”指的是一种能够倒计时的计时器，常用于厨房，如图 8.4 所示。番茄钟之所以特别出名，是因为它被用在了一个特别著名的时间管理方法——“番茄工作法”中。

番茄工作法由意大利人西里洛于 1992 年创立，其核心思想是：列出每天的工作任务，并分解为一个个 25 分钟的任务，然后逐个完成。每个任务开始时，转动番茄计时器，设定 25 分钟，然后不被打扰地集中精力工作 25 分钟，之后休息 5 分钟，如此视作一个“番茄钟”。番茄工作法认为 25 分钟后工作效率就大打折扣了，所以将 25 分钟作为一个计时阶段。

完成本案例后，默认将从 25 分钟开始倒计时，效果如图 8.5 所示。

图 8.4　番茄钟

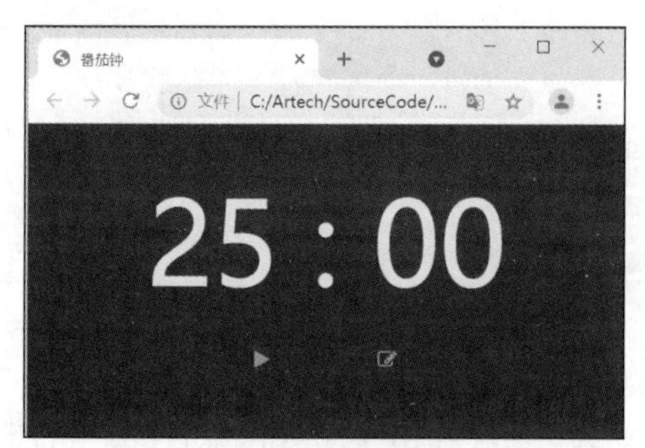

图 8.5　倒计时界面

8.2.1 功能描述

番茄钟的主要功能是计时，支持的操作包括开始计时、暂停计时、停止计时和修改计时时长。每个操作执行后，番茄钟就处于不同的状态。图 8.5 是初始状态，番茄钟显示 25 分钟，并且下方的按钮区有两个按钮，左侧是开始按钮，右侧是编辑按钮。单击开始按钮，系统就开始倒计时了，并且按钮区变成暂停和重置图标，如图 8.6 所示。

单击图 8.6 中左侧的暂停按钮，计时器暂停倒计时，并且显示三个按钮，从左到右分别为开始、停止和编辑按钮，效果如图 8.7 所示。

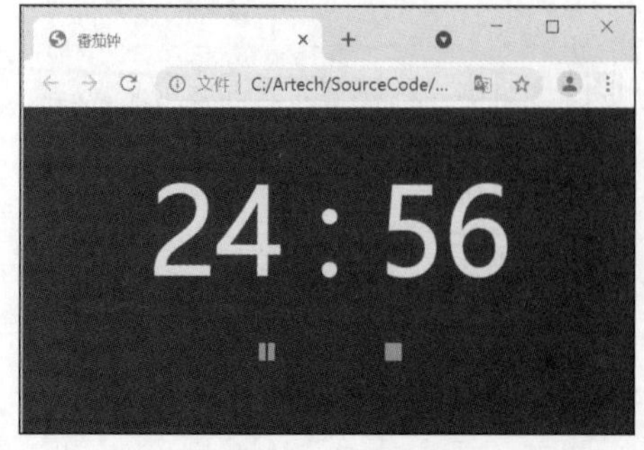

图 8.6　倒计时中

图 8.7　暂停倒计时

单击图 8.7 中的开始按钮，系统又继续倒计时。单击中间的停止按钮，页面会恢复到初始状态，如图 8.5 所示。

单击图 8.5 或图 8.7 中右侧的编辑按钮，页面上会显示输入框，并且按钮区将显示保存和取消图标，效果如图 8.8 所示。修改时间，比如将时间改为 30 分钟，单击对勾图标，此时输入框被隐藏，效果和图 8.5 一致，只是页面上显示的时间变成了 30 分钟。如果单击取消图标，页面将恢复到编辑之前的状态。

倒计时结束之后，会有音乐播放，提醒用户时间到了，该休息了，效果如图 8.9 所示。

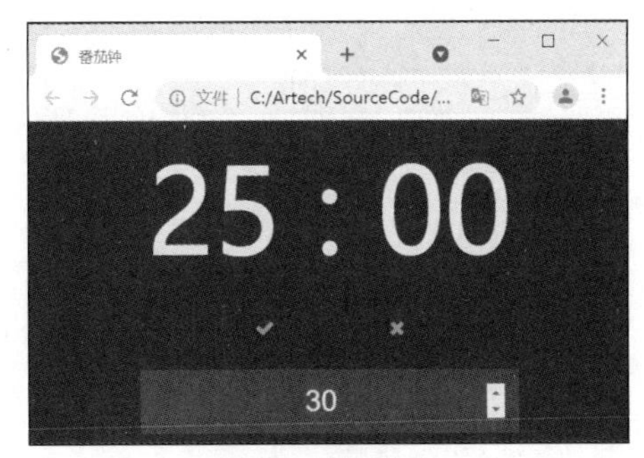

图 8.8　编辑时间

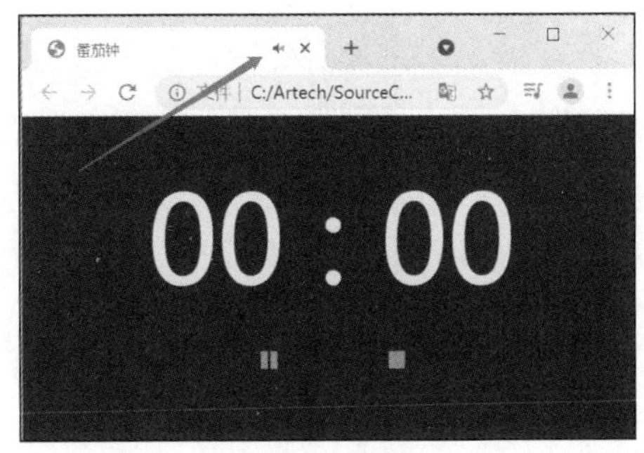

图 8.9　倒计时结束

单击暂停按钮，音乐会暂停，页面进入暂停状态，效果类似于图 8.7。单击右侧的重置按钮也会暂停音乐，页面将恢复到初始状态，以便用户进行下一工作计时。

8.2.2 用到的知识点

本案例将用到以下知识点：

- class 属性的绑定；
- 条件渲染 v-if；
- 循环渲染 v-for；
- 事件处理；
- 数据绑定 v-model；
- 字体图标 fontAwesome；
- 音频播放器。

8.2.3 页面结构和样式

页面结构分三个部分。

- 时间显示：以分钟和秒钟来显示，都是两位数。
- 操作按钮：共 6 个图标按钮，对应不同的操作。
- 输入框：用于输入分钟数。

页面结构代码如下：

```
1    <link rel="stylesheet" href="./font-awesome.css">
2    <body>
3      <div class="container">
4        <div id="app">
5          <!-- 显示时间 -->
6          <div class="timer">
7            <span class="minute">25</span>
8            <span>:</span>
9            <span class="seconds">00</span>
10         </div>
11         <!-- 控制器 -->
```

```
12        <div class="controls">
13          <div>
14            <i class="fa fa-play"></i>
15          </div>
16          <div>
17            <i class="fa fa-pause"></i>
18          </div>
19          <div>
20            <i class="fa fa-stop"></i>
21          </div>
22          <div>
23            <i class="fa fa-edit"></i>
24            <i class="fa fa-check"></i>
25            <i class="fa fa-close"></i>
26          </div>
27        </div>
28        <!-- 修改时间 -->
29        <div class="input">
30          <input type="number" min="1" value="25">
31        </div>
32        <!-- 倒计时结束后播放音频 -->
33        <audio src="./1.mp3" id="audio" loop>
34          您的浏览器不支持<audio>标记。
35        </audio>
36      </div>
37    </div>
38  </body>
```

CSS 代码这里就不再讲述了，读者可以直接打开本书配套资源中的源文件 pomodoro-timer/step1.html，获取样式代码。

分析上面的代码，6 个按钮使用的是 fontAwesome 中的字体图标，因此需要引用 CSS 文件 font-awesome.css，并将其字体文件夹放入当前文件夹。页面效果如图 8.10 所示。

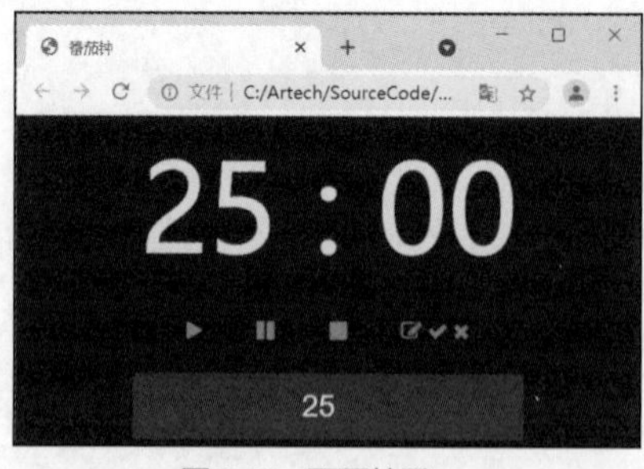

图 8.10　页面效果

8.2.4　实现核心逻辑

番茄钟的核心逻辑是一个状态变化过程，它包含 4 种状态，可在每种状态下执行不同的操作。我们先画出状态图，再用 JavaScript 定义一个类来描述它。

1．番茄钟的状态图

状态图是“状态变迁图”的简称，通常用于描述一个对象的所有状态以及状态发生变化的过程。图 8.11 是番茄钟的状态图。

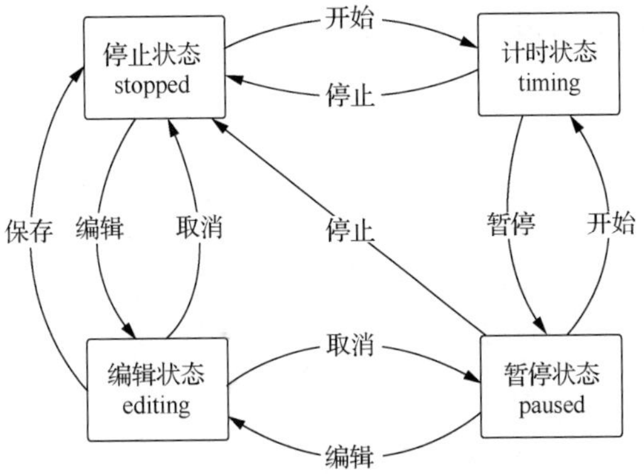

图 8.11 番茄钟的状态图

状态图可以用三元组（出发状态，动作，到达状态）来描述，状态图中的每个箭头表示做了某个动作后，从一个状态变成另一个状态。因此，图 8.11 所示的状态图可以通过表 8.1 来描述。

表 8.1 状态-动作表格

出发状态	动作	到达状态
停止状态	开始	计时状态
停止状态	编辑	编辑状态
计时状态	停止	停止状态
计时状态	暂停	暂停状态
暂停状态	开始	计时状态
暂停状态	停止	停止状态
暂停状态	编辑	编辑状态
编辑状态	保存	停止状态
编辑状态	取消	停止状态
编辑状态	取消	暂停状态

看起来好像有些复杂，但是如果有好的程序设计策略，就会发现实际上非常清晰，而且即使未来再增加新的功能，也依然可以保持良好的程序结构。

番茄钟有两个关键数据：一个是总秒数，表示一个计时段的总时间；另一个是剩余秒数，表示倒计时剩余的时间。

2．定义 Pomodoro 类

接下来，我们开始实现番茄钟的核心逻辑。Pomodoro 本来是意大利语中番茄的意思，不过现在的番茄工作法都用这个单词来表示。

我们先使用 ES6 语法创建 Pomodoro 类，把番茄钟里需要的核心内部逻辑写好，之后再用 Vue.js 调用这个类，实现与界面相关的逻辑。这里的程序设计思想很重要：把内部逻辑和外部的交互逻辑分开，以保持整个项目代码的结构清晰。

请参考 pomodoro.js 文件，代码如下：

```
1   class Pomodoro {
2     constructor(audio) {
3       this.states = [
4         { from: 'stopped', to: 'timing', action: 'start' },
5         { from: 'stopped', to: 'editing', action: 'edit' },
6         { from: 'timing', to: 'paused', action: 'pause' },
7         { from: 'timing', to: 'stopped', action: 'stop' },
```

```
8         { from: 'paused', to: 'timing', action: 'start' },
9         { from: 'paused', to: 'stopped', action: 'stop' },
10        { from: 'paused', to: 'editing', action: 'edit' },
11        { from: 'editing', to: 'stopped', action: 'save' },
12        { from: 'editing', to: '', action: 'cancel' },
13      ];
14
15      this.currentState = 'stopped';
16      this.totalSeconds = 25 * 60;
17      this.remainSeconds = this.totalSeconds;
18      this.timer = null;
19      this.audio = audio;
20    }
21  }
```

在 Pomodoro 类的构造函数中，有以下几个属性。

- states 是一个数组，其中的每个元素对应一个状态的三元组。注意取消操作有点特殊，执行后系统将回到编辑之前的状态，这里做了特殊处理。
- currentState 是当前状态，默认是停止状态。
- totalSeconds 是总时间，默认是 25 分钟。
- remainSeconds 是剩余时间。
- timer 是计时器。
- audio 是音频，可在倒计时结束后播放音频以提醒用户。

我们首先实现基础的计时功能，这里使用的是 JavaScript 内置的 setInterval()方法，它是 JavaScript 中很常用的一个计时工具，用于支持创建内部计时器、清除内部计时器、按秒倒计时三个操作，代码如下所示：

```
1   class Pomodoro {
2     startTimer() {
3       //创建内部计时器，一秒钟调用一次 countdown()方法
4       this.timer = setInterval(() => this.countdown(), 1000);
5     }
6     stopTimer() {
7       //清除内部计时器
8       clearInterval(this.timer);
9       this.timer = null;
10    }
11    countdown() {
12      //倒计时，每秒钟被调用一次
13      if (this.remainSeconds == 0) {
14        this.stopTimer();
15        this.audio.play();
16        return;
17      }
18      this.remainSeconds--;
19      console.log(this.remainSeconds);
20    }
21  }
```

接下来针对表 8.1 中的每个动作，实现相应的操作，主要是改变状态以及处理内部计时器逻辑，代码如下所示：

```
1   class Pomodoro {
```

```
2       ……省略刚才定义的三个方法……
3       start() {
4         //开始计时
5         this.currentState = 'timing';
6         this.startTimer();
7       }
8       stop() {
9         //停止计时
10        this.currentState = 'stopped';
11        this.remainSeconds = this.totalSeconds;
12        this.stopTimer();
13        this.audio.load(); //重置音频
14      }
15      pause() {
16        //暂停计时
17        this.currentState = 'paused';
18        this.stopTimer();
19        this.audio.pause();
20      }
21      edit() {
22        //修改计时时长
23        this.currentState = 'editing';
24      }
25      save(seconds) {
26        //保存修改
27        this.currentState = 'stopped';
28        this.totalSeconds = seconds;
29        this.remainSeconds = seconds;
30      }
31      cancel() {
32        //取消修改
33        this.currentState = this.totalSeconds === this.remainSeconds ?
              'stopped' : 'paused';
34      }
```

这里共有 6 个操作：开始、暂停、停止、编辑、保存和取消。每个操作需要做的事情很明确，结构很清晰。

在运行界面中，当处于不同状态时，会显示不同的控制按钮。因此，为了方便地知道在每种状态下都能够执行什么操作，也就是显示什么按钮，可以定义一个存取器，直接从状态三元组中获取当前状态下可以执行的操作，代码如下：

```
1   get actions() {
2     return this.states
3       .filter(_ => _.from === this.currentState)
4       .map((value) => value.action);
5   }
```

经过上述简单的核心逻辑之后，内部逻辑就被封装成一个类了。接下来使用 Vue.js 绑定数据，并处理相应事件。

源代码文件：pomodoro-timer/pomodoro.js。

8.2.5 使用 Vue.js 处理交互

本小节将把 pomodoro.js 和 vue.js 文件引入 HTML 中，然后逐步处理页面中的三个部分。

1. 绑定数据

下面首先创建一个 Pomodoro 对象，并将其作为 Vue 实例的 data 属性，代码如下：

```
1   <script src="vue.js"></script>
2   <script src="pomodoro.js"></script>
3   <script>
4     const audio = document.getElementById('audio');
5     const pomodoro = new Pomodoro(audio);
6     new Vue({
7       el: '#app',
8       data: {
9         pomodoro: pomodoro
10      }
11    })
12  </script>
```

Pomodoro 类中的时间单位是秒，而在运行界面中，分钟和秒钟是分开显示的，这可以使用 Vue.js 的计算属性来处理，代码如下：

```
1   new Vue({
2     el: '#app',
3     data: {
4       pomodoro: pomodoro
5     },
6     methods: {
7       // 小于10，前面补零
8       formatTime(time) {
9         return (time < 10 ? '0' : '') + time
10      }
11    },
12    computed: {
13      //求出剩余秒数对应的分钟数
14      minutes() {
15        const minutes = Math.floor(this.pomodoro.remainSeconds / 60);
16        return this.formatTime(minutes);
17      },
18      //求出在将剩余秒数转换成分钟数以后，不足一分钟的秒数
19      seconds() {
20        const seconds = this.pomodoro.remainSeconds % 60;
21        return this.formatTime(seconds);
22      }
23    }
24  })
```

将剩余时间 remainSeconds 转换成 minutes 和 seconds，并格式化成两位数。此时，可以使用文本插值的方式将它们绑定到页面中，找到时间显示部分，替换成如下代码：

```
1   <div class="container">
2     <div id="app">
3       <!-- 显示时间 -->
4       <div class="timer">
```

```
5          <span class="minute">{{minutes}}</span>
6          <span>:</span>
7          <span class="seconds">{{seconds}}</span>
8        </div>
9        <!-- 控制器 -->
10       <!-- 输入框 -->
11     </div>
12   </div>
```

此外，我们先隐藏输入框。如果当前处于编辑状态，则显示输入框并使用 v-if 指令进行处理，代码如下：

```
1    <!-- 输入框 -->
2    <div class="input" v-if="pomodoro.currentState === 'editing'">
3      <input type="number" min="1" value="25">
4    </div>
```

此时，页面效果如图 8.12 所示。

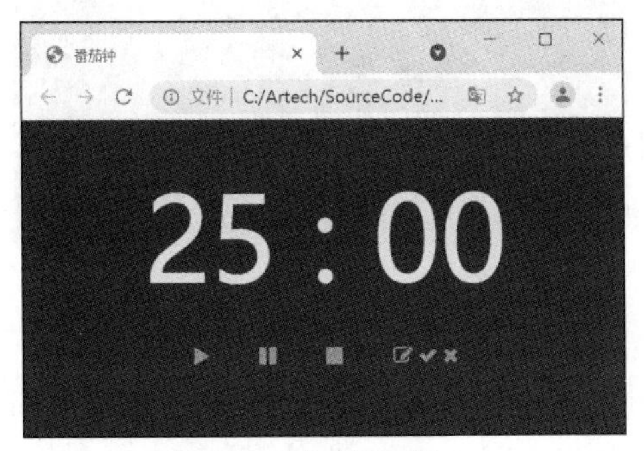

图 8.12　显示默认时间

源代码文件：pomodoro-timer/step2.html。

2. 处理各种操作

接下来处理各种状态下所能执行的操作。Pomodoro 类中已经定义好了对应的存取器"actions"，它会返回一个数组，可以使用 v-for 指令直接渲染出来，我们暂时不考虑换成图标，代码如下：

```
1    <div class="container">
2      <div id="app">
3        <!-- 显示时间 -->
4        <!-- 控制器 -->
5        <div class="controls">
6          <div v-for="item in pomodoro.actions" @click="doAction(item)">
7            {{item}}
8          </div>
9        </div>
10       <!-- 输入框 -->
11     </div>
12   </div>
```

下面在 Vue 实例的 methods 属性中新增一个 doAction 方法，目的是执行 Pomodoro 类中相应的操作，代码如下：

```
1    new Vue({
```

```
2     el: '#app',
3     data: {
4       pomodoro: pomodoro
5     },
6     methods: {
7       doAction(action) {
8         this.pomodoro[action]();
9       }
10    }
11  })
```

此时，浏览器中的页面效果如图 8.13 所示。单击 start，页面开始倒计时，番茄钟已经可以正常工作了。读者可以单击其他操作的名称，试试效果。

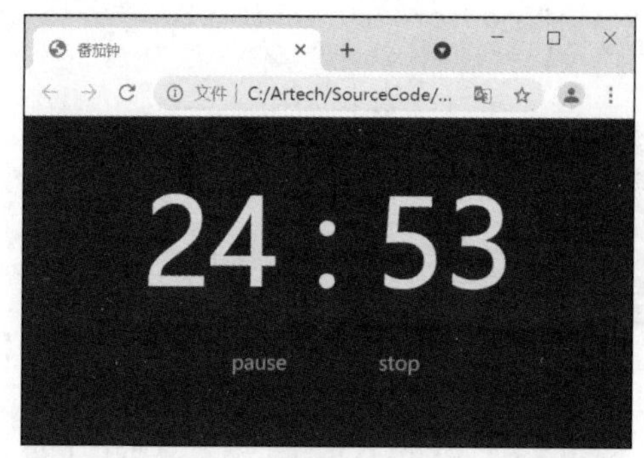

图 8.13　处理不同的操作

源代码文件：pomodoro-timer/step3.html。

接下来我们将操作的名称变成图标，只需要做一次映射即可。在 methods 属性中定义 getActionIcon 方法，代码如下：

```
1   new Vue({
2     el: '#app',
3     data: {
4       pomodoro: pomodoro
5     },
6     methods: {
7       getActionIcon(action) {
8         let icons = [
9           {action: 'start', icon: 'fa-play'},
10          {action: 'pause', icon: 'fa-pause'},
11          {action: 'stop', icon: 'fa-stop'},
12          {action: 'edit', icon: 'fa-edit'},
13          {action: 'save', icon: 'fa-check'},
14          {action: 'cancel', icon: 'fa-close'},
15        ];
16        return icons.find(_ => _.action == action).icon;
17      },
18    }
19  })
```

每个操作对应 fontAwesome 中的一个图标，将文本插值替换成相应的图标，代码如下：

```
1   <div class="container">
2     <div id="app">
3       <!-- 显示时间 -->
```

```
4       <!-- 控制器 -->
5       <div class="controls">
6         <div v-for="item in pomodoro.actions" @click="doAction(item)">
7           <i :class="['fa', getActionIcon(item)]"></i>
8         </div>
9       </div>
10      <!-- 输入框 -->
11    </div>
12  </div>
```

此时，页面效果如图 8.14 所示。

图 8.14　将文字替换成图标

源代码文件：pomodoro-timer/step4.html。

3．处理输入

输入框需要使用 v-model 来绑定数据，在 data 中增加 editTime 属性，它的默认值为 25。输入框只有在编辑状态下才显示，代码如下：

```
1   <div class="container">
2     <div id="app">
3       <!-- 显示时间 -->
4       <!-- 控制器 -->
5       <!-- 输入框 -->
6       <div class="input" v-if="pomodoro.currentState === 'editing'">
7         <input type="number" min="1" v-model="editTime">
8       </div>
9     </div>
10  </div>
11    new Vue({
12      el: '#app',
13      data: {
14        pomodoro: pomodoro,
15        editTime: 25
16      },
17      methods: {
18        doAction(action) {
19          if (action === 'save') {
20            this.pomodoro[action](this.editTime * 60);
21          } else {
22            this.pomodoro[action]();
23          }
```

```
24          },
25        }
26      })
```

这里还应该修改一下 doAction 方法，将输入的时间保存起来。编辑状态下的页面效果如图 8.15 所示。

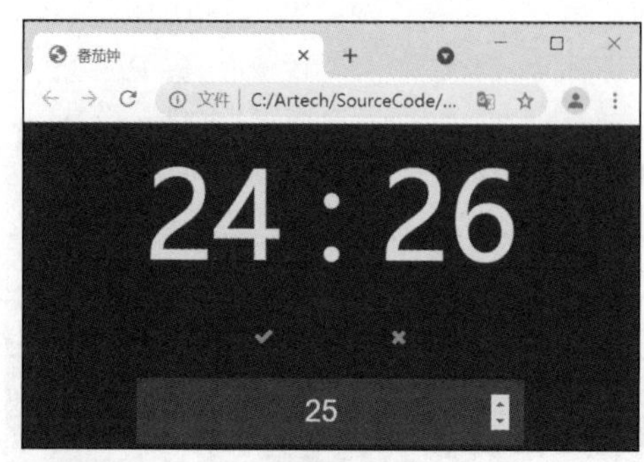

图 8.15　编辑时间

到这里，我们的番茄钟就制作完了。

源代码文件：pomodoro-timer/step5.html。

方法论

读者如果能够充分体会我们在这个案例中使用的设计模式，那么对未来的程序开发工作将会有很大的益处。

当遇到与上面类似的程序需要编写时，一定要先想好程序内部的逻辑，例如本案例中的“状态-动作”表格，就是统领整个程序的关键。如果没有这样的结构，而是只看到几个控制按钮，就分别去绑定它们各自要做的事情，把逻辑散落在各处，那么虽然在开始阶段可能问题不大，但是随着逻辑越来越复杂，程序就会变得无法控制。而如果有了统一的结构，就算再增加新的控制和状态，也仅仅是简单的线性增加而已，不会导致程序结构混乱。

本章小结

在这一章，我们巩固了 Vue.js 的基础知识，制作了网页汇率计算器和番茄钟，学习了 class 绑定、条件渲染、事件处理、计算属性、侦听器、模型绑定等知识点，希望读者能够熟练掌握它们。

第二篇

Vue.js 进阶篇

第9章 组件基础

从本章开始，我们将学习 Vue.js 的组件化开发。

任何程序开发框架都一定包含代码的复用机制，因为对于任何一个网站或应用来说，一定存在着大量相同或类似的部分。例如，一个网站的导航菜单部分一定会出现在这个网站所有的页面上，因而一定要有一种能让局部内容可以重复使用的机制，只有这样的程序开发框架才是实用的。Vue.js 是通过其组件系统来实现局部复用的。本章的思维导图如下所示。

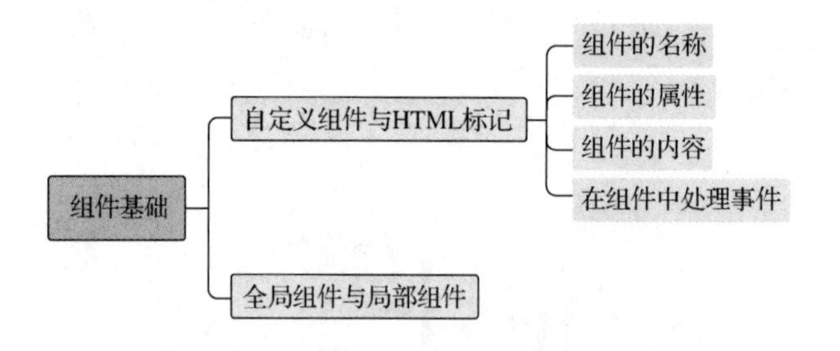

9.1 自定义组件与 HTML 标记

我们可以先宏观地考虑一下，在一个现实的网站中，大致会出现哪些需要重用的场景。总体来说，可以分为两类。

- 一类是，一些小的局部内容在网站的多个地方出现。例如在一个“个人计划”的网站上，有可能很多地方都会显示一个“日历”，因而应该把日历这个局部内容封装为一个“组件”，然后在任何需要显示日历的地方，调用这个组件，而不是在每个地方都完整地重新编写内部逻辑。
- 另一类是，很多页面具有统一的整体页面布局形式。例如在一个网站中，每个页面的上方都显示导航菜单，底部则显示版权信息等，每个页面的区别仅在于页面中间部分的内容不同而已。

几乎所有的程序开发框架，都需要解决上面这两类问题。尽管采用的方式和具体名称不同，例如“组件”（component）、“库元素”（library element）、“模板”（template）、“母版页”（master page）、“布局页”（layout page）等各种称呼，并且它们在各个框架中完成的工作类似，但具体含义却不完全相同。因此，在学习使用一个框架时，一定要充分理解这些不同的称呼具体在某个特定的框架中是如何工作的。

在 Vue.js 中，我们使用 component（组件）这个核心概念来完成这项工作；而且在 Vue.js 中，仅使用组件一个概念，就可以同时解决上面提到的两类问题。只有掌握了组件的使用方法，才能真正使用 Vue.js 构建出一个完整的网站或应用。因此这部分的相关内容较多，我们将用两章的篇幅来讲解。

组件在本质上就是可复用的 Vue 实例。在开发过程中，可以把经常重复开发的功能封装为组件，以达到便捷开发的目的。Vue.js 提供了静态方法 component()用于创建组件。component()方法的第一个参数是组件的名称，第二个参数是以对象的形式描述的一个组，因为组件是可复用的 Vue 实例，所以选项参数与使用 new Vue()创建根实例时一样。

例如，下面的代码就创建了一个可以复用的组件。详情可以参考本书配套资源文件“第 9 章/component-01.html”。

```
1   Vue.component('greeting', {
2     template: '<h1>hello</h1>'
3   })
```

可以看到，上面的代码创建了一个名为 greeting 的组件。在传入的对象中，有一个 template 属性，它用一个字符串描述了这个组件的内容，这里非常简单地使用 h1 元素显示了 hello 字样。后面就可以在 HTML 中使用这个组件了，从而实现了组件的复用。

```
1   <div id="app">
2     <greeting></greeting>
3     <greeting></greeting>
4   </div>
```

可以看到，在 HTML 中，可以像使用普通的 HTML 标记一样使用这个组件，这是 Vue.js 非常棒的一个机制：我们可以创建属于自己的 HTML 标记了。效果如图 9.1 所示。

图 9.1　创建并使用组件

我们自定义的 HTML 标记相比普通的 HTML 标记有了更具体的“语义”，比如这个 greeting 标记在用于打招呼的时候。事实上，HTML5 相较于 HTML4 已经增加了大量的语义标记，比如<header>，它表示页面的头部。

当然，如果只能像上面那样简单显示一些固定的文字，这个组件也就没有什么实用价值了。我们考虑一下一个普通的 HTML 标记都包括哪几个关键部分，例如：

```
<a href="link.html" onclick="onClick()">这是一个超链接</a>
```

HTML 标记包括 4 个重要的组成部分。

- 名称：这里是 a。
- 属性：例如这里的 href。
- 内容：此处是“这是一个超链接”这几个字。
- 事件处理：所有的 HTML 标记都具有处理特定事件的能力。

因此，通过 Vue.js 创建的组件，要想像普通的 HTML 标记那样工作，也同样需要包含上述 4 个部分。

9.1.1　组件的名称

在 HTML 中，标记的名称实际上是不区分大小写的。例如，即使把标记<p>写成<P>，浏览器也同样能够识别。但是根据 W3C 规范，HTML 标记都应该使用小写字母，习惯上称为 kebab-case 命名方式——所有字母小写，名称中的单词之间用短横线连接。以一个按月份显示的日历组件为例，以 kebab-case 方式就可以命名为“monthly-calendar”。

注意

在实际开发中，应该尽量遵守命名规范，因为只有这样才可以避免和当前以及未来的 HTML 元素发生冲突。

背景知识

kebab 这个单词的原意是一种来自阿拉伯的类似于烤肉串的食物，中间一根长钎子，上面串着肉串，它很形象地描述了这种字符串的样子。

在 Vue.js 中定义一个组件时，命名方式有两种。

（1）使用 kebab-case 方式命名，即“短横线分隔命名”，如下所示：

```
Vue.component('monthly-calendar', { /* ... */ })
```

如果使用 kebab-case 方式定义一个组件，那么在 HTML 中使用这个组件时也必须使用 kebab-case 方式，例如<monthly-calendar>。

（2）使用 PascalCase 方式命名，即“首字母大写命名”，如下所示：

```
Vue.component('MonthlyCalendar', { /* ... */ })
```

Vue.js 在这里做了一些处理：在定义组件的时候，即便使用的是 PascalCase 方式，在 HTML 中使用组件的时候也可以使用 kebab-case 方式。

总之，请读者记住：在 HTML 中，无论使用自定义的组件还是使用原生的 HTML 标记，都应该使用 kebab-case 命名方式。

知识

严格来说，如果使用的是字符串模板，并且在定义组件时使用了 PascalCase 方式，那么在 HTML 中使用这个组件时，也可以使用 PascalCase 方式，但是通常没有必要违反 W3C 的通行规范。

至于在定义一个组件的时候，名称用 kebab-case 方式还是 PascalCase 方式，可以根据实际情况决定。由于在 JavaScript 中定义类型时都使用 PascalCase 方式，因此定义组件时使用 PascalCase 方式是目前比较通行的做法。

9.1.2 组件的属性

在定义组件时，可以通过 props 增加一个“to”属性，用于指定打招呼的对象，如下所示，详情可以参考本书配套资源文件“第 9 章/component-02.html”。

```
1   Vue.component('greeting', {
2     props:['to'],
3     template: '<h1>Hello {{to}}!</h1>'
4   })
5
6   let vm = new Vue({
7     el: "#app"
8   })
```

可以看到，除了定义 greeting 这个组件之外，我们还需要像以往一样定义 Vue 根实例。这时就可以通过复用 greeting 组件，向不同的人招呼了：

```
1  <div id="app">
2    <greeting to="Mike"></greeting>
3    <greeting to="Jane"></greeting>
4  </div>
```

可以看到，props 属性的值是一个数组，这表示一个组件可以带有多个属性。把属性名称都放在这个数组里，然后在 template 字符串中就可以使用这些属性了。效果如图 9.2 所示。

图 9.2　组件的属性

9.1.3 组件的内容

大多数标准的 HTML 标记都可以设定内容，例如“<p>设定的内容</p>”，那么自定义的组件如何实现内容的设定吗？Vue.js 提供了 slot（插槽）机制，可以非常方便地实现组件内容的设定。

例如，如果希望上面的 greeting 组件可以灵活地设定打招呼的内容，而不是使用固定的 hello，那么可以像下面这样编写代码，详情可以参考本书配套资源文件“第 9 章/component-03.html”。

```
1  Vue.component('greeting', {
2    props:['to'],
3    template: '<h1><slot></slot> {{to}}!</h1>'
4  })
```

可以看到，上述代码在字符串模板中使用了<slot></slot>，这样就可以像普通的 HTML 标记那样接收内容了：

```
1  <div id="app">
2    <greeting to="Mike">Happy new year</greeting>
3    <greeting to="Jane">Happy birthday</greeting>
4  </div>
```

运行文件，效果如图 9.3 所示。

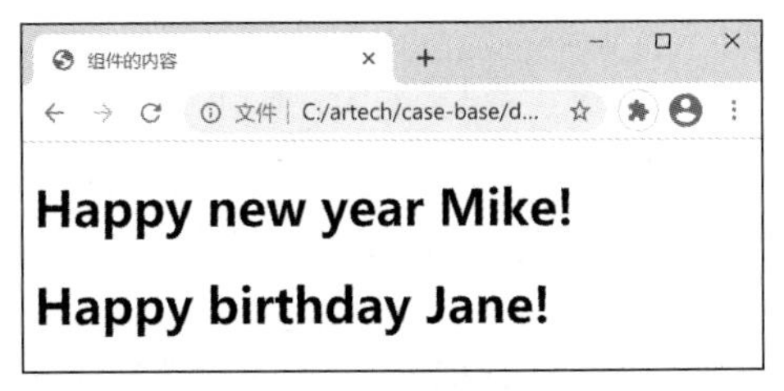

图 9.3　组件的内容

slot 不但可以传入文本，而且可以传入 HTML 结构，第 10 章将对此进行详细介绍。

9.1.4 在组件中处理事件

如果不能处理事件，组件将失去交互能力，因而也就没有太大的意义了。Vue.js 为组件提供了处理事件的能力。例如，我们可以把上面的 greeting 组件改为一个具有交互能力的组件，如下所示，就像点赞按钮那样，每单击一次，就点一个赞。完整代码可以参考本书配套资源文件“第 9 章/component-04.html”。

```
1    Vue.component('greeting', {
2      data: function () {
3        return {
4          count: 0
5        }
6      },
7      props:['to'],
8      template: '<button v-on:click="count++"><slot></slot> {{to}} x {{ count }}</button>'
9    })
```

上述代码把模板字符串中的 h1 换成了 button，为了让访问者一看便知它是一个可以单击的按钮，这里还增加了 data 属性。因为还要记住单击过几次，所以需要定义一个变量作为计数器，然后在模板字符串中显示这个计数器。调用的方法仍然保持不变。

```
1    <div id="app">
2      <greeting to="Mike">Love</greeting>
3      <greeting to="Jane">Like</greeting>
4    </div>
```

这时就可以看到，运行结果很像我们常见的那种可以多次点赞的按钮。例如，单击“Love Mike”按钮两次，并单击“Like Jane”按钮三次，效果如图 9.4 所示。

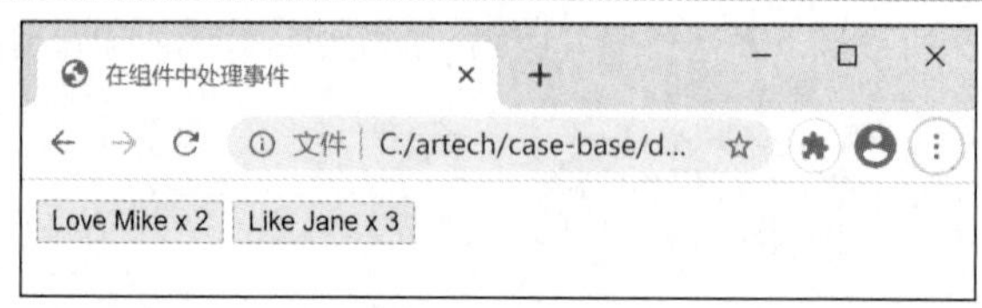

图 9.4　运行结果

请特别注意，在定义根实例的时候，data 既可以是直接设置的对象，也可以是通过函数返回的对象，但是在定义组件的时候，必须使用函数返回值的方式，而不能像下面这样把 data 直接设置为对象：

```
1    Vue.component('greeting', {
2      //错误的方式。组件的 data 必须通过函数返回值来设定
3      data: {
4        count: 0
5      },
6      props:['to'],
7      template: '<button v-on:click="count++"><slot></slot> {{to}} x {{ count }}</button>'
8    })
```

当按钮被单击时，会触发单击事件并执行相应的 JavaScript 语句，从而将模板的 count 计数器加 1。我们还发现，如果多次使用同一个组件，那么每个组件的数据是封闭在组件内部的，相互没有影响。

如果事件处理的逻辑比较复杂，那么可以把逻辑写到一个单独的方法中，如下所示，详情可以参考本书配套资源文件“第 9 章/component-05.html”。

```
1    Vue.component('greeting', {
2      data: function () {
3        return {
```

```
4          count: 0
5        }
6      },
7      props:['to'],
8      methods:{
9        onClick(){
10         this.count++;
11       }
12     }
13     template: '<button v-on:click="onClick"><slot></slot> {{to}} x {{ count }}</button>'
14   })
```

但是请注意，此时我们只是在组件内部处理了单击事件，而在使用这个组件的时候，实际上并没有增加对事件的处理。当我们在 HTML 中调用这个组件的时候，如果希望能够让组件暴露出一些事件，然后处理这些事件，就需要把事件从组件内部传递到外部，并且需要能够同时传递一些参数。

例如，我们希望在调用 greeting 组件的时候，能够像下面这样处理单击事件：

```
1   <div id="app">
2     <greeting to="Mike" v-on:click="onClick">Love</greeting>
3     <greeting to="Jane" >Like</greeting>
4   </div>
```

注意，上述代码在 Mike 组件上绑定了 click 事件，但 Jane 组件没有绑定，读者在后面将会看到二者的区别。

> **注意**
>
> 请特别注意这里的单击事件的名称虽然也是 click，但是它与组件内部的 button 元素的 click 事件不是一回事，请不要混淆。这里定义的 onClick 方法是 Vue 根实例的方法，而不是 greeting 组件实例中定义的方法，也请不要混淆。

接下来处理 Mike 组件上的 click 事件，代码如下，详情可以参考本书配套资源文件“第 9 章/component-06.html”。

```
1   Vue.component('greeting', {
2     data: function () {
3       return {
4         count: 0
5       }
6     },
7     props:['to'],
8     methods:{
9       onClick(){
10        this.count++;
11        this.$emit('click', this.count);
12      }
13    }
14    template: '<button v-on:click="onClick"><slot></slot> {{to}} x {{ count }}</button>'
15  });
16
17  let vm = new Vue({
18    el: "#app",
19    methods:{
20      onClick: function(count){
```

```
21          alert("已经单击了"+count+"次");
22        }
23      }
24    });
```

运行上述代码，可以看到，单击“Love Mike”按钮以后，除了按钮上显示的次数会加 1 之外，还会弹出一个提示框，其中显示了组件被单击的次数。而单击“Like Jane”按钮，则不会弹出提示框。可以看到，此时我们已经可以像使用普通的 HTML 标记一样使用这个 greeting 组件了。效果如图 9.5 所示。

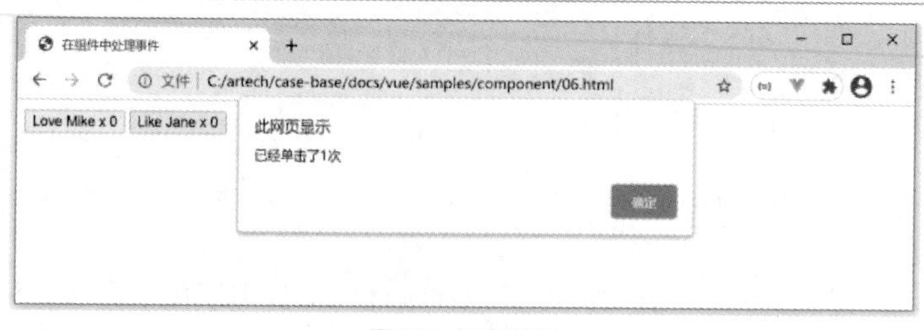

图 9.5　运行效果

如图 9.5 所示，弹出的提示框显示单击了 1 次，但按钮上显示单击了 0 次。此时，单击提示框中的“确定”按钮，“Love Mick”按钮上显示的次数就会同步变为 1。

需要注意的是，在组件内部的按钮的事件处理中，通过 this.$emit()函数向外部暴露了一个事件，同时传递了参数，这个事件就可以被外部调用者使用，绑定相应的事件处理函数，并使用相应的参数。

到这里，我们已经可以创建一个和普通 HTML 标记十分类似的组件了，它具有名称、属性、内容和事件处理机制。事实上，这正是 Vue.js 非常神奇的地方，我们知道使用 Vue.js 开发的应用，通常被称为“SPA”（single page application，单页应用），也就是浏览器只请求一个页面，各种复杂的功能，都是在同一个页面上完成的。

在 SPA 中，一定会存在大量的组件相互配合，形成复杂的组件树。如果我们可以把普通的 HTML 标记和自定义的组件统一对待，这将是一种非常高效的方式。因此，也可以把 Vue.js 中的自定义组件叫作自定义标记，而把普通的 HTML 标记称为原生（native）标记。

最后需要注意的一点是，一个组件只能有一个根节点。例如，下面的代码定义了一个组件的字符串模板：

```
1   Vue.component('greeting', {
2     props:['to'],
3     template: '<h1>{{to}} <slot></slot></h1>'
4   })
```

如果对上面的代码进行如下修改，变为并列的一个 h1 元素和一个 h2 元素：

```
1   Vue.component('greeting', {
2     props:['to'],
3     template: '<h1>{{to}}</h1> <h2><slot></slot></h2>'
4   })
```

那就相当于只包含第一个 h1 元素，后面的 h2 元素不会显示在页面上，并且控制台会报错。正确的做法是在两个并列元素的外面，再包上一个 div 元素，使这个 div 元素成为这个组件的根节点，代码如下所示：

```
1   Vue.component('greeting', {
2     props:['to'],
3     template: '<div><h1>{{to}} <slot></slot></h1></div>'
4   })
```

上述示例的完整代码可以参考本书配套资源文件“第 9 章/component-07.html”。

9.2 全局组件与局部组件

9.1 节讲解了如何通过 Vue.component()函数声明和创建一个组件。使用这种方式创建的组件都是全局注册的，也就是说，它们在注册之后，就可以用在任何新创建的 Vue 根实例中。

但是，如同在写程序的时候，通常应该避免全局变量一样，在 Vue.js 应用中通常也应该避免全局组件。因为在一个真实的应用中，可能存在很多组件，而这些组件之间往往会形成复杂的关系，Vue.js 为此提供了局部注册机制。

我们之前创建的组件就是全局注册的组件。如果希望实现局部注册，那么需要在对 Vue()构造函数进行初始化的时候，即创建 Vue 实例的时候，在参数中增加一个 components 属性。属性是对象形式的，而这个属性就是用来注册局部组件的。无论是根实例还是组件，都可以通过 components 属性注册为局部组件。

由于根实例和组件都可以注册子组件，而子组件也可以注册子组件，因此这样就可以形成多层的组件关系。通常，一个应用会以一棵嵌套的组件树的形式来组织。

例如在一个页面中，可能会有页头、侧边栏、内容区等组件，而每个组件又会包含其他的像导航链接、主体内容这样的下一级别的组件。

我们在 9.1 节中通过 Vue.component()函数声明和创建的组件会自动注册为全局组件，现在我们来对它们进行一些修改，使它们变成局部组件。代码如下，详情可以参考本书配套资源文件“第 9 章/component-08.html”。

```
1   let greetingComponent = {
2     data: function () {
3       return {
4         count: 0
5       }
6     },
7     props:['to'],
8     methods:{
9        onClick(){
10         this.count++;
11         this.$emit('click', this.count);
12       }
13    }
14    template: '<button v-on:click="onClick"><slot></slot> {{to}} x {{ count }}</button>'
15  };
16
17  let vm = new Vue({
18    el: "#app",
19    methods:{
20      onClick: function(count){
21        alert("已经单击了"+count+"次");
22      }
23    },
24    components:{
25      greeting: greetingComponent,
26    }
27  });
```

我们仅仅对代码稍微做了一些调整，就将它们从全局注册的组件改成了局部注册的组件。

可以看到，我们不再使用 Vue.component()函数，而是把选项对象赋给了一个变量，然后在创建根实例的时候，在选项对象中增加一个 components 属性，它的值为一个对象，这个对象的每个属性对应一个子组件。属性的名字就是组件的名称，这里仍然使用 greeting 作为组件的名称；属性的值就是这个组件的选项对象，也就是 greetingComponent 中的选项。

需要注意的是，局部注册的组件虽然可以用在注册的这个实例中，但却不能用在它的子组件中。

通过使用上面介绍的组件相关的知识，我们现在已经能够把局部的内容封装为组件，然后多次复用了，但是仍然存在着一些问题。

（1）组件的内容需要通过 template 属性写在一个字符串里，这在实际的开发工作中是难以进行的。若将所有代码写到一个字符串里，编辑器的很多特性，如代码语法高亮显示、代码提示等，都将无法使用，阅读和理解代码也将变得困难。

（2）使用 Vue.js 开发的应用通常称为单页应用（SPA，single page application），SPA 将会包含很多的组件，每个组件都会涉及 HTML、CSS 和 JavaScript，如何组织这些复杂的内容所对应的代码，也会成为很大的问题。

Vue.js 又是如何解决这些问题的呢？我们将在第 10 章中进一步研究关于组件的技术。

本章小结

本章讲解了组件相关的基础知识：自定义组件、组件的组成部分、组件的复用、参数的传递、在组件中处理事件、全局组件和局部组件等。组件是学习 Vue.js 框架时十分关键的技术，希望读者能够真正地理解组件相关的内容。

知识点讲解

习题 9

一、关键词解释

Vue 组件　全局组件　局部组件　自定义组件

二、描述题

1. 请简单描述一下组件有哪几个重要组成部分。
2. 请简单描述一下全局组件和局部组件的区别。

三、实操题

使用组件方式实现一个产品列表页，展现为卡片效果，每个卡片上都有产品的图片、名称和价格。在将鼠标指针移入某个产品卡片后，就会呈现这个产品卡片被选中时的阴影效果，如题图 9.1 所示。单击这个产品卡片，就会弹出对应的产品 id。

题图 9.1　产品卡片被选中时的阴影效果

第10章 单文件组件

第 9 章讲解了关于组件的基础知识。我们已经可以把局部的内容封装为组件，供页面或其他组件多次使用（复用）。第 9 章介绍的方法，对于中小规模的项目是可行的，但是对于大规模的项目，仍然存在着一些问题，详见 9.2 节末尾。

为此，Vue.js 提供了一种称为“单文件组件”的机制，它可以很好地解决这些问题。这种机制就是：将一个组件的结构、表现和逻辑三部分分别封装到一个独立的文件中，然后通过模块机制将一个应用中的所有组件组织/管理起来。本章的思维导图如下所示。

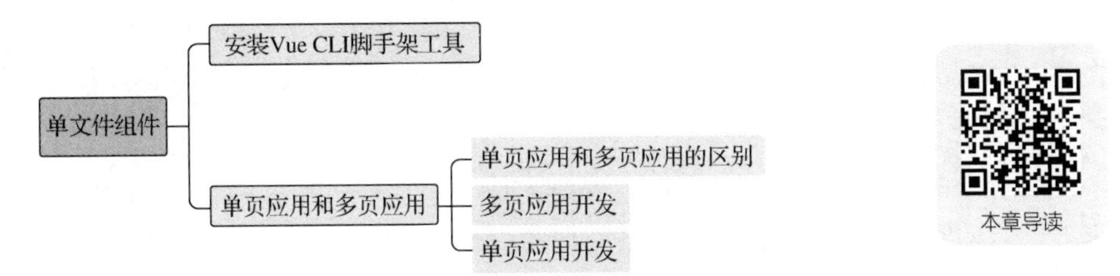

在 Vue.js 中，单文件组件的文件扩展名为.vue，可使用下面的代码将前面章节中的 greeting 组件改写为一个单文件组件。完整代码可以参考本书配套资源文件“第 10 章/greeting”。

```
1   <template>
2     <div>
3       <button v-on:click="onClick">
4         <slot></slot>
5       </button>
6       <span>{{to}} x {{ count }}</span>
7     </div>
8   <template>
9
10  <script>
11  export default {
12    data: function () {
13      return {
14        count: 0
15      }
16    },
17    props:['to'],
18    methods:{
19      onClick(){
20        this.count++;
21        this.$emit('click', this.count);
22      }
23    }
24  };
```

```
25  </script>
26
27  <style scoped>
28  span{
29    color: red;
30  }
31  </style>
```

可以看到，一个.vue 文件由<template>、<script>和<style>这 3 个标记构成，它们分别用于定义这个.vue 文件的结构、逻辑和样式。这里要特别说明的是，关于样式的定义，通常认为样式应该在整个网站中统一管理，不过这里却反其道而行之。<style>标记可以通过 scoped 属性将组件中定义的样式的作用范围限定在该组件内部，以保证不会干扰任何其他组件的样式，实际上这也是非常干净的一种处理方式。

说明

软件工程中常常提到“关注点分离”这条原则，例如在 Web 标准中，将结构、样式、交互逻辑分开，就是这一原则的体现。但需要注意的是，“关注点分离”并不能简单地理解为“文件类型分离”。在现代用户界面的开发中，人们逐渐发现相比于把代码库分离成 HTML、CSS、JavaScript 三大部分并将它们相互交织起来，还不如将代码库划分为松散耦合的组件，再将组件管理起来。在一个组件里，模板、逻辑和样式是内部耦合的，它们已搭配在一起，这实际上会使组件更加内聚且更可维护。因此，Vue.js 中的这种组织方式，遵循了“高内聚、低耦合”的思想，这对于开发效率的提升是有很大帮助的。

要使用单文件组件方式构建整个应用，就不能像前面那样简单地在一个页面中引入 vue.js 文件就可以工作了。因为这时开发人员面对的不是一个简单的页面文件，而是组织在一起的多个文件。为了让这些文件能够互相配合，我们还需要增加一些额外的配置文件，只有将这些文件的功能组织在一起，才能构成一个开发项目。

以.vue 结尾的文件不是标准的网页文件，浏览器无法直接显示。一个项目中的多个.vue 文件需要编译成标准的 HTML、CSS 和 JavaScript 文件之后，才能显示在浏览器中。因此，一个 Vue.js 项目中的文件要想组织在一起协同工作，通常还需要一些构建工具的帮助。为此，在继续介绍单文件组件之前，我们先来介绍一下相关的构建工具。

10.1 安装 Vue CLI 脚手架工具

知识点讲解

在前面所有的章节中，直接引用一个 vue.js 文件就可以完成所有案例的练习，我们制作的所有页面都可以在浏览器中直接打开，非常方便。但是对于规模较大的项目，上述操作就难以胜任了。为此，Vue.js 提供了一套通常被称为“脚手架”的工具，用来帮助开发者方便地完成项目管理以及各种相关的构建工作，本节将对此做一些最基本的讲解。目前，在前端开发实践中，主流开发通常不使用图形化的集成开发环境（integrated development environment，IDE），而是通过命令行工具的方式来完成。读者刚刚接触这一方式的时候可能会有些不习惯，因为需要掌握一些在命令行窗口中执行的命令。但是一旦掌握了它们以后，读者就会发现使用这种方式进行开发的效率非常高。

Web 前端开发经历了近 20 年的发展，整个开发工作的流程和工具体系已经远非最初那样简单地使用记事本就可以完成了。现在，一般把 Web 项目分为“开发”和“运维”两个阶段，前者对应于“开发环境”，后者对应于“生产环境”。

在开发环境中，一般面对的都是便于调试的源代码；而在生产环境中，一般会对代码进行必要的处理，例如压缩文件体积以提高用户下载时的速度等。对代码的处理通常涉及下面两个不可缺少的步骤。

- 合并：前端开发主要涉及的是HTML、CSS和JavaScript三种代码文件。在一个项目中，开发人员通常会编写出多个CSS和JavaScript文件，等到最终要将它们发布到生产环境时，一般都会先执行“合并”操作以减少文件个数，从而提高用户下载的速度（即提升浏览器性能）。
- 压缩：经过合并操作的文件代码仍然是开发人员手动编写的，实际上里面还有很多空格、注释等字符，而对于真正的运行环境（比如生产服务器）来说，这些字符都是多余的。因此，我们希望把这些冗余的字符都去掉，以减小文件的体积，这个过程被称为“压缩”。

于是，出现了一些专门的工具来帮助开发人员做这些烦琐的事情，而整个过程被称为“前端自动化构建”，即开发人员编写程序之外的各种工作流程，都可以通过一定的工具进行自动化操作。

目前比较常用的自动化构建工具是webpack，它的功能非常强大。webpack将项目中的一切文件（如JavaScript文件、JSON文件、CSS文件、Sass文件、图片文件等）视为模块，然后根据指定的入口文件对模块的依赖关系进行静态分析，一层一层地搜索所有依赖的文件，并使用它们构建生成对应的静态资源。安装好的Vue CLI脚手架工具中也会包含相关的工具。

我们首先安装Node.js。简单地说，Node.js是运行在服务端的JavaScript，它是一个基于“Chrome V8”引擎的JavaScript运行环境。安装Node.js的同时，系统还会安装软件包生态系统npm（node package manager，Node包管理器）。npm是一个丰富的开源库生态系统，里面包含了大量的开源程序。

打开浏览器，进入Node.js官方网站提供的下载页面，这里以Windows版本为例，如图10.1所示。

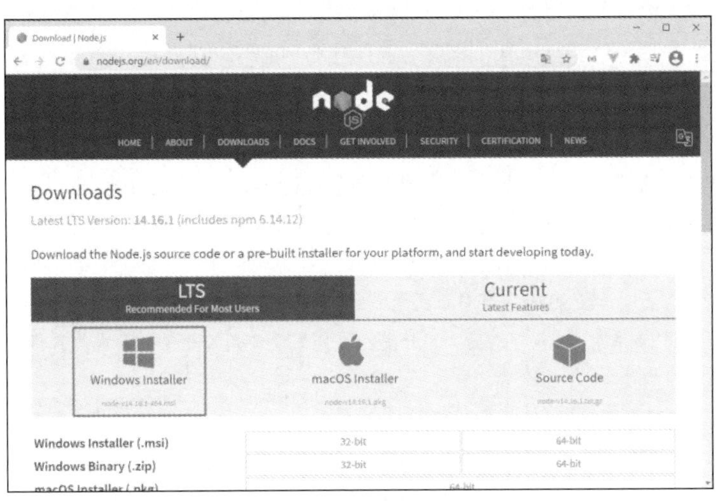

图10.1 Node.js官方网站提供的下载页面

图10.2 Node.js的安装界面

通常直接选择Windows安装文件即可。双击打开安装程序，安装界面如图10.2所示。依次单击“Next”按钮即可，读者可以选择自己希望的安装文件夹，直至安装完毕。

在安装好Node.js的同时，npm也就安装好了。安装完成后，可以先测试一下安装是否成功。打开Windows的命令行窗口（如果不知道命令行窗口在哪里，可以在Windows任务栏左边的搜索框中搜索“cmd”），然后分别在命令行窗口中输入node -v命令和npm -v命令，查看Node.js和npm的版本号，如图10.3所示。若能看到版本信息，就表示Node.js和npm都安装好了。

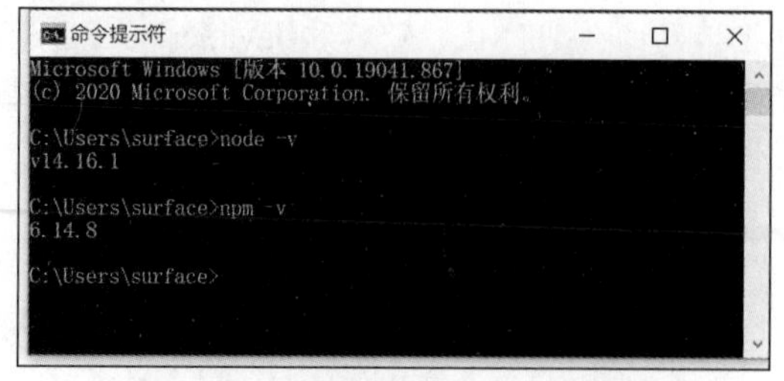

图 10.3 通过命令行窗口测试安装是否成功

总结

先下载 Node.js 的 Windows（或其他操作系统）安装程序，在计算机上安装 Node.js。安装完 Node.js 之后，也就同时安装了 npm，npm 是 Node.js 的“包”管理器。基于 Node.js 开发的很多软件都会被发布到 npm 上，如 webpack、Vue.js 等。

由于 npm 的官方仓库在国外，访问国内仓库的速度较慢，因此建议安装位于国内的镜像。在命令行窗口中执行以下命令：

```
npm install -g cnpm --registry=https://registry.npm.taobao.org
```

这样就安装好了 cnpm，以后在安装新的 Node.js 软件包时，就可以使用 cnpm 代替 npm 了。cnpm 安装完成后，可以使用 cnpm -v 命令查看其版本号，以确认安装成功。

接下来就可以使用上面安装好的 cnpm 来安装 Vue.js 脚手架了，Vue.js 脚手架的正式名称叫作 Vue CLI，在命令行窗口中执行如下命令，注意开头是 cnpm 而不是 npm，这样下载速度会快很多。

```
1   cnpm config set registry https://registry.npm.taobao.org
2   cnpm install @vue/cli -g
```

注意

在软件包名称的前面带一个@符号，表示安装软件包的最新版本。截至 2021 年 4 月，Vue CLI 的最新版本是 4.5.12 版，不同版本的 Vue CLI（在创建项目时）的选项会有所区别。

另外请注意：Vue CLI 的版本和 Vue.js 的版本是两回事，不要混淆。使用新版的 Vue CLI 可以创建 Vue 2 和 Vue 3 项目。由于 Vue 3 是在 2020 年 9 月正式发布的，时间还比较短，目前尚未成为主流版本，因此本书仍然选择使用 Vue 2 进行讲解。掌握了 Vue 2 的开发人员，想要使用 Vue 3 也是非常容易的。

说明

从大体上讲，所有软件的开发都是基于某些特定环境的，例如后端开发常用 Java、.NET 等。所谓的特定环境，通常包括基础的开发语言、类库、框架、工具等一整套的支撑体系，非常庞杂，它们共同构成了“软件生态系统”的概念。这些语言、框架、工具等都会不断升级，而它们的升级非常复杂，其中最重要的一点是升级时旧版本的兼容性问题如何处理。

特别是对于软件开发语言和框架来说，通常升级以后，对于使用旧版本开发的系统，多少需要做一些修改，这种修改的幅度大小不一。如果只需要简单修改就可以升级到新版本，这是最理想的；而如果需要做比较大的修改，那么开发团队就需要综合考虑升级的必要性和可行性了。

例如，Vue.js 的升级就是后面这种情况。虽然从 Vue 2 到 Vue 3，原有项目可以通过修改源代码的方式实现升级，但是对于具有一定规模的项目，实际上这是很困难的。因此，大多数团队会选择在已有软件的生命周期中保持使用 Vue 2，而在开发新项目时才考虑使用 Vue 3。

综上可以看出，开发和维护一种编程语言及其开发框架，是非常复杂的系统工程，对开发团队要求非常高。

到这里，Vue.js 的脚手架工具安装完毕。下面我们就使用 Vue.js 的脚手架工具创建一个默认的基础项目。首先在硬盘上创建一个目录，用于存放开发的项目；然后进入这个目录，在命令行窗口中执行 vue create 命令。具体执行的命令如下所示：

```
1   C:
2   cd \
3   md vue-projects
4   cd vue-projects
5   vue create my-first-app
```

下面逐行解释上述 5 个命令的作用，注意每一行命令输入完以后，要按回车键才会执行。

- 第 1 行，进入 C 盘。读者的计算机上如果有多个硬盘，则可以选择任意一个硬盘。
- 第 2 行，进入根目录。
- 第 3 行，使用 md 命令创建一个新目录，其中可以存放以后创建的项目文件。
- 第 4 行，进入刚刚创建的目录。
- 第 5 行，使用 Vue CLI 命令创建一个 Vue.js 项目。

执行完上述命令后，在命令行窗口中可以看到如下信息：

```
1   Vue CLI v4.5.12
2   ? Please pick a preset: (Use arrow keys)
3   > Default ([Vue 2] babel, eslint)
4     Default (Vue 3 Preview) ([Vue 3] babel, eslint)
5     Manually select features
```

这是一个菜单，使用键盘上的方向键可以上下移动左侧的大于号，在三个选项中进行选择，默认选中的是第 1 个选项：Default ([Vue 2] babel, eslint)。我们直接按回车键确认，即可选中第 1 个选项。

说明

第 1 个选项创建默认的 Vue 2 项目，第 2 个选项创建默认的 Vue 3 项目，第 3 个选项则允许手动选择具体的项目选项。

等待大约 1 至 2 分钟，项目就创建好了。这时会出现一个自动创建的目录，目录名正是我们之前在 vue create 命令中指定的名称“my-first-app”。

进入这个目录，运行“npm run serve”命令，大约 10 s 后，就会得到如下结果：

```
1   C:\vue-projects>cd my-first-app
2   C:\vue-projects\my-first-app>npm run serve
3   > my-first-app@0.1.0 serve C:\vue-projects\my-first-app
4   > vue-cli-service serve
5    INFO  Starting development server...
6    98% after emitting CopyPlugin
7    DONE  Compiled successfully in7593ms
8
9     App running at:
10    - Local:   http://localhost:8080/
11    - Network: http://192.168.1.2:8080/
12
13    Note that the development build is not optimized.
14    To create a production build, run npm run build.
```

这时已经启动了开发服务器，并给出了访问地址。用浏览器访问上面给出的地址 http://localhost:8080/，可以看到浏览器中显示了一个默认的页面，如图 10.4 所示。

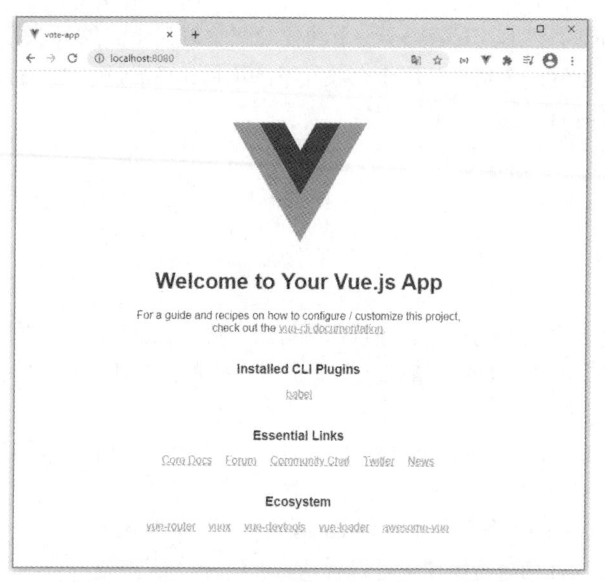

图 10.4 使用 Vue CLI 创建的默认项目运行后的效果

看到这个页面，就说明这个项目已经创建成功了。在命令行窗口中，按“Ctrl+C”组合键可以终止开发服务器的运行。

以后每次要开发一个新项目时，都可以像这样创建一个默认的项目，然后在这个项目的基础上制作我们需要的页面就可以了。进入这个项目，可以看到如图 10.5 所示的目录结构。

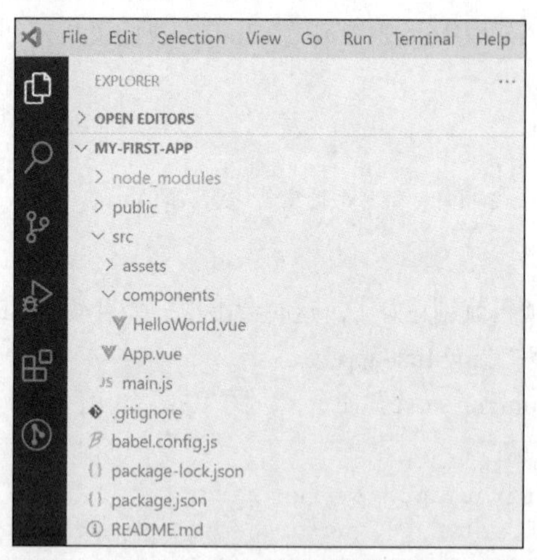

图 10.5 使用 Vue CLI 创建的默认项目的目录结构

这个文件夹已经包括了大量的内容，包括项目依赖的各种模块等，容量有几十兆字节之多。这里简单介绍一下项目中包含的目录和文件的作用，读者目前仅需要了解即可，不必很细致地掌握。现在的软件开发越来越复杂，很多开发工具都遵循一种“到时候自然就知道”的理念，读者不必在一开始就全部搞清楚，而是在实践过程中，用到的时候自然就会知道该怎么用。

读者首先需要知道，在搭建项目的过程中，选择的配置不同，项目的目录结构也会不同。这里的目录结构如图 10.5 所示。

- node_modules：用于存放项目的各种依赖的库。当需要引入一个库时，可以使用 npm install 命令进行项目依赖的安装。如果安装了 cnpm，可以使用 cnpm install 命令。
- public：用于存放静态文件，它们会直接被复制到最终的打包目录下。

- src：用于存放开发中编写的各种源代码。
    - ♦ src/assets：用于存放各种静态文件，例如页面上用到的图片文件等。
    - ♦ src/components：用于存放编写的单文件组件，即.vue 文件。
    - ♦ src/App.vue：根组件，其他组件都是 App.vue 的子组件。
    - ♦ src/main.js：入口文件，作用是初始化 Vue 根实例。
- .gitignore：向 Git 仓库上传代码时需要忽略的文件列表。
- babel.config.js：主要用于在当前和较旧的浏览器或环境中将 ES6 代码转为向后兼容 ES 旧版本（比如 ES5）。
- package.json：项目及工具的依赖配置文件。
- package-lock.json：执行 npm install 命令时生成的一份文件，用于记录当前状态下实际安装的各个 npm 软件包的具体来源和版本号。
- vue.config.js：使用 Vue.js 脚手架搭建的项目默认没有生成这个文件，可在根目录下单独创建这个文件，用于保存 Vue.js 的配置，包括设置代理、进行打包配置等相关信息。
- README.md：项目说明文件。

我们在开发中主要是和 src 目录中的文件打交道，其他目录和文件设置好之后一般不会再改变。

10.2 动手练习：投票页面

案例讲解

第 9 章制作了一个 greeting 组件，在这一节中，我们将继续这个案例，把它改造为单文件组件，并应用到一个实用的投票网页上。这个项目完成以后，实现的效果如图 10.6 所示。在这个页面中，用户可以为 4 个候选人投票，每单击一次按钮，就投一票，对每个候选人可以投 0～10 票，这种投票称为“加权投票”。

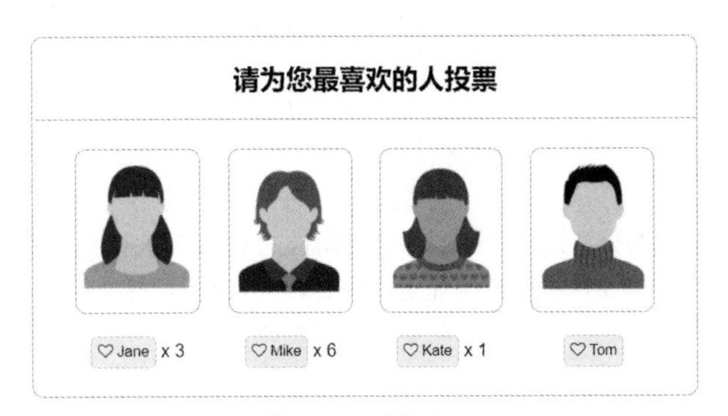

图 10.6 页面效果

根据 10.1 节讲解的方法，使用 Vue CLI 创建一个默认的项目，作为开展这个练习的起点。

10.2.1 制作 greeting 组件

首先删除 src/components/HelloWord.vue 组件，然后创建 greeting.vue 文件并保存到 src/components 文件夹中。

greeting.vue 文件包含<template>、<script>和<style>三个标记部分。为了让这个组件能实际使用，需要对它稍微做一些修改。下面分别对这个组件的三个标记部分进行讲解。

（1）首先是<template>标记部分，它是这个组件的 HTML 结构，代码如下所示。注意这里相比第 9

章时增加了一个 v-if 指令，作用是只有当票数大于 0 才显示票数。

```
1   <template>
2     <div>
3       <button class="greeting" v-on:click="onClick">
4         <slot></slot> {{to}}
5       </button>
6       <span v-if="count>0"> x {{ count }}</span>
7     </div>
8   </template>
```

注意

如果在这里看不懂上面这几行代码，请仔细复习本书第 9 章，先把组件的基础知识掌握好，再来学习单文件组件的相关知识。

（2）其次是<script>标记部分，这部分的 data、props 和 methods 分别定义了数据模型、属性和方法，代码如下所示。同样，这些知识点也都在第 9 章做了详细的介绍，如果需要的话，读者可以先复习一下。

```
1   <script>
2   export default {
3     data() {
4       return {
5         count: 0
6       }
7     },
8     props:['to'],
9     methods:{
10      onClick(){
11        if(this.count < 10){
12          this.count++;
13          this.$emit('click', this.count);
14        }
15      }
16    }
17  }
18  </script>
```

（3）最后是<style>标记部分，这部分用于对这个组件的 CSS 样式进行设置。注意这里相比第 9 章时添加了 scoped，以表明这里设置的样式仅在组件内有效，代码如下：

```
1   <style scoped>
2   .greeting {
3     border: 1px solid #ccc;
4     padding: 5px;
5     border-radius: 5px;
6     cursor: pointer;
7     outline: none;
8   }
9   </style>
```

10.2.2 制作 app 组件

为了能够实际使用 greeting 组件，我们需要一个页面。在这里，默认的 App.vue 是根组件，承担着使用其他组件的任务。为了让文件的命名方式统一，我们把 App.vue 改名为 app.vue，并对代码进行一些修改。

app.vue 也是一个单文件组件，因此它也分为<template>、<script>和<style>三个标记部分。

（1）首先来看<template>标记部分，代码如下：

```
1   <template>
2     <div id="app">
3       <div class="vote-wrapper">
4         <h2>请为您最喜欢的人投票</h2>
5         <ul>
6           <li v-for="(item, index) in list" v-bind:key="index">
7             <div class="img">
8               <img v-bind:src="item.avatar" v-bind:alt="item.name">
9             </div>
10            <greeting v-bind:to="item.name">Like</greeting>
11          </li>
12        </ul>
13      </div>
14    </div>
15  </template>
```

需要记住的是，一个组件中必须有唯一的根元素，也就是这里的 div#app。在这个根元素的里面，利用 v-for 指令渲染一个 ul 列表，数据来自<script>标记部分定义的列表。每一次循环，都会渲染一个头像以及这个头像下方的 greeting 组件。

（2）其次是<script>标记部分，代码如下：

```
1   <script>
2   import Greeting from './components/greeting.vue'
3
4   export default {
5     components: {
6       Greeting
7     },
8     data() {
9       return {
10        list: [
11          { avatar: require('./assets/jane.png'), name: 'Jane' },
12          { avatar: require('./assets/mike.png'), name: 'Mike' },
13          { avatar: require('./assets/kate.png'), name: 'Kate' },
14          { avatar: require('./assets/tom.png'), name: 'Tom' }
15        ],
16      }
17    }
18  }
19  </script>
```

上面的代码首先使用 import 语句导入并注册了之前已经定义好的 Greeting 组件，注意组件之间的路径关系，Greeting 组件所在的 components 目录与 app.vue 是平级的。

注意

这里的 import 语句在导入组件时，使用了 PascalCase 命名规范，第一个字母大写；而在<template>标记部分使用这个组件的时候，我们将第一个字母改成了小写，采用的是与 HTML 规范一致的 kebab-case 命名规范。

这里解释一下为什么 import 语句在导入组件的时候使用 PascalCase 命名规范。假设导入的组件使用 PascalCase 命名规范而被命名为 TheVueComponent，那么对应的 kebab-case 形式是 the-vue-component，这不是一个有效的 JavaScript 变量名，因为变量名的中间不能使用短横线。因此，最佳实践就是：导入一个组件时，使用 PascalCase 命名规范；而在<template>标记部分，使用对应的 kebab-case 形式的名字。

因此，在本书后面的讲解中，“Greeting 组件”和“greeting 组件”都会出现。我们在讲解<template>标记部分的时候，一般写作“greeting 组件”；而在讲解<script>标记部分时，一般写作“Greeting 组件”，希望读者不要为此感到疑惑。

上述代码接下来定义并导出了 app 组件：使用 components 属性局部注册了 Greeting 子组件，并使用 data 属性指定了一个数组，可使用 v-for 指令循环渲染这个数组中的每个元素——一个头像和对应的人名。

（3）最后是<style>标记部分。为了让整个页面看起来比较整齐，我们使用 CSS 对页面做了一点样式设置。由于样式设置与 Vue.js 的逻辑关系不大，这里就不列出 CSS 代码了，读者可以在本书配套的资源文件中查看 CSS 代码。

（4）src/main.js 文件中的内容如下，这个文件是整个项目的入口文件。

```
1   import Vue from 'vue'
2   import App from './app.vue'
3
4   Vue.config.productionTip = false
5
6   new Vue({
7     render: h => h(App),
8   }).$mount('#app')
```

保存文件后，在浏览器中就可以看到投票页面的效果了，如图 10.7 所示。此时这个页面已经可以正常工作了。单击按钮为候选人投票，页面上会及时更新票数。

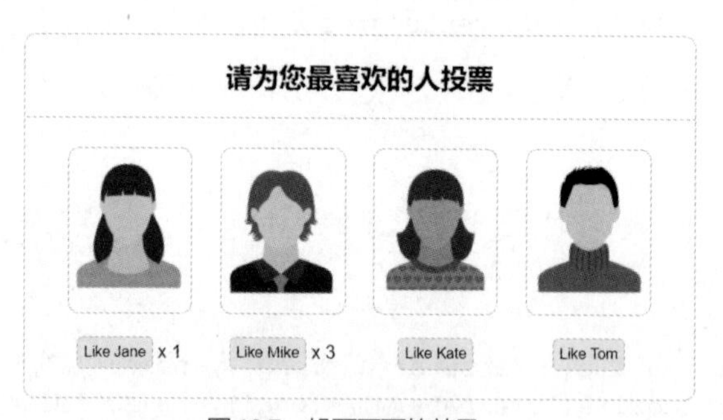

图 10.7　投票页面的效果

说明

读者在实践中可能会发现，即便在编辑器（例如本书介绍的 VS Code）中对代码做了某些修改，也不需要手动刷新浏览器，浏览器中的预览效果会自动更新，这就是上面使用 npm run serve 命令启动的“开发服务器”的一个非常方便的功能，称为“热更新”。

更进一步，如果在 VS Code 中开启了“自动保存”选项（菜单命令为“文件”→“自动保存”），那么不需要手动保存文件，我们每次对文件所做的修改都会自动保存，这样修改了代码以后，直接就可以在浏览器中看到效果，非常方便。

说明

在投票页面中，我们可以看到：按钮上的“Like”这个单词是通过组件的“插槽”（slot）传入 greeting 组件的，后面的人名是通过“to”属性传入的，按钮右边的投票票数则是在组件内部计算和维护的。请读者对各种概念保持清晰的理解。

10.2.3 在父子组件之间传递数据

组件是 Vue.js 开发中的基本单元，组件之间不可避免地需要传递数据。下面就来介绍父子组件之间数据的传递。

从父组件向子组件传递数据是最主要的方式，可通过组件的 props（属性）和 slot（插槽）来实现。

1. 属性

在这个案例中，app.vue 通过 props 向 greeting 组件传递“to”属性的值。

```
props:['to'],
```

这是最简单的一种指定组件属性的方法：通过一个字符串数组定义一组属性的名称。

实际上，Vue.js 还允许使用更明确的方式定义属性，即通过一个对象而不是一个数组来定义一个组件的各种属性。例如，下面的写法可以更明确地描述一个属性的类型、默认值、约束条件等。

```
1   props: {
2       // 基础的类型检查
3       age: Number,
4
5       // 多个可能的类型
6       luckyNumber: [String, Number],
7
8       // 必填的字符串
9       name: {
10        type: String,
11        required: true
12      },
13
14      // 带有默认值的数字
15      score: {
16        type: Number,
17        default: 100
18      }
19  }
```

2. 插槽

第 9 章已经介绍了插槽的作用——向组件传递另一个组件的开闭标记之间的内容。插槽不但可以传入文本，也可以传入 HTML 结构。例如，我们可以把 Like 这个单词换成心形图标，就像我们在微信朋友圈里为好友点赞那样，实现如图 10.8 所示的效果。下面我们就来演示一下如何把 Like 这个单词更换为心形图标。

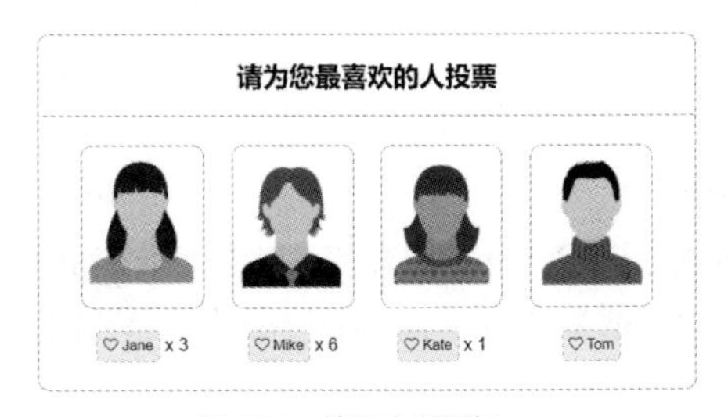

图 10.8 使用心形图标

如果观察一下各种网站的页面，就会看到各种图标被大量使用。fontAwesome 是一套开源的字体图标库，里面包含了丰富的图标，我们就在这套图标库里选一种心形图标。

首先下载 fontAwesome 的安装文件，然后分两步引入我们的项目中。

（1）在 public/index.html 中引入相应的 CSS 样式文件，代码如下：

```
<link rel="stylesheet" href="font-awesome.min.css">
```

（2）把字体文件夹复制到 src/assets 文件夹下。

这时就可以使用里面的图标了，语法如下：

```
<i class="fa fa-图标名"></i>
```

在上面的代码中，CSS 类名“fa”表示使用 fontAwesome 字体图标（fa 是 font awesome 的首字母缩写），后面的类名“fa-图标名”用于指定具体使用哪个图标，图标的名称可以从官网上查找。例如这里使用的心形图标，对应的名称是 fa-heart-o。

在 app.vue 中修改 greeting 组件的内容，代码如下：

```
1   <greeting v-bind:to="item.name">
2     <i class="fa fa-heart-o"></i>
3   </greeting>
```

保存文件，这时在浏览器中运行页面，效果就会如图 10.8 所示了，单词 Like 已被替换为心形图标。

从 Vue.js 的理念来说，数据的流动具有单向性——从父组件流向子组件，仔细想一想，这是很合理的。父组件对子组件是“了解”的，当然父组件只了解子组件的接口，而不关心其内部细节。因此，通过把 props 和 slot 作为接口，将数据从根节点一级一级向下传递是非常顺畅合理的。

注意

Vue.js 的官方文档中有如下说明，值得大家仔细理解。

所有的 props 都使得其父子 props 之间形成了一种单向的下行绑定：父级 props 的更新会向下流动到子组件中，但是反过来则不行，因为这样会防止从子组件意外变更父组件的状态，从而导致应用的数据流向难以理解。

此外，每次父组件发生变更时，子组件中所有的 props 都将刷新为最新的值，这意味着不应该在一个子组件内部改变 props。如果这样做了，Vue.js 会在浏览器的控制台中发出警告。

子组件在通过 props 得到从父组件传来的数据之后，应该复制出本地副本，或者通过计算属性的方式使用这些数据，而不应该直接修改 props 属性的值。

说明

我们在学习一种技术的时候，语法等知识点固然很重要，但是理解这种技术的核心理念其实更重要。在深刻地理解一种技术的核心理念之后，不但能用好这种技术，而且能使我们从更高的角度理解技术发展的内在逻辑。

3．从子组件向父组件传递数据

在 Vue.js 中，如果子组件需要向父组件传递数据，就需要使用事件机制来实现。父子组件之间的数据流向如图 10.9 所示。总结起来就是：“从上向下通过属性传递数据，从下向上通过事件传递数据”，这个原则非常重要。

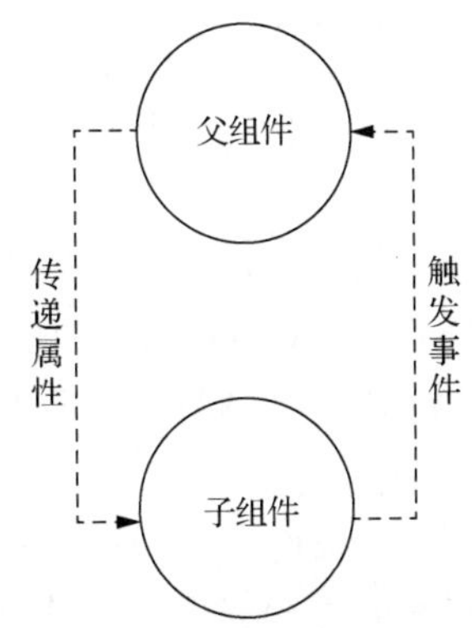

图 10.9 父子组件之间的数据流向

当子组件向父组件传递数据时，需要通过$emit()方法向父组件暴露一个事件，然后父组件在处理这个事件的方法中获取子组件传来的数据。

读者第一次接触到这个概念时可能觉得有点不容易理解，但是仔细想一下标准 DOM 中的处理方式，就好理解了。在 HTML 页面中，每一个 HTML 标记就相当于一个组件，其中任何一个组件都可以通过属性传递参数，但是要从标记中获取一些数据，就一定要通过事件。在事件处理方法中，可通过事件对象来获取数据，比如鼠标的位置等。

现在我们从这个角度，通过案例，再来审视一下$emit()方法和父子组件之间数据的传递。

注意

在上面的案例中，读者首先需要明确的是“组件内的事件处理”和“使用组件时的事件处理”的区别，千万不要将二者混淆。

（1）组件对某个 DOM 元素事件的处理，封装于组件内部。例如在本例中，观察 greeting 组件内的 button 元素，它的单击事件绑定了 onClick 方法，用于对内部状态（即 count 变量）进行处理。

（2）greeting 组件通过$emit()方法对外暴露出 click 事件，因此在 app 根组件中，可以对 greeting 组件暴露出来的 click 事件进行处理。

上面两个事件的处理是不同的两件事，例如我们在之前的投票页面上既可以对 greeting 组件暴露出的 click 事件进行处理，也可以绑定一个 onClick 方法。下面具体看一下实际的应用。

首先，在 app.vue 中为 data 增加一个与 list 并列的 records 属性，它的值是一个空的数组。

```
1  data() {
2      return {
3        list: [
4          { avatar: require('./assets/jane.png'), name: 'Jane' },
5          ……省略……
6        ],
7        records:[]
8      }
9    },
```

然后，在 template 中对 greeting 组件的 click 事件绑定 onClick 方法。

```
1  <greeting v-bind:to="item.name" @click="onClick" >
2    <i class="fa fa-heart-o"></i>
3  </greeting>
```

接下来，在 methods 中增加 onClick()方法，作用是将被单击的人名和单击时的时间记录到 records 数组中。

```
1    methods:{
2      onClick(name, count){
3        this.records.push({name, count, time: new Date().toLocaleTimeString()});
4      }
5    }
```

最后，在 template 中使用 v-for 循环渲染 records 数组。这时，效果如图 10.10 所示。每次给任何一个候选人投票时，下面都会出现一行关于时间、人名和票数的记录。其中，时间是从父组件中取得的，而人名和票数是由获取的子组件传过来的。

```
1    <p v-for="(item, index) in records" v-bind:key="index">
2      {{item.time}}  - {{item.name}} - {{item.count}}票
3    </p>
```

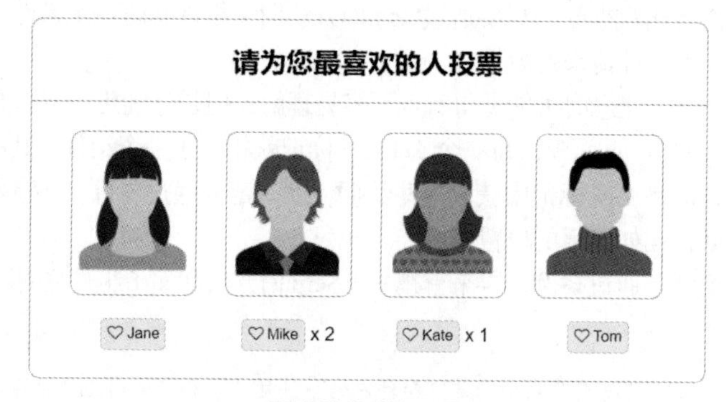

图 10.10　在 app.vue 中处理组件的单击事件

我们在第 9 章的 greeting 组件的基础上，除了将其改造为单文件组件之外，还详细讨论了父子组件之间数据的传递。通过上面的讲解，我们就可以在第 9 章的基础上，更加深刻地理解组件及相关的逻辑，这对于使用 Vue.js 进行开发是非常重要的。

说明

提醒一下，app.vue 和 greeting.vue 是两个组件，它们各自都有一个 onClick()方法，但是虽然名称相同，但这两个方法的作用却完全不同。我们在这里故意把名称写成相同的，就是希望读者能够理解二者的区别。

至此，这个页面已经完成了，我们从这个例子可以非常清晰地看到单文件组件的优点。单文件组件的最大优势就是对组件有非常好的封装，组件都单独写在一个文件中，HTML 结构、CSS 样式和 JavaScript 逻辑非常清晰明了。通过这种组件机制，开发人员就可以开发出复杂的大规模系统。

说明

读者可以看到，使用 Vue.js 脚手架创建的项目已经为开发人员预置好了项目的基础代码，开发人员只需要根据业务逻辑组织代码即可。代码的基本单位就是组件，每个项目都有唯一的根组件，比如这个案例中的 app 组件。然后在根组件中可以使用其他组件，组件中也可以再使用组件，形成具有一定层级关系的“组件树”。

在一个 Vue.js 项目中，开发人员所做的主要工作，在本质上就是构建这样一棵“组件树”。

注意

组件的数据模型，即data属性，必须以函数方式返回，即使在根组件app.vue中也是如此。

10.2.4 构建用于生产环境的文件

此时，代码都已经编写完成。本地的项目只能由开发人员自己调试，此外在实际开发中，还需要将项目部署到生产服务器，这样用户才可以看到项目效果。例如，在将商城网站上传到服务器之后，用户才能使用这个网站进行购物操作。

我们已经安装了 Vue CLI，因此自动化构建的相关工具也都已经自动安装好了。自动化构建的过程通常简称为“打包”，下面我们就来对之前开发好的投票项目进行打包。

打包之前，在项目文件夹中创建一个名为vue.config.js的文件，这个文件的名称是固定的，用于保存Vue.js对于项目结构的一些配置，其内容如下：

```
1   module.exports = {
2     publicPath: './'
3   }
```

下面看一下根目录下package.json文件中的scripts对象，代码如下：

```
1   "scripts": {
2     "serve": "vue-cli-service serve",
3     "build": "vue-cli-service build"
4   },
```

上述代码分别定义了“serve”和“build”两个配置项，前面我们用过的“npm run serve”命令中的“serve”这个参数就是在这里定义的。

接下来执行“npm run build”命令，执行完之后就可以看到dist目录中增加了新的文件，双击里面的index.html，页面效果与使用“npm run serve”命令调试时完全相同。

打包完之后，查看dist目录中的内容，结构如图10.11所示。

index.html就是用户最终访问的页面，favicon.ico是默认的图标。浏览器会在每个Tab标签的左侧显示网站的favicon.ico图标，如图10.12左上角所示。用户也可以将其替换为自己的图标，它就是一张普通的图片，只是需要使用这个名称而已。

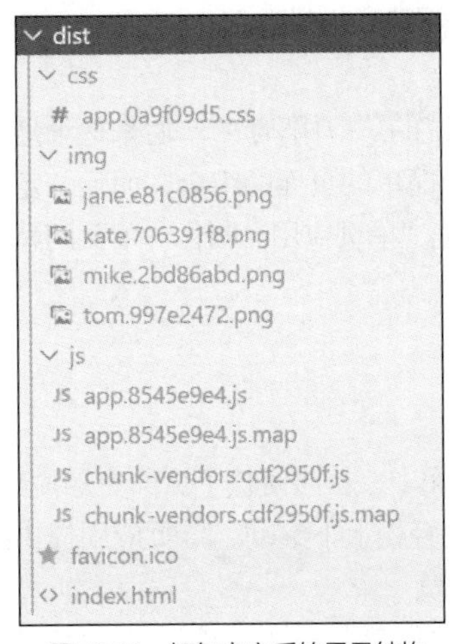

图10.11 打包完之后的目录结构

图10.12 标签页图标favicon.ico

除了上面这两个文件，还有 css、js 和 img 三个子目录，里面的文件名都带有一些由字母或数字组成的哈希字符串，为的是如果更换了静态文件，那么在重新打包的时候，就会更新哈希字符串，避免浏览器缓存原来的静态文件。

打开 js 文件夹中的任意一个 JavaScript 文件，里面的内容如图 10.13 所示。

```
app.8545e9e4.js - 记事本
文件(F) 编辑(E) 格式(O) 查看(V) 帮助(H)
(function(t){function n(n){for(var r,a,u=n[0],c=n[1],s=n[2],l=0,p=[];l<u.length;l++)a=u
[l],Object.prototype.hasOwnProperty.call(o,a)&&o[a]&&p.push(o[a][0]),o[a]=0;for(r in
c)Object.prototype.hasOwnProperty.call(c,r)&&(t[r]=c[r]);f&&f(n);while(p.length)p.shift()
();return i.push.apply(i,s||[]),e()}function e(){for(var t,n=0;n<i.length;n++){for(var e=i
[n],r=!0,u=1;u<e.length;u++){var c=e[u];0!==o[c]&&(r=!1)}r&&(i.splice(n--,1),t=a(a.s=e
[0]))}return t}var r={},o={app:0},i=[];function a(n){if(r[n])return r[n].exports;var e=r[n]=
{i:n,l:!1,exports:{}};return t[n].call(e.exports,e,e.exports,a),e.l=!0,e.exports}
a.m=t,a.c=r,a.d=function(t,n,e){a.o(t,n)||Object.defineProperty(t,n,{enumerable:!
0,get:e})},a.r=function(t){"undefined"!==typeof
Symbol&&Symbol.toStringTag&&Object.defineProperty(t,Symbol.toStringTag,
{value:"Module"}),Object.defineProperty(t,"__esModule",{value:!0})},a.t=function(t,n){if
(1&n&&(t=a(t)),8&n)return t;if(4&n&&"object"===typeof t&&t&&t.__esModule)return
t;var e=Object.create(null);if(a.r(e),Object.defineProperty(e,"default",{enumerable:!
0,value:t}),2&n&&"string"!=typeof t)for(var r in t)a.d(e,r,function(n){return t[n]}.bind
(null,r));return e},a.n=function(t){var n=t&&t.__esModule?function(){return t
["default"]}:function(){return t};return a.d(n,"a",n),n},a.o=function(t,n){return
第 1 行，第 1 列    100%    Unix (LF)    UTF-8
```

图 10.13 JavaScript 文件

可以看到，这已经完全不是我们正常能够读写的 JavaScript 文件了。在打包过程中，系统对 JavaScript 和 CSS 文件都会进行压缩，毕竟文件的体积越小越好。当然，压缩之后的文件的逻辑和功能是完全不变的。

至此，我们借助第 9 章的 greeting 组件，已经详细介绍了单文件组件以及 Vue.js 的组件机制。接下来，我们再举一个比较具有代表性的案例。

10.3 单页应用和多页应用

知识点讲解

事实上，原本是没有单页应用和多页应用这种划分的，因为从一开始有 HTML 的时候，一个网站就是由若干独立的 HTML 文件通过超链接的方式组织起来的。因此，一个网站肯定是由多个页面组成的，并不存在单页应用的说法。

单页应用的说法是在 JavaScript 和 AJAX 技术比较成熟以后才出现的，指的是通过浏览器访问一个网站时，只需要加载一个入口页面，此后显示的内容和数据都不会再刷新浏览器页面。有了单页应用之后，传统的网站就被称为多页应用了。

此外，传统上将使用浏览器访问的程序称为“网站”，以区别传统的“应用程序”。后来逐渐地，特别是移动互联网成熟以后，二者之间的界限也模糊了，网站不再是简单的页面的组合，而是一定包含着复杂的业务逻辑和应用程序，因此网站也被称为“Web 应用”。把“单页应用”叫作“单页网站”，或者反之，都是可以的，用户不必严格区分。

10.3.1 单页应用和多页应用的区别

单页应用（single page application，SPA）将所有内容放在一个页面中，从而使整个页面更加流畅。就用户体验而言，单击导航可以定位锚点，快速定位相应的部分，并轻松上下滚动。单页应用提供的信息和一些主要内容已经过筛选和控制，可以简单、方便地阅读和浏览。

多页应用（multi-page application，MPA）是指包含多个独立页面的应用，其中的每个页面都必须重复加载 JS、CSS 等相关资源。多页应用在跳转时，需要刷新整页资源。

单页应用和多页应用的对比如表 10.1 所示。

表 10.1 单页应用和多页应用的对比

	单页应用	多页应用
页面结构	一个页面 + 许多模块的组件	很多完整页面
体验效果	页面切换流畅，体验效果佳	页面切换慢，网速不好的时候，体验效果很不好
资源文件	公共资源只需要加载一次	每个页面都要加载一次公共资源
路由模式	可以使用 hash，也可以使用 history	使用普通链接进行跳转
适用场景	对体验效果和流畅度有较高要求的应用不利于 SEO（搜索引擎优化，可借助服务器端渲染技术优化 SEO）	适用于对 SEO 有较高要求的应用
内容更新	相关组件的切换，仅局部更新	整体 HTML 的切换
相关成本	前期开发成本较高，后期维护较为容易	前期开发成本低，后期维护比较麻烦，可能一个功能就需要改很多地方

从用户的实际感受来说，与单页应用相比，多页应用最大的特点就是每次跳转到一个新页面时，都会有一段短暂的白屏时间，即使网速再快，也不能完全消除这段白屏时间。单页应用则不会出现白屏问题，页面之间的跳转、页面内部内容的更新，都会非常流畅，从而极大提升了用户体验。

事实上，以原生方式开发的应用，体验总是要好于 Web 应用的。随着单页应用技术的成熟，二者之间的差距越来越小。由于 Web 应用的开发成本要远远低于原生应用，而且 Web 应用具有天然的跨平台优势，因此现在随着智能设备的普及，多终端适配要求越来越高，基于 Web 的技术路线越来越成为主流。

接下来我们将通过一个案例，把一个传统的多页应用，通过使用 Vue.js 的组件机制，改造成一个单页应用。等到后面学习完路由之后，我们还会再次使用路由机制实现同样的效果。

10.3.2 多页应用开发

大部分网站的页面结构，都会包括页头、中间内容和页脚三部分。这里通过一个最简单的案例，展示一下如何把一个传统的多页应用改造为单页应用。

下面我们使用普通的多页应用的方式构建一个基础案例。首先制作一个简单的网站，与大多数常见的企业网站类似，一共有 4 个页面，名称分别是“首页”“产品”“文章”“联系我们”。这 4 个页面具有相同的页面结构，都分为页头、中间内容和页脚三部分。页头部分包含一个导航菜单，通过它可以分别链接到 4 个页面，首页的效果如图 10.14 所示。

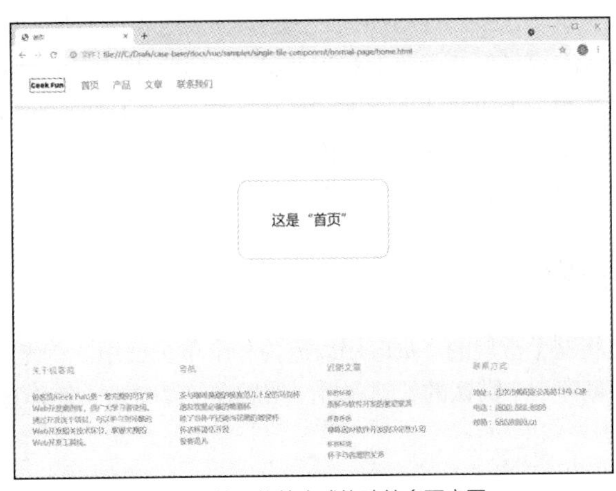

图 10.14 使用传统方式构建的多页应用

接下来创建 4 个页面，分别为“首页”（home.html）、“产品”页面（product.html）、“文章”页面（article.html）和“联系我们”页面（contact.html）。这 4 个页面的页头部分的 HTML 代码是相同的，如下所示：

```
1   <header>
2     <div class="container">
3       <nav class="header-wrap">
4         <a href="home.html"><img src="logo.png" alt="logo"></a>
5         <ul>
6           <li><a href="home.html">首页</a></li>
7           <li><a href="product.html">产品</a></li>
8           <li><a href="article.html">文章</a></li>
9           <li><a href="contact.html">联系我们</a></li>
10        </ul>
11      </nav>
12    </div>
13  </header>
```

页头的容器中包括一张 logo 图片和一个导航菜单，其中的 4 个菜单项都是文本链接，分别指向 4 个页面文件，单击即可进入对应的页面。

在每个页面的中间部分，使用了 HTML5 中新增的<section>标记，这里仅仅为了说明，因此只用一句话来代表，从而将这 4 个页面用文字区分开。例如，首页的这部分代码如下，另外 3 个页面只需要改一下文字内容即可。

```
1   <section>
2     <div class="container">
3       <h1>这里是首页</h1>
4     </div>
5   </section>
```

最后，为每个页面添加页脚。一般的网站都会在页脚部分显示一些版权信息等内容，底部的页面结构代码如下：

```
1   <footer>
2     <div class="container">
3       ……省略……
4     </div>
5   </footer>
```

这样，4 个页面的 HTML 就做好了，至于 CSS 样式这里就不展示了，读者可以参考本书配套资源中的源文件。从首页进入，可以通过页头的导航链接跳转到相应的页面。这是一个非常简单的网站，大家最初学习 HTML 语言的时候，也一定练习制作过类似的网站。

本小节制作完成后的项目源代码，请参考本书配套资源的“第 10 章/mpa”文件夹。

10.3.3 单页应用开发

下面我们要做的就是将这个常规的多页应用改造为一个单页应用。首先，这里仍然使用上面讲解的 Vue CLI 脚手架工具，创建一个默认的基础项目。然后在此基础上，制作这个单页应用。

1. 页面组件化

显然，这 4 个页面的页头部分和页脚部分完全相同，只有中间部分不同。因此，我们可以把页头和页脚分别做成组件，之后再把 4 个不同的中间部分分别做成组件，最后把这 6 个组件在根组件内部“组装”起来，并实现单击导航菜单时能够切换中间部分对应的组件就可以了。

说明

可以看出，我们在开发过程中，一定要有结构化思维的能力，要能够把一个包含很多内容的网站，合理地划分为若干组件，最后再把这些组件组装到一起。

下面首先制作页头组件。在 components 文件夹中创建 header.vue 文件。由于 4 个菜单项的结构相同，因此我们可以在<script>标记部分定义一个数组变量，代码如下：

```
1   <script>
2   export default {
3     data() {
4       return {
5         navList: [
6           {name: '首页'}, {name: '产品'}, {name: '文章'},{name: '联系我们'}
7         ]
8       }
9     }
10  }
11  </script>
```

在<template>标记部分，可以使用 v-for 指令循环生成菜单项，代码如下：

```
1   <template>
2     <header>
3       <div class="container">
4         <nav class="header-wrap">
5           <img src="../assets/logo.png" alt="logo">
6           <ul>
7             <li v-for="item in navList" :key="item.name" >
8               {{item.name}}
9             </li>
10          </ul>
11        </nav>
12      </div>
13    </header>
14  </template>
```

由于 CSS 文件已经做好了，因此我们不再把这个 CSS 文件拆分到各个组件中，而是整体引入页面中。具体做法是在 main.js 中，使用 import 语句引入这个 CSS 文件，代码如下：

```
    import '@/assets/style.css'
```

然后制作页脚组件。在 components 目录中创建 footer.vue 文件，编写好组件的<template>等三个标记部分，<style>标记部分可以去掉，也可以为空，代码如下：

```
1   <template>
2     ……省略……
3   </template>
4
5   <script>
6     export default {
7     }
8   </script>
```

```
9
10  <style>
11  </style>
```

接下来制作 4 个页面的中间内容组件。在 components 文件夹中创建 4 个以.vue 结尾的文件，分别为 home.vue（首页）、product.vue（产品页面）、article.vue（文章页面）和 contact.vue（联系我们页面）。这 4 个文件的整体代码结构一致，只有文字和导出的组件名称不同。例如，home.vue 的代码如下：

```
1   <template>
2     <section>
3       <div class="container">
4         <h1>这里是首页</h1>
5       </div>
6     </section>
7   </template>
8
9   <script>
10  export default {
11  }
12  </script>
```

在完成以上 6 个组件的制作之后，在 app.vue 中引入并注册它们，然后在<template>标记部分调用这 6 个组件。app.vue 的代码如下：

```
1   <template>
2     <div id="app">
3       <vue-header/>
4       <vue-home/>
5       <vue-product/>
6       <vue-article/>
7       <vue-contact/>
8       <vue-footer />
9     </div>
10  </template>
11
12  <script>
13  import VueHeader from './components/header'
14  import VueHome from './components/home'
15  import VueProduct from './components/product'
16  import VueArticle from './components/article'
17  import VueContact from './components/contact'
18  import VueFooter from './components/footer'
19
20  export default {
21    components: {
22      VueHeader,
23      VueHome,
24      VueProduct,
25      VueArticle,
26      VueContact,
27      VueFooter
28    }
29  }
30  </script>
```

可以看到，在导入的时候，我们给每个组件的名称都加了“Vue”前缀，以避免和原生的 HTML

标记重名。另外，可以再次看到，导入时每个组件的命名方式都是 PascalCase，然后在<template>标记部分使用组件的时候，改为 kebab-case 命名方式。

此时，在命令行窗口中进入项目目录，执行“npm run serve”命令，启动开发服务器，然后在浏览器中查看效果，如图 10.15 所示。现在的效果是：6 个组件从上到下，依次排列在一个页面中。

图 10.15　6 个组件暂时都显示在了一个页面中

我们希望的效果是根据选中的菜单项，只显示某个中间内容组件，并且可以通过单击导航菜单来切换中间内容组件。这里有不同的实现方法，我们先介绍如何使用 Vue.js 的动态组件实现页面切换。

制作完成后的项目源代码，请参考本书配套资源的“第 10 章/spa-00”文件夹。

2．使用动态组件实现页面切换

使用 Vue.js 提供的 component 组件及其 is 属性，可以实现中间内容组件的切换。因为可以通过 is 属性的值指定想要渲染的组件，所以只需要动态地将 is 属性的值设置为想要显示的组件的名称就可以了。

首先，在 app.vue 的<template>标记部分将 4 个中间内容组件去掉，改为使用动态组件。然后在 data 中定义一个变量 active，用于保存当前正在显示的中间内容组件的名称，代码如下：

```
1    <template>
2      <div>
3        <vue-header @click="onClick"/>
4        <component v-bind:is="active"></component>
5        <vue-footer />
6      </div>
7    </template>
8    data() {
9      return {
10       active: 'vue-home'
11     }
12   },
```

此时，页面中只显示首页的中间部分。

注意

active 变量的值对应的是引入 home.vue 时确定的组件名称，即添加了 Vue 前缀的组件名称，既可以写作 VueHome，也可以写作 vue-home。

下面处理单击菜单项时的逻辑。在 vue-header 组件中添加单击事件的处理方法，将所单击菜单项对应的组件名称传递给父组件 app.vue。

为此，我们需要在组件 header.vue 中修改 data 里的数据，给每个菜单项增加一个“英文名称”的属性，代码如下：

```
1   navList: [
2     {name: '首页', enName: 'home'},
3     {name: '产品', enName: 'product'},
4     {name: '文章', enName: 'article'},
5     {name: '联系我们', enName: 'contact'}
6   ]
```

接下来在<template>标记部分绑定单击事件，并在给 enName 变量加上"vue-"前缀以后，使用$emit()方法传递给父组件，让父组件知道用户单击了哪个菜单项。代码如下：

```
1   <ul>
2     <li v-for="item in navList"
3       :key="item.enName"
4       @click="onClick(item.enName)">
5       {{item.name}}
6     </li>
7   </ul>
8   methods: {
9     onClick(enName) {
10      this.$emit('click', 'vue-' + enName)
11    }
12  }
```

在上面的代码中，当每个菜单项被单击的时候，将为 enName 变量加上“vue-”前缀，然后通过向父组件暴露出单击事件的方法，将其传递给父组件。父组件 app.vue 在对单击事件进行处理时，将接收传递过来的数据，并将控制组件切换的 active 变量设为传来的组件名称，代码如下：

```
1   <vue-header @click="onClick"/>
2   methods: {
3     onClick(name) {
4       this.active = name
5     }
6   }
```

这时，单击菜单项即可切换中间内容组件。例如，单击导航菜单中的“产品”菜单项，效果如图 10.16 所示。

图 10.16　切换中间内容组件

到这里，我们便成功把一个传统的多页应用改造成了一个单页应用。可以看到，在切换导航的时候，页面不会出现瞬间白屏的现象。

说明

除了这里介绍的动态组件之外，还可以通过路由功能实现页面切换，而在实际开发中，通常这类场景都是使用路由功能实现的，本书后面还会对此进行详细介绍。

制作完成后的项目源代码，请参考本书配套资源的“第 10 章/spa-01”文件夹。

3．完善效果

如果仔细研究一下这个页面，就会发现它存在两个问题。

（1）组件切换后，菜单项无法体现出当前显示的是 4 个页面中的哪一个，用户体验不够友好。例如，当在图 10.16 中单击“产品”时，“产品”菜单项应该显示出一种能够表示当前被选中的特殊样式，这可以通过增加样式的方法来解决。

首先在页头组件的<script>标记部分，在 data 属性中也增加一个 active 变量，用来保存当前页面的名称，默认同样是首页的组件名称。但是在组件内部，不包含使用“vue-”前缀的 enName，即“home”，代码如下：

```
1   data() {
2     return {
3       active: "home",
4       ……省略……
5     }
6   }
```

虽然和 app.vue 文件的 data 中的 active 变量同名，但它们是独立的，二者没有关系。接下来在页头组件的<template>标记部分，给导航菜单中的菜单项增加对 class 属性的绑定，并给当前选中的菜单项添加 active 类名，用来表示选中样式，代码如下：

```
1   <ul>
2     <li v-for="item in navList"
3       :key="item.enName"
4       :class="{'active': active == item.enName}"
5       @click="onClick(item.enName)"
6     >
7       {{item.name}}
8     </li>
9   </ul>
```

最后，修改一下页头组件中的 onClick()方法，使得在单击菜单项之后，修改 active 变量的值为相应的 enName，代码如下：

```
1   methods: {
2     onClick(enName) {
3       this.active = enName
4       this.$emit('click', 'vue-' + enName)
5     }
6   }
```

在 v-for 循环中，哪一个菜单项的名称与 active 变量保存的值相同，就给这个菜单项增加一个“active”类名，从而让它显示出带有 active 类定义的特殊样式，如图 10.17 所示，“首页”菜单项的下方出现了一条下画线，这表示它被选中了。这样第 1 个问题就被很容易地解决了。

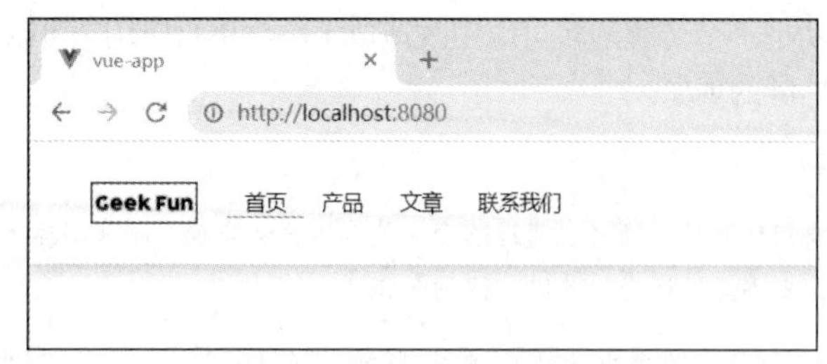

图 10.17　菜单项选中时的状态

（2）第 2 个问题是，改为单页应用以后，单击导航菜单切换页面后，因为页面的网址根本就没有变化，所以浏览器的地址栏是不会变化的。这会带来一个问题，原来每个页面都有自己的网址，当用户需要向别人分享某个页面时，可以简单地把这个具体页面的网址发给别人，而现在改为单页应用以后，各个单独的页面都失去了独立的网址，因而只能把首页的网址发给别人，这会给分享网站内容带来不便。

遗憾的是，这个问题使用这里介绍的动态组件是无法解决的，只能等学完后面章节中的"路由"部分之后才能解决，这里仅做预告。

制作完成后的项目源代码，请参考本书配套资源的"第 10 章/spa-02"文件夹。

本章小结

本章可以说是本书十分重要的章节之一，当开发一个真正的项目时，掌握组件化开发方式是关键。本章介绍了如何安装 Vue CLI 脚手架工具，以及如何借助于 Vue CLI 脚手架工具创建默认的 Vue.js 项目。在此基础上，便可以单文件组件的方式开发组件，并将它们组织在一起，得到我们想要开发的应用。

知识点讲解

习题 10

一、关键词解释

单文件组件　脚手架　单页应用　多页应用　Node.js

二、描述题

1. 请简单描述一下父组件如何向子组件传递数据，举例并说明。
2. 请简单描述一下子组件如何向父组件传递数据，举例并说明。
3. 请简单描述一下单页应用和多页应用的区别。

三、实操题

通过单文件组件的方式实现第 9 章习题部分题图 9.1 所示的产品列表效果。

第11章 AJAX与Axios

随着网络技术的不断发展，Web 技术日新月异。在早期的互联网时代，用户访问网页时，一次向服务器请求一个完整的页面，于是，当从一个页面跳转到另一个页面时，浏览器窗口就会出现一段时间的“白屏”，影响用户体验。另外，即使页面中只有一小部分内容发生改变，也需要将整个页面一起更新，效率很低。后来，业内逐渐产生了 AJAX 技术，实现了页面的局部刷新，使 Web 应用的用户体验得到了大幅提升。随着 Vue.js 等框架的出现，SPA（单页应用）逐渐普及，AJAX 更成为 Web 项目中不可缺少的重要组成部分。

Axios 是一个专门用来处理 AJAX 相关工作的库。将 Axios 和 Vue.js 结合后，即可方便地在 Web 项目中使用 AJAX 技术。本章首先介绍 AJAX 的基本概念，然后讲解在 Vue.js 项目中使用 Axios 的具体方法。本章的思维导图如下。

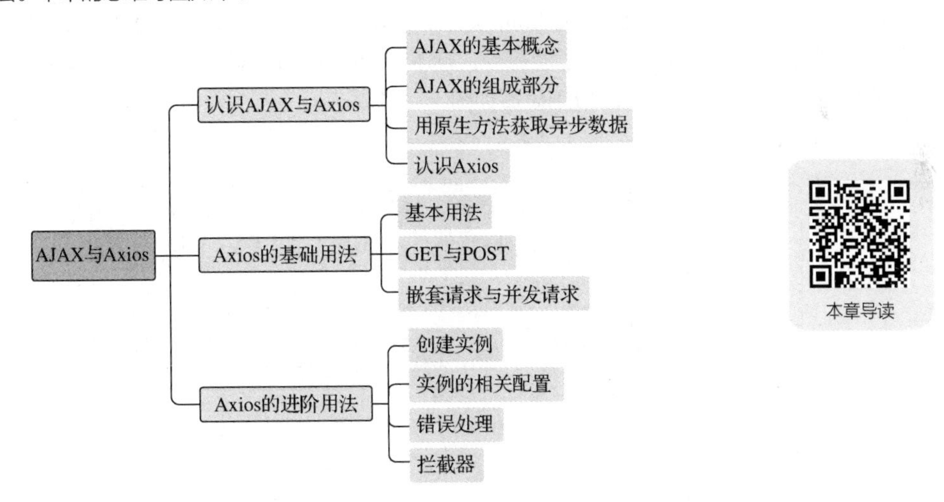

本章导读

11.1 认识 AJAX 与 Axios

首先来理解一下 AJAX 这个概念。AJAX（asynchronous JavaScript and XML，异步 JavaScript 与 XML）最早由 Google 等公司大规模运用到互联网产品中，这使得 Web 浏览器的潜力被极大挖掘了出来，AJAX 也因此越来越受到大家的关注。

11.1.1 AJAX 的基本概念

用户在浏览网页时，无论是打开一段新的评论，还是填写一张调查问卷，都需要反复与服务器进行交互。传统的 Web 应用采用同步交互的形式，用户向 Web 服务器发送一个请求，然后 Web 服务器根据用户的请求执行相应的任务，并返回结果，如图 11.1 所示。

这是一种十分不连贯的运行模式，常常伴随着长时间的等待以及整个页面的刷新，即通常所说的“白屏”现象。

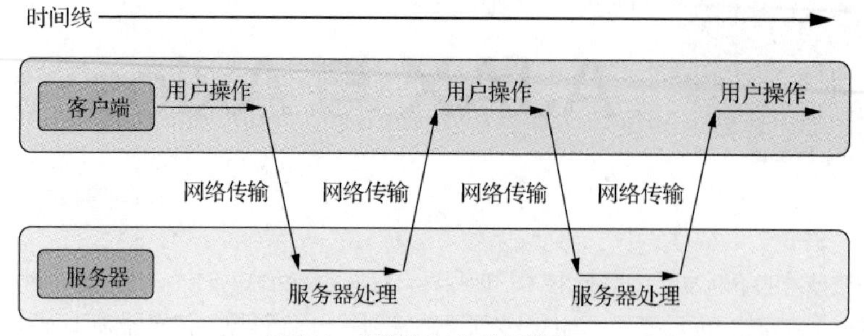

图 11.1　传统的 Web 应用模型

在图 11.1 中，当客户端将请求传给服务器后，往往需要长时间等待服务器返回处理好的数据。通常用户仅仅需要更新页面中的一小部分数据，而不是更新整个页面，这更增加了用户等待的时间。数据的重复传递将会浪费大量的资源和网络带宽。

AJAX 技术与传统的 Web 应用模型不同，AJAX 采用的是“异步交互”的方式，它在客户端与服务器之间引入了一个中间媒介，从而改变了同步交互过程中“处理—等待—处理—等待”这样的模式。

用户的浏览器在执行任务时即装载了 AJAX 引擎。AJAX 引擎是用 JavaScript 编写的，通常位于页面的框架中，负责转发客户端和服务器之间的交互。另外，通过 JavaScript 调用 AJAX 引擎，可以使页面不再整体刷新，而仅仅更新用户需要的部分，这不但避免了“白屏”现象，还大大节省了带宽，加快了浏览速度。基于 AJAX 的 Web 应用模型如图 11.2 所示。

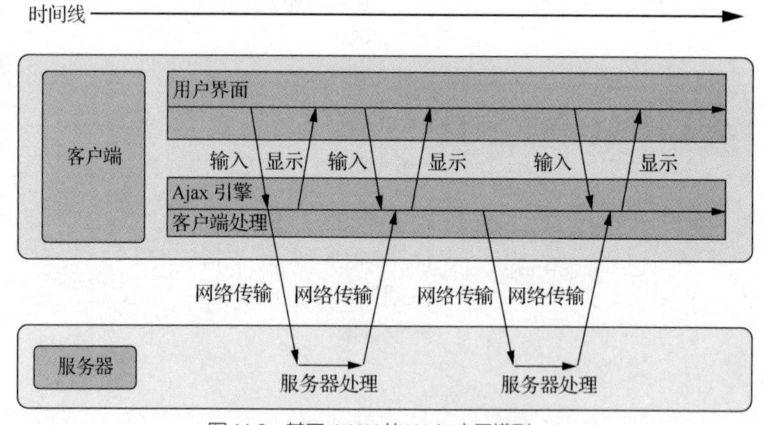

图 11.2　基于 AJAX 的 Web 应用模型

在网页中合理使用 AJAX 技术带来的好处，可以归纳为如下几点。

- 减轻服务器的负担，加快浏览速度。AJAX 在运行时仅仅按照用户的需求从服务器获取数据，而不是每次都获取整个页面，这样可以最大限度地减少冗余请求，减轻服务器的负担，从而大大提高浏览速度。
- 带来更好的用户体验。在传统的 Web 模式下，“白屏”现象十分不友好，而 AJAX 这种局部刷新技术使得用户在浏览页面时就像使用自己计算机上的桌面程序一样。
- 基于标准化且受广泛支持的技术，不需要下载插件或小程序。目前主流的各种浏览器都支持 AJAX 技术，这使得它的推广十分顺畅。
- 促进页面呈现与数据的分离。使用 AJAX 获取的服务器数据可以完全利用单独的模块进行操作，从而使技术人员和美工人员能够更好地分工与配合。

从名称可以看出，在最初设计 AJAX 技术的时候，x 这个字母表示的 XML，设计时的本意是希望使用 XML 作为数据交互的载体，但是经过多年的发展，实际上 AJAX 传输数据的方式大体有如下两种。

- 一种是在服务器上直接生成 HTML 文档的片段，然后传递到浏览器，进行局部更新。
- 另一种是在服务器上生成数据而不是文档，但是数据中的绝大多数都使用 JSON 格式而不是 XML 格式。

因此，使用 AJAX 时离不开 JSON 数据格式。JSON（JavaScript object notation，JavaScript 对象表示法）是一种轻量级的数据交换格式，它基于 ECMAScript（欧洲计算机协会制定的 JS 规范）的一个子集，采用完全独立于编程语言的文本格式来存储和表示数据。简洁和清晰的层次结构使得 JSON 成为理想的数据交换格式。JSON 易于阅读和编写，同时也易于机器解析和生成，此处还能有效地提升网络传输效率。

最重要的是，JSON 和 JavaScript 可以无缝对接，因此可以说 JSON 和 JavaScript 是天生的伙伴。我们在 JavaScript 中定义的数据，包括对象和数组，都可以直接转为 JSON 数据。因此，已经学会使用 JavaScript 的开发人员没有学习 JSON 的成本，JSON 已经成为进行数据交换时主流的标准格式。

从这里可以看出，主流技术的演进是多方面因素共同作用后促成的结果，对于很多技术的发展方向，并非一开始就能做出准确判断。

11.1.2 AJAX 的组成部分

AJAX 不是单一的技术，而是 4 种技术的集合，想要灵活地运用 AJAX，就必须深入了解这些不同的技术。表 11.1 简要介绍了这些技术以及它们在 AJAX 中扮演的角色。

表 11.1 AJAX 涉及的 4 种技术

技术	在 AJAX 中扮演的角色
JavaScript	JavaScript 是通用的脚本语言，用来嵌入某种应用之中。AJAX 应用是使用 JavaScript 编写的
CSS	CSS 为 Web 页面元素提供了可视化样式的定义方法。在 AJAX 应用中，用户界面的样式可通过 CSS 独立地进行修改
DOM	可通过 JavaScript 修改 DOM，AJAX 应用则在运行时改变用户界面或者局部更新页面中的某个节点
XMLHttpRequest 对象	XMLHttpRequest 对象允许开发人员从 Web 服务器获取数据，数据的格式通常是 JSON、XML 或文本

对于 AJAX 来说，JavaScript 就像胶水一样将其组成部分黏在了一起。例如，通过 JavaScript 操作 DOM 可改变和刷新用户界面，而通过修改 className 可改变 CSS 样式风格等。

XMLHttpRequest 对象用来与服务器进行异步通信，在用户工作时提交用户的请求并获取最新的数据。图 11.3 显示了 AJAX 中的这 4 种关键技术是如何相互配合的。

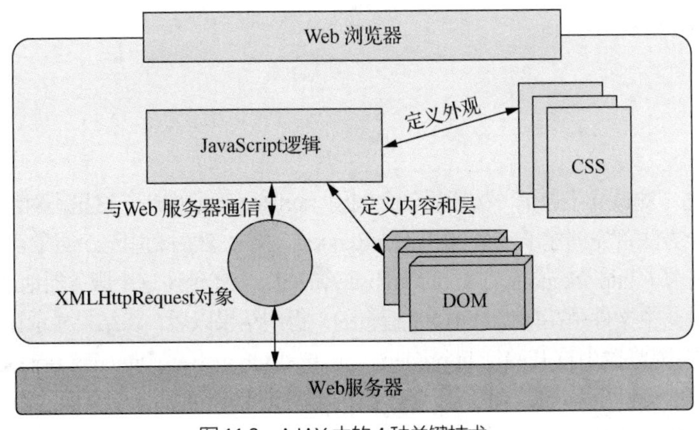

图 11.3 AJAX 中的 4 种关键技术

AJAX 能通过发送异步请求来与服务器进行异步通信，不需要打断用户的操作，实现了 Web 技术的一次飞跃。目前，所有浏览器都支持 AJAX。

11.1.3 用原生方法获取异步数据

在 AJAX 中，异步获取数据是有固定步骤的，下面通过实际操作来讲解相关方法。

首先按照第 10 章介绍的方法，使用 Vue CLI 脚手架工具创建一个新的项目，以便使用开发服务器做测试。默认的项目创建好以后，可以把不需要的内容删除，例如 src/components 文件夹。读者直接在 app.vue 中添加内容就可以了。

接下来实现一个最简单的 AJAX 操作，目的是先把异步通信的流程弄明白。在页面上放置一个“测试异步通信”按钮，实现单击这个按钮后，向服务器发出请求，在得到结果后，将结果数据放入指定的 div 中。app.vue 中的代码如下，详情可以参考本书配套资源文件“ch11-ajax/ajax-demo-02-native”。

```
1   <template>
2     <div id="app">
3       <button @click="startRequest">测试异步通信</button>
4       <br><br>
5       <div id="target">{{msg}}</div>
6     </div>
7   </template>
8
9   <script>
10  export default {
11    data() {
12      return {msg: ''}
13    },
14    methods: {
15      startRequest() {
16        let xmlHttp = new XMLHttpRequest();
17        xmlHttp.open(
18          "GET",
19          "http://demo-api.geekfun.website/vue/ajax-test.aspx",
20          true
21        );
22        xmlHttp.onreadystatechange = () => {
23          if(xmlHttp.readyState == 4 && xmlHttp.status == 200)
24            this.msg = xmlHttp.responseText;
25        };
26        xmlHttp.send(null);
27      }
28    }
29  }
30  </script>
```

可以看到，单击“测试异步通信”按钮后就会调用 startRequest()方法，这里不对细节进行详细介绍，只做简单说明。这个方法首先创建了一个 XMLHttpRequest 对象，然后利用这个对象实现了 AJAX 的异步请求。这个方法还请求了 http://demo-api.geekfun.website/vue/ajax-test.aspx 这个服务器地址，注意它是一个后端地址。也就是说，这个文件是在远程服务器上运行的，得到结果以后，将结果显示在 div#target 元素中。

读者可以直接在浏览器中打开网址 http://demo-api.geekfun.website/vue/ajax-test.aspx，效果如图 11.4 所示。可以看到，和普通网页类似，也可以显示出内容。但是，如果查看页面的源代码，就会发现其中没有任何 HTML 标记，只有一个字符串。

图 11.4 直接访问 API

可以看出，startRequest()方法的逻辑还是比较复杂的，涉及一些状态的变化。但在实际开发中，我们通常不需要关心这些内部细节，因为诸如 Axios 的库已经对细节做了封装，我们可以用更简单的方式实现同样的功能。

说明

为了方便读者测试，本书作者已经将本章需要使用的几个服务器端程序部署到了互联网上，读者可以直接调用。

如果读者希望自己修改服务器端程序，我们已经将服务器端程序放在了本书的配套资源中，读者下载后即可使用。

为了使没有丰富后端开发经验的读者也可以比较容易地让这几个服务器端程序运行起来，这里使用了 Windows 计算机上自带的 IIS Web 服务器，直接把本书配套资源中的后端程序复制到本地计算机上，然后简单配置一下 IIS 即可运行。由于 Windows 计算机都自带 IIS Web 服务器，不需要下载和安装其他的支撑环境，因此这对于初学者比较方便。

本章各个案例中的后端部分都非常简单。对于有一定后端开发基础的读者，可以使用任何其他后端语言和框架来实现这些案例的后端部分，例如 Node.js、Python 或 Java 等。读者可以自行配置好服务器端代码，然后在页面中通过 AJAX 方式进行调用。

对于没有任何后端开发基础的读者，建议直接使用已经部署好的 API，这是最方便的方法。

服务器端的代码如下，作用是简单地返回调用时间和成功信息。

```
1    <%@ Language="C#" %>
2    <% Response.Write(DateTime.Now.ToString() + " 异步测试成功"); %>
```

运行结果如图 11.5 所示，单击“测试异步通信”按钮，可获取异步数据并显示出来，这表示 AJAX 的异步通信机制已经成功了。

图 11.5 使用 AJAX 获取数据

注意

可以看到，为了让一个使用了 AJAX 技术的页面运行起来，除了前端的 HTML 页面，还必须有一个后端程序做配合。

后端开发是整个 Web 开发中另一个重要的组成部分，本书聚焦于前端开发，因此这里直接给出一个后端程序。后端技术和前端技术一样丰富多彩，可以使用各种语言进行开发。

建议读者在学有余力的情况下，也对后端开发做一些了解，这对于做好前端开发也是有很大帮助的。

正如前面提到的，http://demo-api.geekfun.website/vue/ajax-test.aspx 这个后端 API 返回的是一个字符串。如果返回的是带有 HTML 标记的文档片段，也是可以的，这样就可以在页面上新增或替换一些 DOM 元素，实现页面的局部更新。

早期的 AJAX，特别是在 jQuery 时代，大多采用这种局部更新页面的方式。但是在前后端彻底分离开以后，后端接口基本上就不再传递 HTML 文档片段了，而是先返回数据，再由前端渲染到 HTML 页面上。

在浏览器中打开 http://demo-api.geekfun.website/vue/ajax-test-json.aspx 这个文件，可看到图 11.6 所示的结果：左侧是返回的内容——一段采用 JSON 格式进行表示的数据；右侧是开发者工具，Preview（预览）选项卡中清晰地显示了解析为 JSON 对象的数据结构。如果切换到 Headers 选项卡，如图 11.7 所示，可以看到 Response Header（响应头）中有一项 Content-Type（内容类型），显示的是 application/json，这表示服务器返回的正是按照 JSON 格式构造的内容。

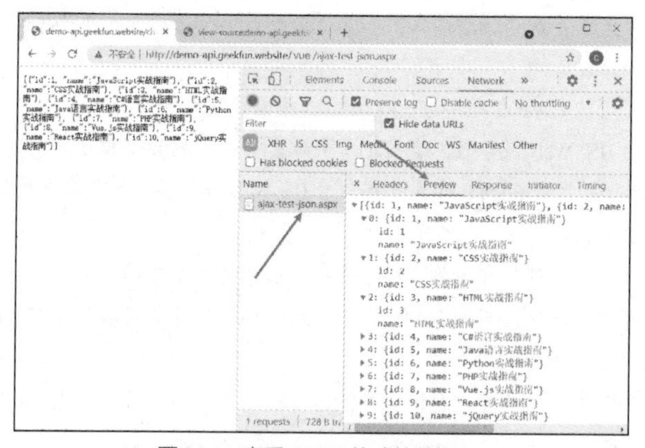

图 11.6　查看 JSON 格式的数据

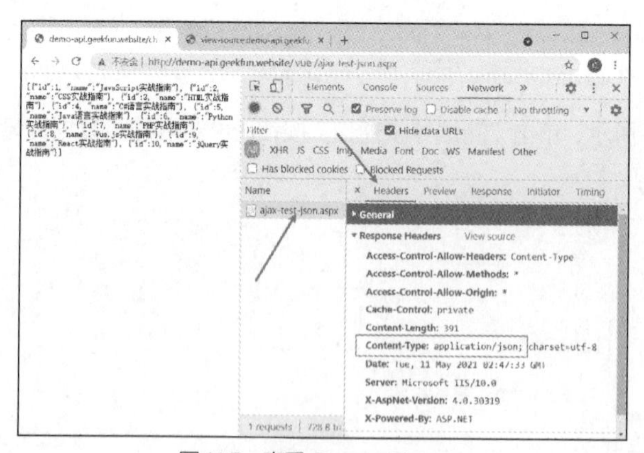

图 11.7　查看 Content-Type

建议

希望读者能够拿出一些时间和精力，熟悉一下 HTTP 协议相关的知识，这对于进行 Web 开发会非常有帮助，特别是在与后端开发人员沟通的时候，有益于减少沟通成本。现在流行一种说法叫作“大前端”，指的就是能够主导前端的核心开发人员才能胜任的工作职位。要想成为一名“大前端”开发人员，仅仅掌握 HTML、CSS 等基本的前端语言是远远不够的。必须有整体的技术背景知识，对系统有深刻的见解，并且能够和后端相关技术顺畅地衔接，才能成为一名有竞争力的前端开发人员。

11.1.4 认识 Axios

前面介绍了 AJAX 的相关技术，现在开始讲解 Axios。Axios 是一个专门用来处理 AJAX 相关工作的库。将 Axios 和 Vue.js 搭配后，就可以方便地在 Web 项目中使用 AJAX 技术。

对于使用 Vue CLI 脚手架工具创建的项目，可以使用 npm 安装 Axios：

```
npm install axios --save
```

如果是为了调试一些简单的页面，那么可以直接在页面中引入 axios.js 文件，也可直接使用 CDN。

```
<script src="https://unpkg.com/axios/dist/axios.min.js"></script>
```

注意

为了使页面中的 AJAX 能够正常通信，不能直接用浏览器打开本地 HTML 页面的方式进行测试，而必须将页面配置在 Web 服务器上才可以。

11.2 Axios 的基础用法

知识点讲解

11.2.1 基本用法

HTTP 协议规定，每个 HTTP 请求都会使用某种特定的“方法”进行发送，最常见的两种方法是 GET 和 POST。

- 当需要从服务器获取数据，而不是对服务器上的数据做修改时，通常使用 GET 方法。GET 方法的参数放在 URL 中。
- 当需要对服务器上的数据做修改时，通常使用 POST 方法。POST 方法的参数放在 HTTP 消息报文的主体中，主要用来提交数据，比如提交表单、上传文件等。

说明

对于 HTTP 协议的相关知识，本书不做详细讲解。但是作为一名 Web 开发人员，需要对 HTTP 协议有比较全面的掌握。此外，目前 Restful 的数据结构方式非常流行，建议读者对 HTTP 协议和 Restful 接口规范做一些了解。

上面这两种请求方式的调用语法如下所示。

```
1   import Axios from 'axios'
2
3   Axios.get(url[, config]).then()
4   Axios.post(url[, data[, config]]).then()
```

注意

这里使用了首字母大写的 Axios，表示导入的 Axios 是一个类，而不是一个实例。因此，Axios.get()和 Axios.post()都是 Axios 类的静态方法，而不是实例方法。

实际上，Axios 库既可以使用静态方法进行调用，也可以使用实例方法进行调用。为了便于读者掌握，我们先使用静态方法，后面再讲解实例方法。

get()和 post()方法都有一个 url 参数，它是调用远程 API 时的请求地址。本章用到的所有 API 都已经被部署到了互联网上，读者可以直接使用。url 参数不可省略。

config 是可选参数，如果是 POST 请求，那么还可以再带一个传递给远程 API 的 data 参数。

then()是请求成功后的回调函数，调用返回结果以后的逻辑都可以写在 then()方法中。

上手案例

下面我们借助 Axios 来重写上面给出的用原生 API 写的案例，看看是否可以简化程序。源文件请参考本书配套资源文件“ch11-ajax/ajax-demo-03-axios”。

```
1   <template>
2     <div id="app">
3       <button @click="startRequest">测试异步通信</button>
4       <br><br>
5       <div id="target">{{msg}}</div>
6     </div>
7   </template>
8
9   <script>
10  import Axios from 'axios'
11  Axios.defaults.baseURL = 'http://demo-api.geekfun.website';
12
13  export default {
14    data() {
15      return {msg: ''};
16    },
17    methods: {
18      startRequest() {
19        Axios
20          .get('/vue/ajax-test.aspx')
21          .then(response => this.msg = response.data);
22      }
23    }
24  }
25  </script>
```

可以看到，视图部分没有修改，但是引入了 Axios，然后设置了它的 defaults.baseURL 属性，即默认的基础 URL。之所以这样做，是因为一个网站通常需要调用多个 API，而这些 API 往往都在一个网站上，因此这些 API 的前半部分地址都是一样的，这样后面在指定地址的时候，只需要使用不同的后半部分就可以了。

startRequest()方法中读取服务器数据的代码变得非常简单，只需要通过 get()方法指定请求的服务器地址，然后在 then()方法中，将返回的数据赋值给数据模型中指定的 msg 变量即可。

Axios 对 AJAX 操作进行了完善的封装，开发人员只需要简单地调用即可，不必关心 AJAX 内容的复杂逻辑过程。

需要注意的一点是，JavaScript 程序会大量使用回调函数，因此读者务必掌握回调函数的含义。调用 then()方法时，传入的参数是一个回调函数，意思就是当调用成功以后，执行这个参数指定的函数。

这里使用了 ES6 方式的箭头函数，response 是调用成功后返回的结果对象。

需要特别注意的是这里用到了 this.msg，由于箭头函数不会绑定自己的 this，因此箭头函数里的 this 就是它外面的 this。

如果把这个调用改为传统的函数写法，代替上面的箭头函数，就需要像下面这样来写了。

```
1    methods: {
2      startRequest() {
3        let self = this;
```

```
4         Axios
5           .get('/vue/ajax-test.aspx')
6           .then(function(response)
7             {
8               self.msg = response.data;
9             });
10        }
11      }
```

这是因为，如果使用普通的函数写法，这个函数就会绑定自己的 this，所以在使用 Axios 调用之前，需要先把 this 暂存到一个临时变量中，之后在 then()方法的参数中，再使用 self.msg 代替 this.msg，此时函数内部的 this 已经被重新赋值。

11.2.2 GET 与 POST

上面的例子使用 get()方法调用了远程的后端接口，并且不需要向服务器端接口传递任何参数。但在实际项目中，通常都会向接口传递各种参数，接下来我们演示一下 get()和 post()调用的区别。

下面通过一个表单提交案例，演示一下同时使用 POST 和 GET 两种请求方式的方法，然后比较 GET 和 POST 的区别。

像上一个案例一样，创建一个基本的 Vue.js 项目，也可直接在上一个案例的基础上进行修改。app.vue 中视图部分的代码如下，源文件请参考本书配套资源文件“ch11-ajax/ajax-demo-04-get-post”。

```
1    <template>
2      <div id="app">
3        <h2>请输入您的姓名和年龄</h2>
4        <form>
5          <input type="text" v-model="name"> <br/>
6          <input type="text" v-model="age">
7        </form>
8        <button @click="requestByGet">GET</button>
9        <button @click="requestByPost">POST</button>
10       <p>{{msg}}</p>
11     </div>
12   </template>
```

可以看到，这个页面上有两个文本输入框，用于让用户输入姓名和年龄，然后下面有两个按钮，单击后便可分别以 GET 和 POST 两种方式向服务器发起请求。

```
1    <script>
2    import Axios from 'axios'
3    Axios.defaults.baseURL = 'http://demo-api.geekfun.website';
4
5    export default {
6      data() {
7        return {
8          msg: '',
9          name: '',
10         age: ''
11       }
12     },
13     methods: {
14       requestByGet() {
15         //……省略……
```

```
16      },
17      requestByPost() {
18        //……省略……
19      }
20    }
21  }
22  </script>
```

1. GET 方法

首先使用 GET 请求方式，requestByGet()方法的代码如下所示。

```
1   requestByGet() {
2     Axios.get(
3       '/vue/01/01.aspx',
4       {
5         params: {
6           name: this.name,
7           age: this.age
8         }
9       }
10    )
11    .then((response) => this.msg = response.data)
12  }
```

可以看到，如果使用 GET 请求方式，那么需要在 url 参数的后面增加一个对象参数，作用是把 name 和 age 两个变量组合为一个对象。

这时，启动开发服务器，可以在浏览器中看到运行效果，如图 11.8 所示。在两个文本框中分别输入一些内容，然后单击 GET 按钮，下方就会显示服务器返回的结果。

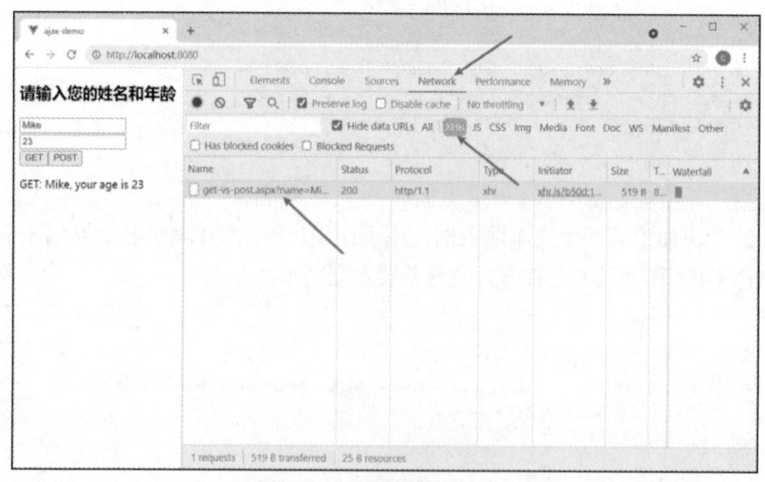

图 11.8　GET 请求方式

注意，图 11.8 的右侧显示了通过 Chrome 浏览器的开发者工具查看请求的效果。选择 Network 选项卡，然后可以选择 XHR，对所有的请求进行过滤，只列出 AJAX 请求，可以看到 01.aspx 这一行会在用户单击 GET 按钮以后发出请求。单击请求的地址，右侧会显示关于这个请求的详细信息。在 Headers 选项卡中，可以看到如图 11.9 所示的内容。

从这里可以看出，当使用 GET 方式发起请求时，参数会以查询字符串的形式，作为 URL 的一部分传递给服务器，服务器收到请求以后，会解析查询字符串，得到请求的参数。

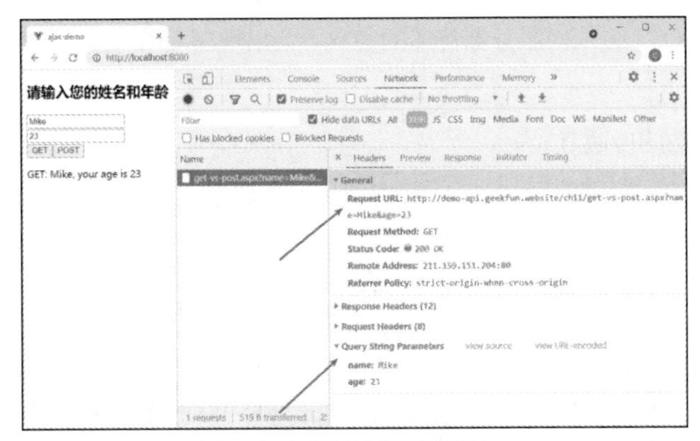

图 11.9 GET 请求的详细信息

2．POST 方法

除了使用 GET 方式，也可以使用 POST 方式发起请求。requestByPost()方法的代码如下所示。

```
1      requestByPost() {
2        let data = new FormData();
3        data.append('name', this.name);
4        data.append('age', this.age);
5        Axios.post(
6          '/vue/get-vs-post.aspx',
7          data
8        )
9        .then((response) => this.msg = response.data)
10     }
11   }
```

可以看到，在调用 Axios.post()方法之前，可以先构造一个 FormData 类型的对象，并通过 append()方法向这个对象添加两个数据字段，它们的内容都是从文本框获取的用户输入。FormData 类型的对象是 XMLHttpRequest 定义的标准对象，可以直接使用。

构造好 FormData 类型的对象以后，把它放在 url 参数的后面，作为调用 Axios.post()方法的第二个参数。

在浏览器中运行，使用 POST 方式和使用 GET 方式得到的效果虽然相同，但是二者还是有很大的区别。

二者传递参数的方式不同。当使用 POST 方式发起请求时，参数会以 Form Data 方式出现在请求的报文正文中。可通过 Chrome 浏览器的开发者工具查看请求的各种细节，如图 11.10 所示。

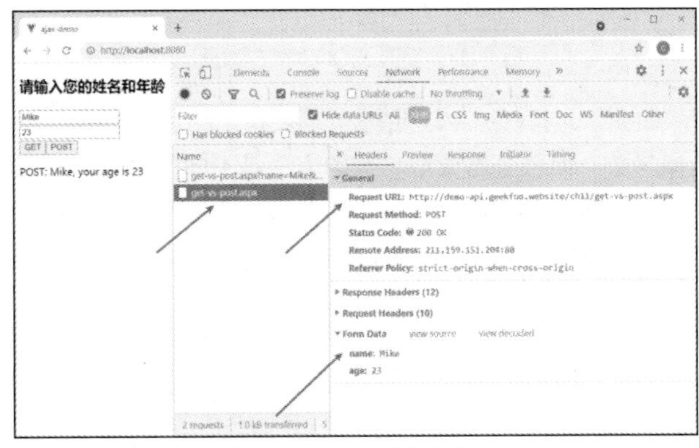

图 11.10 POST 请求方式

可以看到，使用 POST 方式向服务器传递的参数不会出现在 URL 中，而是以 Form Data 方式向服务器传递参数。

3．POST 请求参数的传递方式

POST 请求比较复杂，除了使用 Form Data 方式传递参数之外，还可以使用其他传递方式，常用的传递方式是，直接将参数对象以 JSON 方式传递。

相比之下，Form Data 方式是传统页面提交表单的方式。当一个 HTML 页面中存在一个表单时，用户单击“提交”按钮后，浏览器就会自动构造出请求中的 Form Data 并发送给服务器。

随着前端技术越来越完善，后来在很多情况下，向服务器提交表单时不再直接发送，而是通过 JavaScript 程序来控制。人们逐渐发现，使用 JavaScript 处理 JSON 数据特别方便，因此改为直接通过 JavaScript 向服务器提交 JSON 数据。

Axios 支持直接向服务器提交 JSON 对象，而不必构造 FormData 对象。

例如，下面再增加一个新按钮并绑定 requestByPostJson()方法，代码如下：

```
1    requestByPostJson() {
2      Axios.post(
3        '/vue/get-vs-post.aspx',
4        {name:this.name, age:this.age}
5      )
6      .then((response) => this.msg = response.data)
7    }
```

可以看到，上述代码直接构造了一个普通的对象，然后把它作为参数，调用 Axios.post()方法。

这时，在浏览器的开发者工具中可以看到，Form Data 变成了 Request Payload（请求负载），如图 11.11 所示。

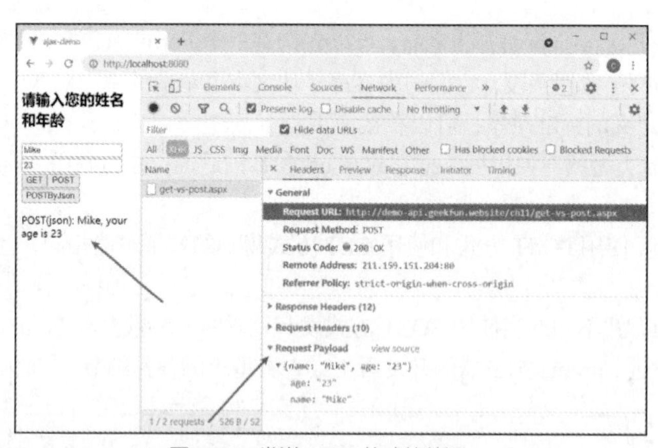

图 11.11　发送 JSON 格式的数据

Axios 会自动根据参数的形式向服务器发送请求。需要指出的是，使用 Form Data 和 Request Payload 方式都可以向服务器传递参数，但服务器读取参数的方法是不同的。

在我们的案例中，给出的服务器端程序对此做了相应的判断，因而能够识别请求参数的形式。如果是以 JSON 对象形式传递过来的参数，那么返回的时候，结果中会标明采用的是 JSON 方式。

说明

服务器端程序支持以哪种方式传递参数，是由服务器端程序的开发者决定的，他们可以选择支持一种方式，也可以选择支持多种方式。

一些比较完善的第三方 API，可能会支持多种形式的参数传递，这样的话对前端就会比较友好，前端程

序无论使用哪种方式向服务器传递参数，都可以得到正确的结果。

但是并非所有的后端API都这么完善，因为处理不同的参数传递方式需要额外的开发成本。因此，前端开发人员需要仔细阅读后端API的接口说明，里面通常都会指明如何调用后端API，然后按照接口说明中指定的方法调用远程API即可。

如果后端API是团队内部开发的，那么在开发之前，前端开发人员和后端开发人员可以讨论并协调好，之后再开始开发工作，通常实现一种方式就可以了。

4．HTTP方法与REST

在HTTP协议中，除了GET和POST之外，还有几个其他的方法，包括DELETE、PUT、PATCH等。

这里需要简单讲解一下REST的概念。REST是representational state transfer（表现层状态转移）的缩写，用来描述创建Web API的标准方法。

当我们把服务器上的数据看作一些“资源”的时候，这些HTTP方法就可以看作针对这些资源的操作方法。在HTTP中，实际上包括8种方法：GET、POST、PUT、DELETE、OPTIONS、HEAD、TRACE和CONNENT。

可以看出，这些方法都是一些动词，对应着一些数据操作，通常包括增、删、改、查等操作。按照REST标准来说，有如下4个基本操作。

- 当需要读取某个资源的时候，应该使用GET方法。
- 当需要新增某个资源的时候，应该使用POST方法。
- 当需要删除某个资源的时候，应该使用DELETE方法。
- 当需要局部更新某个资源的时候，应该使用PUT方法。

这里所说的资源指的并不是物理形式的对象，比如文件等，而指的是逻辑上的对象，例如在图书管理系统中，“图书”就是一个逻辑对象，通常存储在数据库中。当需要读取一本书的信息时，这本书的信息就被认为是资源。当我们在图书管理系统中录入一本新书时，就是增加了一个资源，此时就应该使用POST方法提交这个请求。当需要修改某本书的某个字段信息时，应该使用PUT方法。REST有一套完整的体系来规范如何设计整套系统的API结构。

需要注意的是，REST不是简单地决定使用哪个方法的问题，而是提供了设计系统架构的一整套方法。

Web开发人员应该掌握REST体系的基本思想方法和一些最佳实践。但是，从现实角度讲，目前绝大多数系统，往往采用的仅仅是借鉴REST的思想方法，而并非严格按照REST规范来设计和实现Web接口。

例如，大多数互联网公司在通过开放API提供服务的时候，都仅仅使用GET和POST两种方法来调用它们各自提供的API。因此，读者在这里不必纠结于REST的严格规范，理解其思想即可。

总结一下，目前我们讲解了HTTP请求的方法，特别是GET和POST方法的含义与区别；我们还分析了如何通过Axios向远程的服务器请求数据，然后将得到的数据显示到页面上；我们最后讲解了在POST请求方式下，向服务器提交数据的两种方式——Form Data方式和JSON字符串方式。掌握上述知识以后，相信读者已经可以应对大多数开发中的需求了。

Axios针对每一种HTTP方法都提供了一个函数。就像get()和post()一样，此外还有put()、delete()等，基本用法都是一样的，这里不再赘述。

11.2.3 嵌套请求与并发请求

知识点讲解

一些比较复杂的页面，可能会从多个远程数据源汇集数据，并且有可能需要根据第一次请求得到的结果来决定第二次请求的参数，甚至有可能需要同时发起多个请求。在这种情况下，页面就会变得相对复杂，甚至有的时候会变得非常复杂。

注意

如果一件事逐渐变得非常复杂，这时就应该回头看一看，是不是刚开始的整体路线和策略设计有问题。尽管技术上提供了各种可以使用的手段，但是好的架构设计，才是实现高效开发的最关键因素，良好的架构设计可以极大降低复杂度。作为一本开发实践类图书，本书不会过多地考虑设计策略问题，而是聚焦于如何使用技术方法实现基本的功能。

假设在一个页面中，先通过调用一个远程的 API，获得若干图书的编号列表，之后再根据所返回图书的编号列表，获取所有图书的相关信息，最后显示到页面中。

这样的请求需要两轮，一共 1+*N* 个远程请求调用。第一轮，调用一个 API 以获取图书的编号列表；然后在第二轮，根据第一轮获取的图书列表中的 *N* 个编号，发送 *N* 个请求。

假设服务器端提供了如下两个 API。

- getBooks()：无参数，结果返回一个数组，其中的每个元素是一个整数，对应一本书的编号。
- getBook(id)：id 参数表示图书的编号，结果返回一本书的信息，其中包括 id 和 name 两个字段，分别对应图书的编号和书名。

下面举个例子，源文件请参考本书配套资源文件 ch11-ajax/ajax-demo-05-multi-requests。

我们首先设定 app.vue 的视图，单击按钮后触发 getBooks()方法，获取数据，然后在下面的 ul 列表中，使用 v-for 循环渲染每本书的信息，给书名加上书名号，代码如下所示。

```
1   <template>
2     <div id="app">
3       <button @click="getBooks">Get Books</button>
4       <ul>
5         <li v-for="item in books" :key="item.id">
6           {{item.id}} :《{{item.name}}》
7         </li>
8       </ul>
9     </div>
10  </template>
```

接下来编写 getBooks()方法的代码，如下所示。

```
1   <script>
2   import Axios from 'axios'
3   Axios.defaults.baseURL = 'http://demo-api.geekfun.website';
4
5   export default {
6     data() {
7       return { books:[] }
8     },
9     methods: {
10      getBooks() {
11        //外层
12        Axios.get('/vue/get-books.aspx')
13        .then(
14          //内层
15          (response) =>
16            Axios.get(
17              '/vue/get-book.aspx',
```

```
18             {params:{id: response.data[0]}}
19           )
20           .then((response) => {
21             this.books.push(response.data);
22           })
23         )
24       }
25     }
26   }
27   </script>
```

在上面的代码中，嵌套了两层 Axios.get()方法，外层的 Axios.get()方法调用 get-books.aspx 接口，获取图书的编号列表。然后在 then()方法中再次调用 Axios.get()方法，但这一次调用的是 get-book.aspx 接口，因此需要传入参数，我们此时只传入列表中第一个元素的编号，目的是先把程序跑通，后面再考虑并发请求的问题。到这里，在浏览器中可以看到，效果如图 11.12 所示，单击 Get Books 按钮，下面的列表中就会随机显示一本书的信息。

图 11.12 嵌套请求

接下来，我们实现同时获取多本图书的信息。但在此之前，我们先介绍一下如何通过 Axios 实现并发请求。并发请求可以理解为同时向服务器发出多个请求（严格来说是有先后顺序的），并统一处理返回值。例如，在这个例子中，在获取到多本图书的编号以后，我们希望能够一次性地对每个图书编号请求远程 API，以分别获取每本书的信息。Axios 提供了如下两个相互配合的方法。

```
1   Axios.all()
2   Axios.spread()
```

Axios.all()方法通过一个数组参数，实现了一次性发起多个请求。Axios.spread()方法的参数则是一个回调函数，作用是当多个请求完成的时候，对所有的返回数据进行统一的分割处理。Axios.all()方法的参数数组中有几个请求，Axios.spread()方法的回调函数就会有几个返回值，并且 Axios.all()中的请求顺序和 Axios.spread()中的响应结果在顺序上也一一对应（但时间顺序并不一致，早发出的可能晚结束）。语法如下：

```
1   Axios.all([
2     Axios.get(get1),
3     Axios.get(get2)
4   ]).then(
5     Axios.spread((Res1, Res2) => {
6       console.log(Res1, Res2)
7     })
8   )
```

下面修改刚才的例子，分为两步，源文件请参考本书配套资源文件 ch11-ajax/ajax-demo-05-multi-requests-2。

首先，外层的 Axios.get()方法不用修改，仅修改对应的 then()方法。原来是直接发出请求，现在改为通过 Axios.all()发出请求。由于我们不知道存放图书编号的数组元素的个数，因此可以对数组执行整体操作，直接把 response.data 数组通过 ES6 提供的标准方法 map()转换成请求数组。

接着，通过 Axios.spread()方法接收响应的结果，同样，结果数组的个数也是不确定的，这里使用普通方法无法写出参数列表。这时，可以使用 ES6 中新引入的“剩余参数”，使用剩余操作符，在回调函数中就可以直接获得整个数组，然后使用数组的 forEach()标准方法，把每个响应结果中的图书信息逐一添加到 this.books 数组中，这样就可以把它们显示到页面上了。

修改后的 getBooks()方法如下所示。

```
1   getBooks() {
2     Axios.get(
3       '/vue/get-books.aspx'
4     )
5     .then((response) =>
6       Axios.all(
7         response.data.map(
8           id=>Axios.get(
9             '/vue/get-book.aspx',
10            {params:{id}}
11          )
12        )
13      )
14      .then(
15        Axios.spread(
16          (...responses) => responses.forEach(
17            response => this.books.push(response.data)
18          )
19        )
20      )
21    )
22  }
```

可以看到，效果如图 11.13 所示。单击 Get Books 按钮，现在显示的结果不再是一本书的信息了，而是好几本书的信息。

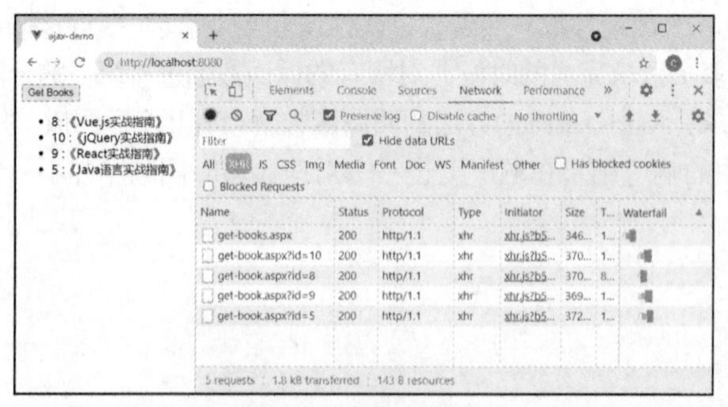

图 11.13　图书信息

在浏览器的开发者工具中，可以清晰地看到，一共发送了 5 次请求。第 1 次是 get-books 接口，后面 4 次都是 get-book 接口，并且带有不同的 id 参数。另外，从图 11.13 右侧的 Waterfall（瀑布）图示中可以看出，后面 4 个请求明显是在第 1 个请求结束以后一起发出的。当然，如果严格地说，它们并非完全同时发出，毕竟微观上还是会有先后顺序的。请求发出的顺序和返回的顺序并不一致，这是很正常的，因为在通过网络时，一个请求的总耗时是很难确定的。因此，如果想要控制显示的顺序，就需要进行额外的处理，本例不再继续深入探讨。

> **说明**
>
> 读者可以发现，对于一个复杂的页面，如何合理地规划 API 是十分重要的，例如上面这个例子，用了 1+*N* 次请求才取得 *N* 本图书的信息，在大多数实际情况下，这样做是不合理的。如何设计一个网站的 API，并不完全是前端开发人员的责任。目前，在大多数实际开发团队中，更多的还是由后端开发人员主导 API 的规划，但是随着前端越来越复杂，UI 逻辑逐渐从后端向前端转移，也有越来越多的团队，开始由前端开发人员主导 API 的设计，因为毕竟后端开发人员并不熟悉页面中的数据调用细节。有的时候，本来请求一次 API 就可以方便实现的页面，如果被切碎，反复调用 API，频繁使用嵌套的回调函数，反而会给前端开发人员增加很多不必要的开发工作量。

在 JavaScript 中，开发人员离不开回调函数。如果回调的嵌套层级过多，就会产生称为“回调地狱”的情形，这对于开发人员是非常棘手的。避免“回调地狱”的几个基本策略如下。

- 保持代码简短，给函数取有意义的名称。
- 模块化，函数封装，打包，每个功能保持独立，高内聚、低耦合。
- 妥善处理异常。
- 遵守创建模块时的一些经验法则。
- 使用 promise、async/await 等语言层面的技术。

11.3 Axios 的进阶用法

11.3.1 创建实例

前面使用的都是 Axios 的静态方法，实际上，也可以创建 Axios 实例，在什么场景下适合使用创建实例的方式请求接口呢？假设项目比较复杂，需要同时使用不同服务商提供的接口，访问这些接口可能会用到不同的配置，此时使用静态方法，就无法方便地针对不同的 API 使用不同的配置了。这时就可以使用不同的配置，创建不同的 Axios 实例，用于不同的 API。语法如下：

```
1  const axios = axios.create({
2    baseURL: 'http://localhost:8080',
3    timeout: 1000, //设置超时时长。默认请求超过一秒未返回，接口就超时了
4    //其他配置项……
5  });
```

11.3.2 实例的相关配置

创建实例的配置项中只有 url 是必需的。如果没有指定 method，请求将默认使用 GET 方法。此外还有很多配置项，如表 11.2 所示。

表 11.2　创建实例时的配置项

配置项	示例	说明
url	'/user'	用于请求服务器的 URL
method	'get'	创建请求时使用的方法，还可以是'post'、'put'、'patch'或'delete'，默认是'get'
baseURL	'http://localhost:8080'	将自动加在配置项 url 的前面，除非配置项 url 是绝对 URL

续表

配置项	示例	说明
headers	{'content-type': 'application/x-www-form-urlencoded'}	将被发送的自定义请求头
params	{ id: 1 }	将请求参数拼接在配置项 url 的后面
data	{ id: 1 }	将请求参数放在请求体里
timeout	1000	指定请求超时的毫秒数（0 表示无超时时间）。如果请求耗费的时间超出 timeout 指定的时间，请求将被中断，这是为了不阻塞后面将要执行的内容
responseType	'json'	表示希望服务器响应的数据类型，还可以是'arraybuffer'、'blob'、'document'、'text'或'stream'，默认是'json'

以上列举了基本的配置项，其余的配置项还有很多，详情可以参考 Axios 的官网。

理解了配置项的作用，读者就可以方便地根据实际情况选择使用何种方式了。Axios 的配置方式分为三种：全局配置、实例配置和请求配置。

最基本的是全局配置。例如，下面的两行代码以全局方式配置了基础 URL 和超时时长。

```
1   Axios.defaults.baseURL = http://demo-api.geekfun.website;
2   Axios.defaults.timeout = 1000;
```

然后创建一个 Axios 实例，这时它的配置就可以覆盖掉全局配置。例如，下面代码中的 Axios 实例将全局配置的超时时长由 1000 ms 改成了 3000 ms，此设置只在这个 Axios 实例中才有效。

```
1   const axios = Axios.create();
2   axios.defaults.timeout = 3000;
```

下面继续，在具体向服务器发出一个请求的时候，还可以再次设置新的配置项，以覆盖原有的配置。例如，下面的代码在请求中又将超时时长设定为 5000 ms，这个设置只针对这一处请求有效。

```
1   axios.get('02-1.aspx', {
2     timeout: 5000
3   })
```

综上所述，这三种配置方式的优先级如下：全局配置 < 实例配置 < 请求配置。也就是说，如果这三种配置方式都设置了 timeout 时长，那么最终会以请求配置中的 timeout 时长为准。

11.3.3 错误处理

AJAX 调用属于通过网络的远程调用，无法保证每次调用都是成功的。因此，必须考虑到各种原因导致的请求失败的情况。

基本的方法是针对每个请求进行单独处理。可在 get()或 post()方法的后面增加 catch()回调，then()用于处理成功的情况，catch()用于处理请求失败的情况。

例如，下面的代码就处理了请求失败的情况。

```
1   startRequest() {
2     Axios
3       .get('/vue/00/00.aspx')
4       .then(response => this.msg = response.data);
5       .catch(error => console.log(error));
6   }
```

这里需要说明的是，catch()回调中的 error 参数具体是什么？它被称为“异常对象”，在一个 AJAX

请求中，当发生异常时，就会给错误处理方法传递这个异常对象，供处理程序使用。AJAX 请求的异常有两类：

- 响应异常。当请求发出以后，虽然获得了响应，但是响应中的状态码超出了范围，此时 Axios 将会抛出异常。获取的响应数据会被赋值给异常对象的 response 字段。
- 请求异常。当请求发出以后，根本没有得到响应。此时，异常中会有 request 字段，发送的请求会在异常事件中被回传给错误处理程序。

因此，在 catch(error)回调中，通过判断 error.response 和 error.request 的存在性，就可以区分以上两种异常。

```
1   axios.get('/user/12345')
2     .catch( error => {
3       //响应异常
4       if (error.response) {
5         console.log(error.response.data);
6         console.log(error.response.status);
7         console.log(error.response.headers);
8       }
9       //请求异常
10      else if (error.request) {
11        console.log(error.request);
12      }
13      //其他异常，例如配置中发生错误
14      else {
15        console.log('Error', error.message);
16      }
17    });
```

说明

一个 HTTP 请求对应一个 HTTP 响应。每个 HTTP 响应都包含一个 3 位数字的状态码，常见的是以 2、3、4、5 开头的基类状态码。状态码 211 表示成功，311 表示重定向，411 表示请求错误，511 表示服务器错误。

注意这里所说的"请求错误"和上面的 Axios 异常处理中提到的"请求异常"不是一回事。以 4 开头的 HTTP 状态码，表示由于请求存在错误，导致无法正确返回希望的结果，但请求和响应的通信过程是正常的；而 Axios 异常处理中提到的"请求异常"是指请求没有得到响应，通信过程是不正常的。

常见的状态码包括：200 表示正常响应，这是绝大多数响应的状态码；401 表示需要获得授权才能访问某资源；404 表示没有找到指定的页面或资源；503 表示服务器出现错误。

但是需要注意，在实际工作中，很多 Web API 都不使用状态码来表示错误，因为实际的错误情况非常多，而很多错误都和具体的业务场景相关，无法简单地与状态码对应。因此，很多网站的做法是，在返回的数据对象中包含错误信息字段以及说明信息。

例如，"阿里云"对各种云服务产品提供了完整的 API 支持，它会首先对产品进行分类，每种产品都有自己的错误编码表，供开发人员参考。例如，"视频点播"API 包含了 84 种错误情况，表 11.3 显示了其中的几种。

表 11.3 "视频点播"API 包含的几种错误情况

编号	产品名称	ErrorCode	Error Message	描述
1	vod	AuthInfo.NotExist	查询客户对应的 access key、bucket、domain 信息为空	如多次遇到类似情况，请通过工单反馈给我们

续表

编号	产品名称	ErrorCode	Error Message	描述
2	vod	OperationDenied.Suspended	Your VOD service is suspended	账号已欠费，请充值
3	vod	UserNotFound	Your VOD service has not opened	未找到该用户，上传、播放等功能，需要开通点播服务才可以使用
4	vod	OperationDenied	Your account does not open VOD service yet	账号未开通视频点播服务
…	…	…	…	…

因此，这样的网站在响应成功之后，错误处理是在请求成功的处理方法中进行的。

11.3.4 拦截器

拦截器给开发人员提供了一个机会，让他们能够在请求或响应被 then()或 catch()处理前拦截它们，从而做出必要的操作，类似于钩子函数。

拦截器分为两种：请求拦截器和响应拦截器。

请求拦截器可以指定在发送请求之前执行某操作，例如修改配置、弹出一些提示内容等，此外还可以在每次发出 AJAX 调用之前，显示一个表示正在加载的旋转图标。设置的方法如下所示。

```
1   axios.interceptors.request.use(
2     config => {
3       // 添加在发送请求之前需要执行的操作
4       return config;
5     },
6     error => {
7       // 添加在发生请求异常之后需要执行的操作
8       return Promise.reject(error);
9     }
10  );
```

响应拦截器用于在请求成功之后对响应数据做出处理，例如通过响应拦截器可以实现全局统一的错误处理。设置的方法如下所示。

```
1   axios.interceptors.response.use(
2     response => {
3       // 添加在进入 then()之前需要执行的操作
4       return response;
5     },
6     error => {
7       // 添加在发生响应异常之后需要执行的操作
8       return Promise.reject(error);
9     }
10  );
```

下面通过一个具体的案例来说明拦截器的作用。前面讲过，针对一个请求，可以使用 catch()回调单独处理异常。但是，如果一个网站的每一个 AJAX 请求都要单独处理，那就未免过于烦琐了。因此，一般实际开发中的错误处理都是统一处理的。例如，请求或响应发生异常后，统一显示一个提示框给用户。

本案例的完整代码可以参考本书配套资源文件“第 11 章/ajax-demo-06-error-interception”。

本案例以本章最开始的案例为基础，增加了对异常的处理。在app.vue的视图中增加一个div用于显示错误消息，使用CSS设置后，这个div默认是隐藏的。

```
1   <template>
2     <div id="app">
3       <button @click="startRequest">测试异步通信（异常处理）</button>
4       <br><br>
5       {{message}}
6       <div class="error" v-show="error.show">
7         {{error.info}}
8       </div>
9     </div>
10  </template>
```

在数据模型中增加一个error对象，用来表示是否显示异常信息提示框以及提示性的文字内容。

```
1   data() {
2     return {
3       message: '',
4       error:{
5         show: false,
6         info: ''
7       }
8     }
9   },
```

接下来在mounted()钩子函数中创建Axios实例并设置基础URL。这里最重要的是设置了Axios的拦截器，从而对请求异常和响应异常都进行拦截，一旦遇到异常，就显示异常信息提示框。

```
1   mounted() {
2     this.axios = Axios.create({
3       baseURL: 'http://demo-api.geekfun.website'
4     });
5
6     this.axios.interceptors.request.use(
7       config => config,
8       error => {
9         this.showError('请求异常')
10        return Promise.reject(error);
11      }
12    );
13
14    this.axios.interceptors.response.use(
15      response => response,
16      error => {
17        this.showError('响应异常：' + error.message)
18        return Promise.reject(error);
19      }
20    );
21  }
```

最后，在methods中设置两个方法：startRequest()方法的作用是在按钮被单击后发起AJAX请求；showError()方法的作用是在异常处理中显示异常信息提示框，并设置异常信息提示框显示2500 ms后关闭。

```
1   methods: {
2     startRequest(){
```

```
3        this.axios
4          .get('/vue/slow.aspx')
5          .then(response => this.message = response.data);
6      },
7      showError(info) {
8        this.error.info = info;
9        this.error.show = true;
10       setTimeout(
11         () => this.error.show = false,
12         2500
13       )
14     }
15   }
```

下面试验几种不同的情况，并查看不同的结果。我们特意把 slow.aspx 接口的响应速度设置为 10 s，意思就是在单击按钮 10 s 后，才会显示出正常的结果。

下面测试异常情况。我们先把 startRequest()中的请求地址改为一个不存在的地址，例如将/vue/slow.aspx 改为/vue/slow-not-exist.aspx，这时得到的效果如图 11.14 所示。可以看到，请求被响应拦截器的异常处理拦截了，调用了 showError()，显示了 404 错误。

下面再测试一下超时的情况。我们先把 startRequest()中的请求地址恢复为正确的/vue/slow.aspx，然后在创建 Axios 实例的时候，设置超时时长为 3000 ms，代码如下所示。

```
1      this.axios = Axios.create({
2        timeout: 3000,
3        baseURL: 'http://demo-api.geekfun.website'
4      });
```

由于 3 s 的超时时长短于这个接口返回所需的 10 s，因此会导致超时异常。按照 Axios 文档中的描述，这里应为请求异常。我们实际看到的效果如图 11.15 所示，确实是超时异常，但是图 11.5 中显示的是“响应异常”，意思就是这个异常并没有被请求异常的拦截器拦截，而是被响应拦截器拦截了。

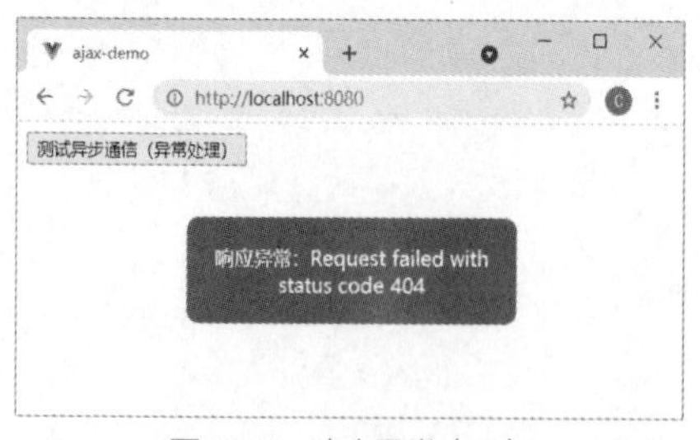

图 11.14　响应异常（一）

图 11.15　响应异常（二）

这是一个比较奇怪的结果，查看一下当时的 error 对象，效果如图 11.16 所示。可以看到，response 属性是 undefined，但 request 属性有值，这确实应该是一个请求异常，但却被响应拦截器拦截了。有不少人在 GitHub 的 Axios 项目网站上提出了这个问题，但是没有得到答复。

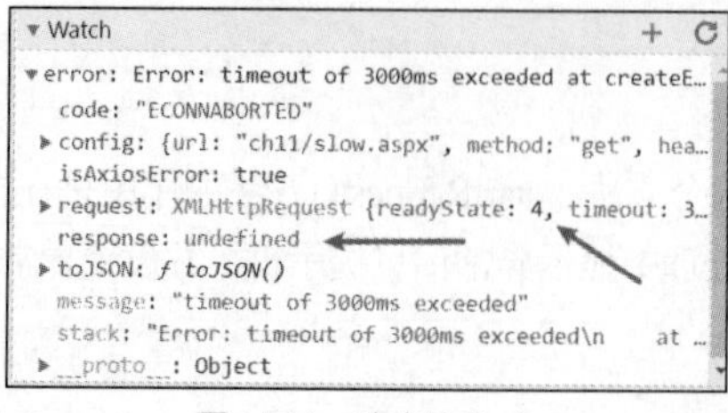

图 11.16　响应信息

通过上面的演示，我们知道了如何设置全局的异常处理，这样就不必在每个请求中设置 catch()回调了。当然，对于一些特殊的接口，如果需要做出不同于全局处理的特殊处理，那么还可以单独添加 catch()回调。

Axios 还支持取消拦截器，语法如下。但在实际开发中，我们很少会遇到取消拦截器的情况，这里不再详细举例。

```
1  // 添加拦截器
2  const myInterceptor = axios.interceptors.request.use(function () {/*...*/});
3  // 取消拦截器
4  axios.interceptors.request.eject(myInterceptor);
```

11.4 动手练习：实现自动提示的文本框

案例讲解

在很多网页中，我们常常使用自动提示的文本框。例如，打开必应搜索页面，在搜索框中输入少量文字，搜索框的下方就会出现根据已经输入的少量文字推荐的一些常用搜索内容，如图 11.17 所示。这些提示内容，都是通过异步交互从服务器上获取的。

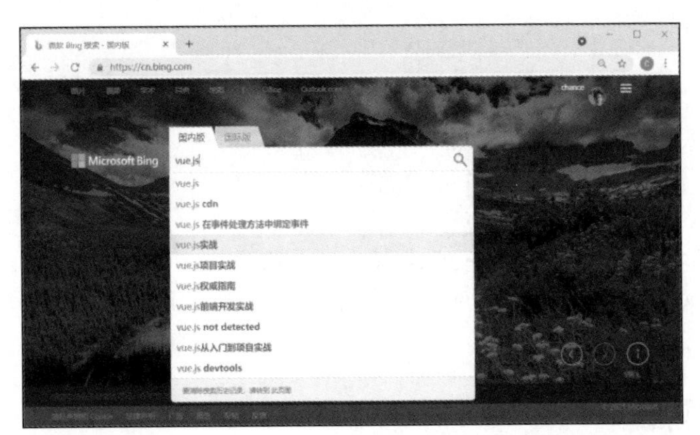

图 11.17　Bing 的自动提示

在这个练习中，我们将实现一个能够根据用户输入的内容自动给出提示的文本框。具体来说，在这个文本框中，当输入代表各种颜色的英文单词时，便会给出提示。例如，在输入字母 c 和 o 之后，就会给出以 co 开头的各种颜色的英文单词，用鼠标可以直接从提示的多个单词中选中一个单词，填入文本框中，效果如图 11.18 所示。

图 11.18　最终效果

社区类网站通常希望会员填写自己最喜欢的颜色，英文中代表颜色的单词有上百个。如果用户直接输入，难免遇到输入错误的情况；如果用普通的下拉列表列出所有的备选项，内容又太多了，用户选起来也很不方便。

这时，使用这种带有提示的下拉框就很方便，用户根据自己的记忆，只要输入开头的一两个字母，就会出现完整的单词，直接选中即可，非常方便。

完整代码可以参考本书配套资源文件 ch11-ajax\ajax-demo-07-suggest-input。

11.4.1 基本思路与结构

从图 11.18 中可以看出，页面上有一个“Color:”文本，它的旁边是<input type="text">文本框元素，提示列表则采用 div 元素，并且里面又内嵌了一组 div 元素，代表每种颜色的英文单词各占一行。HTML 基本框架如下所示：

```
1  <template>
2    <div id="app">
3      Color:
4      <div class="color-picker">
5        <input type="text" autocomplete="off">
6        <div class="popup">
7          <div class="color-item">
8            {{color}}
9          </div>
10         ……这里有多行……
11       </div>
12     </div>
13   </div>
14 </template>
```

注意

上述代码为文本输入框设置了 autocomplete="off"，这会关闭默认的自动提示列表。浏览器一般会自动列出用户曾经在这个文本输入框中输入过的内容，但我们不希望弹出这些内容，因为它们会和我们要实现的提示列表产生重叠。

11.4.2 样式布局

下面考虑一下使用什么样的样式布局比较合适。input 元素和提示框（div.popup）在一个 div.color-picker 中，div.popup 则包含了多个 div.color-item 元素。

为了让 div.color-picker 和“Color:”文本在同一行中，我们需要将 div.color-picker 的 display 属性设置为 inline-block，使其显示为行内块元素。

接下来考虑 input 元素和 div.popup 的关系。div.popup 必须出现在文本输入框的下面，而且必须盖住下面的内容，因此采用绝对定位最合适。可将.color-picker 设置为相对定位，并将其作为 div.popup 绝对定位的基准。整个样式代码如下所示。

```
1  <style>
2    * {
3      box-sizing: border-box;
4    }
5    .color-picker{
6      position:relative;
7      display:inline-block;
8    }
9    .color-picker input{
```

```
10        width:200px;
11        font-size: 16px;
12      }
13      .popup{
14        position:absolute;
15        width:200px;
16        cursor:pointer;
17      }
18      .popup.show{
19        border: 1px solid #666;
20      }
21      .color-item:hover {
22        background-color:#ccc;
23      }
24      .color-item{
25        padding:2px;
26      }
27    </style>
```

注意

为了当鼠标指针指向某个颜色名称的时候，让这一行能够高亮显示，这里使用了:hover 伪类来设定背景色和文字颜色。

11.4.3 匹配用户输入并显示提示框

下面讲解页面中的逻辑部分。数据模型仅包括两项：一项是选中的颜色名称，用color字段记录；另一项是list数组，用于存放提示框中的名称列表。初始时，list为空数组，color为空字符串。

```
1    data(){
2      return{
3        color: "",
4        list: []
5      }
6    },
```

每当用户在文本框中输入一个字符时，keyup事件就会被触发。这时，需要根据用户输入的文字从远程API中查找包含这些文字的颜色名称，然后把符合条件的颜色名称以数组的形式传回客户端，最后渲染到提示框中。

为此，将input元素的keyup事件绑定到一个事件处理方法上，代码如下所示：

```
1    methods: {
2      findColors() {
3        if(this.color.trim())
4          Axios.get(
5            "/vue/get-colors.aspx",
6            {params: {sColor: this.color}}
7          )
8          .then(response => this.list = response.data);
9        else
10         this.list = [];
11     }
```

findColors()方法的逻辑并不复杂，每当有keyup事件发生时，即用户在文本框中输入内容时，就获取文本框中的内容，并通过trim()方法清除内容头尾的空格。

如果此时有文字内容，就立即通过 Axios 请求远程 API，请求的参数是文本框中删除头尾空格后的文字内容。请求完成后处理返回值——返回值是服务器从所有颜色名称中找到的以参数字母开头的所有单词构成的数组，并以 JSON 形式传回客户端。将返回的数组赋值给 this.list，这样就可以将它们显示到 ul 容器中了。如果返回的数据为空数组，那么正好满足条件 length>0，从而隐藏 div#popup。

如果删除头尾空格后，输入框中就没有内容了，那就不需要再发出远程请求了，但仍然需要把 this.list 重置为空数组，从而隐藏提示框。

此外，在提示列表中，每一个备选的颜色名称都对应一个 div.color-item，由于这里使用单击鼠标的方式选中一种颜色，因此为其绑定单击事件的处理方法，代码如下所示：

```
1   onClick(color) {
2     this.color = color
3     this.list = [];
4   }
```

我们最后看一下视图中数据和事件的绑定关系，代码如下所示：

```
1   <template>
2     <div id="app">
3       Color:
4       <div class="color-picker">
5         <input
6           type="text"
7           autocomplete="off"
8           v-model="color"
9           @keyup="findColors"
10        />
11        <div
12          class="popup"
13          :class="list.length > 0 ? 'show' : ''"
14        >
15          <div
16            class="color-item"
17            v-for="color in list"
18            :key="color"
19            @click="onClick(color)"
20          >
21            {{color}}
22          </div>
23        </div>
24      </div>
25    </div>
26  </template>
```

可以看到，一共包括如下 4 组绑定。

- input 文本框绑定了单击事件 findColors()。
- input 文本框通过 v-model 指定了 this.color。
- div.popup 根据 this.list.length 决定是否加上 show 样式类，从而打开或隐藏提示框。
- 通过 v-for 指令循环渲染了所有的 div.color-item。

带有提示功能的文本框是非常常见的网页元素，读者还可以继续深入研究，制作出更多复杂的效果。对于用户来说，最方便的方式是通过键盘来选择目标颜色。我们现在实现的是使用最简单的鼠标单击方式选中目标颜色，但这样做对用户来说并不方便。

希望这个练习能够抛砖引玉，读者可以在这个练习的基础上，在网上再找找其他类似的效果，然后进行扩展，实现功能更为丰富的文本框。

11.5 动手练习：模拟百度的"数据加载中"效果

实际上，AJAX 在网站上已被大量使用，例如页面在加载内容的时候，常常会显示各种表示"等待中"的动态图标，让用户感觉到数据正从后台获取。例如，百度就是典型的代表，如图 11.19 所示。

图 11.19　百度的"数据加载中"效果

再如，当用户填写一些表单的时候，可以不必等到用户提交表单才进行校验，而是完全可以随着用户的填写，同时进行校验。例如，在用户注册时，往往需要校验一下用户输入的用户名是否已经被注册过了，当用户填写完用户名并继续填写其他表单项的时候，前面的用户名等表单项已经被发送给了服务器，这时如果发现用户名已经被注册过了，就可以尽快告知用户。

请读者选择合适的场景，制作一个这样的案例作为练习。

本章小结

本章首先介绍了 AJAX 的基本概念，然后讲解了在 Vue.js 项目中使用 Axios 的方法。其中，Axios 是一个专门用来处理 AJAX 相关工作的库。将 Axios 和 Vue.js 结合后，即可方便地在 Web 项目中使用 AJAX 技术。

知识点讲解

习题 11

一、关键词解释

AJAX　Axios　JSON　HTTP　REST　GET 请求　POST 请求　嵌套请求　并发请求　HTTP 状态码　Axios 错误处理　Axios 拦截器

二、描述题

1. 请简单描述一下 AJAX 技术的作用，它有什么好处，以及它与 Axios 的关系。
2. 请简单描述一下 AJAX 的组成部分，以及它们在 AJAX 中所扮演的角色。

3. 请简单描述一下 HTTP 请求中常用的几种方法。
4. 请简单描述一下 GET 与 POST 方法的区别。
5. 请简单描述一下 Axios 的基本用法和进阶用法。
6. 请简单描述一下拦截器分为哪几种，它们对应的含义是什么。

三、实操题

在第 10 章的基础上，结合 Axios 库，利用产品列表的接口地址（https://demo-api.geekfun.website/product/list.aspx 图片域名：https://file.haiqiao.vip/productM/图片名称），实现产品列表功能，效果如题图 11.1 所示。

题图 11.1 产品列表功能的实现效果

第 12 章 过渡动画

过渡动画能够使网页更加生动，在插入、更新或移除 DOM 元素时，Vue.js 提供了多种不同方式的过渡效果。本章主要介绍 Vue.js 封装的 transition 和 transition-group 组件，它们使得设置过渡动画更加方便。本章的思维导图如下所示。

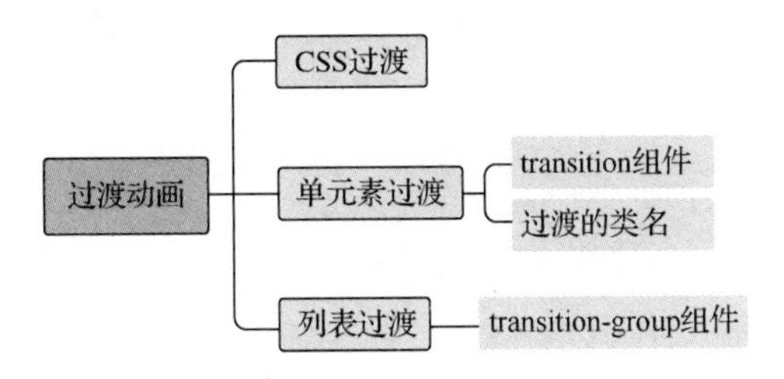

本章导读

12.1 CSS 过渡

知识点讲解

我们先通过一个简单的例子来理解一下 CSS 中的过渡，之后再使用 Vue.js 封装的过渡组件就会非常容易了。

CSS 提供了 transition 属性来实现过渡动画，使用过渡之前需要满足两个条件：

- 元素必须具有状态变化。
- 必须为每个状态设置不同的样式。

这里的状态变化是指元素的 CSS 过渡属性发生了变化，因此可以通过使用 JavaScript 改变 CSS 属性来触发过渡。此外，用于确定不同状态的最简单方法是使用:hover、:focus、:active 和:target 伪类。

假设有这样一个页面，它的上面有一个“显示/隐藏”按钮，用来控制文字“hello”的显示和隐藏，如图 12.1 所示。

图 12.1 显示和隐藏过渡

这个案例的代码如下，详情可以参考本书配套资源文件“第 12 章/01.html”。

```
1   <style>
2     .slide {
```

```
3       transition: opacity 1s;
4     }
5     .slide-enter {
6       opacity: 1;
7     }
8     .slide-leave {
9       opacity: 0;
10    }
11  </style>
12
13  <div id="demo">
14    <button v-on:click="show = !show">显示/隐藏</button>
15    <p v-bind:class="['slide', show ? 'slide-enter' : 'slide-leave']">hello</p>
16  </div>
17
18  <script>
19    new Vue({
20      el: '#demo',
21      data: { show: true }
22    })
23  </script>
```

上述代码在 p 元素上绑定了“.slide”类，该类在 transition 属性中定义了当 opacity 属性发生变化时触发过渡，过渡时间是 1 秒。单击“显示/隐藏”按钮后，<p>标记上绑定的伪类将在“.slide-enter”和“.slide-leave”之间交替变化，于是 opacity 属性也跟着变化，这正好触发过渡动画，从而达到显示和隐藏“hello”文本的过渡效果。

说明

在学习本章的知识时，读者需要对 CSS 的 transition 属性有一定的了解，Vue.js 的过渡功能是基于 transition 属性的。

12.2 单元素过渡

Vue.js 在渲染元素时有一套自己的机制，针对各种场景手动设置过渡动画非常烦琐，因此 Vue.js 提供了 transition 的封装组件。在下列情形中，可以给任何单元素和组件添加进入/离开过渡效果。

- 条件渲染（使用 v-if）。
- 条件展示（使用 v-show）。
- 动态组件。
- 组件根节点。

12.2.1 transition 组件

下面我们使用条件渲染（v-if）的方式来具体说明如何使用 transition 组件，其他方式与此类似。将上一个案例改为使用 v-if 来控制元素的显示和隐藏，代码如下，详情可以参考本书配套资源文件“第 12 章/02.html”。

```
1  <div id="demo">
2    <button v-on:click="show = !show">显示/隐藏</button>
```

```
3     <transition name="slide">
4       <p v-if="show">hello</p>
5     </transition>
6   </div>
7
8   <style>
9     .slide-enter-active, .slide-leave-active {
10      transition: opacity 1s;
11    }
12    .slide-enter, .slide-leave-to {
13      opacity: 0;
14    }
15    .slide-enter-to, .slide-leave {
16      opacity: 1;
17    }
18  </style>
```

上述代码使用 v-if 来控制 p 元素的显示和隐藏，并且还将 p 元素放在了 transition 组件中。transition 组件有一个 name 属性，用于自定义过渡效果的名称，可以和 CSS 中的类配合使用。

当插入或删除包含在 transition 组件中的元素时，Vue.js 会自动嗅探目标元素是否应用了 CSS 过渡效果，并在恰当的时机添加或删除 CSS 类名。

保存文件并运行，过渡效果如图 12.2 所示。

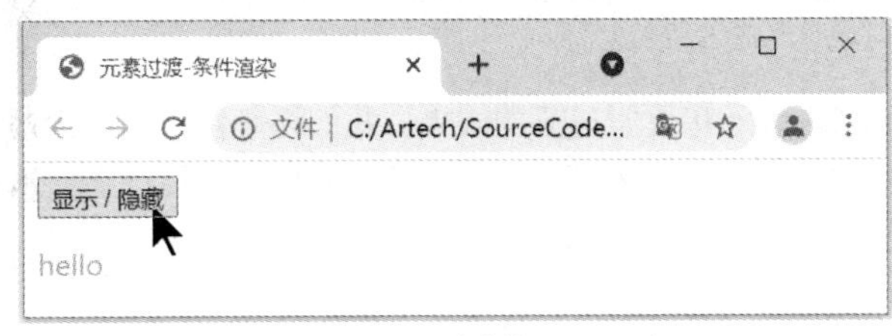

图 12.2 过渡效果

> **注意**
>
> 对于本章中的案例，过渡效果在截图中无法体现，请读者使用浏览器打开对应的源代码文件，查看过渡效果。

12.2.2 过渡的类名

在这个例子中，从“进入过渡”开始到“离开过渡”结束，整个过渡过程如图 12.3 所示。“进入过渡”是指元素从无到有的过程，“离开过渡”是指元素从显示到隐藏或被删除的过程。

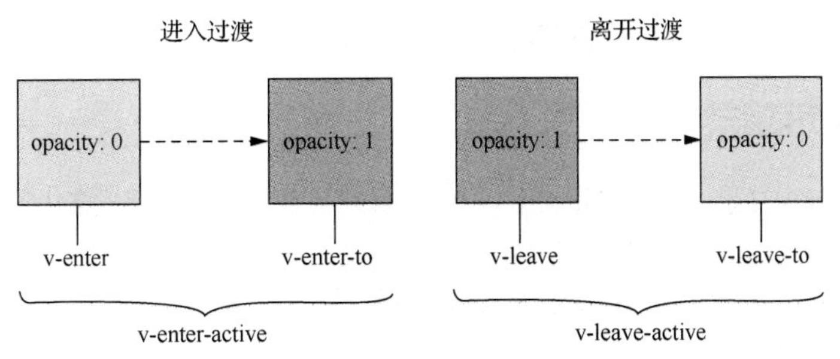

图 12.3 过渡效果的过程图解

在进入过渡阶段，需要三个类来定义过渡动画。

- v-enter-active：定义进入过渡生效时的状态，在整个进入过渡阶段应用，可用来定义进入过渡的持续时间、延迟和曲线函数，即设置 transition 属性。
- v-enter：定义进入过渡的开始状态。
- v-enter-to：定义进入过渡的结束状态。

同样，在离开过渡阶段也需要三个类来定义过渡动画。

- v-leave-active：定义离开过渡生效时的状态，在整个离开过渡阶段应用，可用来定义离开过渡的持续时间、延迟和曲线函数，即设置 transition 属性。
- v-leave：定义离开过渡的开始状态。
- v-leave-to：定义离开过渡的结束状态。

当使用 transition 组件时，如果没有定义 name 属性，那么这些类名的默认前缀是“v-”；如果定义了 name 属性，类似上面例子中的<transition name="slide">，那么“v-”会被替换为“slide-”。

说明

这些类相当于钩子，Vue.js 会在恰当的时机应用它们，因此在这些类中设置 animation 属性也是可以的。

12.3 动手练习：可折叠的多级菜单

案例讲解

这里通过一个案例来实际演示单元素过渡的效果。我们将制作一个可折叠的多级菜单，单击菜单项，就会显示子菜单；再单击一次，则隐藏子菜单。菜单有多个层级，在显示和隐藏子菜单时会有过渡效果，最终完成之后的效果如图 12.4 所示。

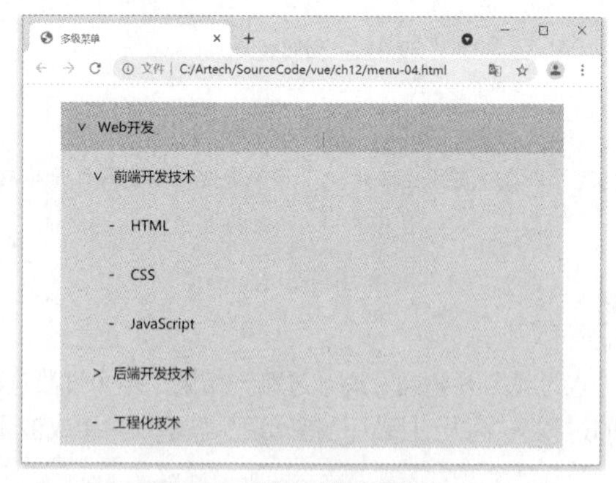

图 12.4 最终完成的多级菜单

12.3.1 搭建页面结构

这个多级菜单较为复杂。我们首先制作一个二级菜单，然后将其扩展成多级菜单。下面先搭建页面结构，代码如下：

```
1    <div class="container center" id="app">
2      <ul class="menu">
3        <li class="folder">
4          <label class="open">{{treeData.name}}</label>
```

```
5        <ul>
6          <li v-for="(it, index) in treeData.children" :key="index" class="item">
7            <label>{{it.name}}</label>
8          </li>
9        </ul>
10     </li>
11   </ul>
12 </div>
13
14 <script>
15   new Vue({
16     el: "#app",
17     data: {
18       treeData: {
19         name: "Web 开发",
20         children: [
21           { name: "前端开发技术" },
22           { name: "后端开发技术" },
23           { name: "工程化技术" }
24         ]
25       }
26     },
27   })
28 </script>
```

样式代码如下：

```
1  *, *::after, *::before {
2    box-sizing: border-box;
3  }
4  body {
5    margin: 0;
6  }
7  .container {
8    min-height: 100vh;
9  }
10 .center {
11   display: flex;
12   justify-content: center;
13   align-items: center;
14 }
15 ul {
16   list-style: none;
17   padding: 0px;
18 }
19 .menu {
20   width: 100%;
21   max-width: 600px;
22   margin: auto;
23   background: #bbb;
24 }
25 .menu label {
26   position: relative;
27   display: block;
28   padding: 18px 18px 18px 45px;
```

```
29      color: #000;
30      cursor: pointer;
31    }
32    .menu label::before {
33      display: inline-block;
34      position: absolute;
35      top: 50%;
36      left: 18px;
37      transform: translateY(-50%);
38      font-size: 20px;
39      line-height: 1;
40      height: 22px;
41    }
42    .menu li.item > label::before {
43      content: "-";
44    }
45    .menu li.folder > label::before {
46      content: ">";
47    }
48    .menu label.open::before {
49      transform: translateY(-45%) rotate(90deg);
50    }
51    .menu ul {
52      background: #ddd;
53      padding-left: 20px;
54    }
```

此时，页面效果如图 12.5 所示。

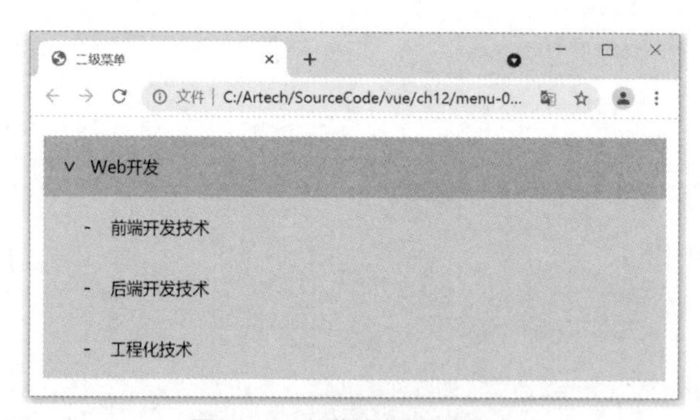

图 12.5　二级菜单的展开效果

完整代码可以参考本书配套资源文件“第 12 章/menu-01.html”。

12.3.2　展开和收起菜单

接下来添加展开和收起菜单的功能。

为此，给一级菜单添加单击事件，单击则展开二级菜单，再单击则隐藏二级菜单，如此反复。此外，我们还需要判断当前对象中有没有子菜单数据。有的话，就响应单击事件；没有的话，单击后不做任何处理。代码如下：

```
1    <ul class="menu">
2      <li class="folder">
3        <label v-bind:class="{'open': open}" @click="toggle">{{treeData.name}}</label>
4        <ul v-show="open" v-if="isFolder">
```

```
5         <li v-for="(it, index) in treeData.children" :key="index" class="item">
6           <label>{{it.name}}</label>
7         </li>
8       </ul>
9     </li>
10  </ul>
11  data: {
12    open: false,
13    ……省略……
14  },
15  computed: {
16    isFolder() {
17      return this.treeData.children && this.treeData.children.length > 0;
18    }
19  },
20  methods: {
21    toggle() {
22      if (this.isFolder) this.open = !this.open;
23    }
24  }
```

对于以上代码，需要注意下面几点。

- 变量 open 用于控制子菜单是否显示，子菜单默认处于隐藏状态。
- 子菜单同时使用了 v-show 和 v-if。v-show="open"的作用是显示隐藏的菜单，因为切换频率较高，所以应避免频繁操作 DOM。v-if="isFolder"则表示没有子菜单时不渲染对应的元素。
- 计算属性 isFolder 表示是否有子菜单，判断的方法是计算 children 数组的长度是否大于 0。
- 在单击事件 toggle 中，只有当存在子菜单时（isFolder=true），才切换显示和隐藏状态。

此时，收起效果如图 12.6 所示，展开效果如图 12.7 所示。

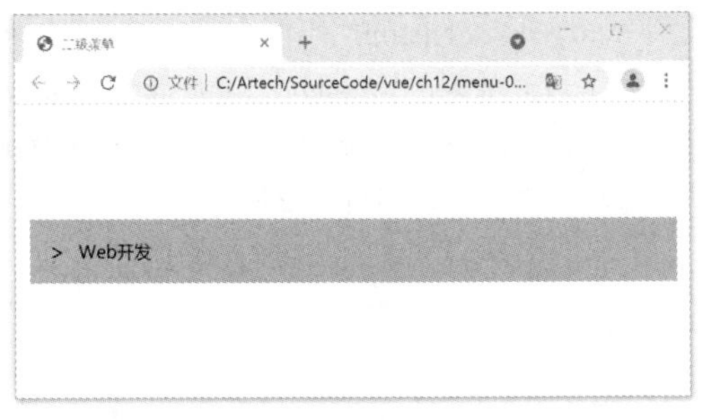

图 12.6　菜单收起效果

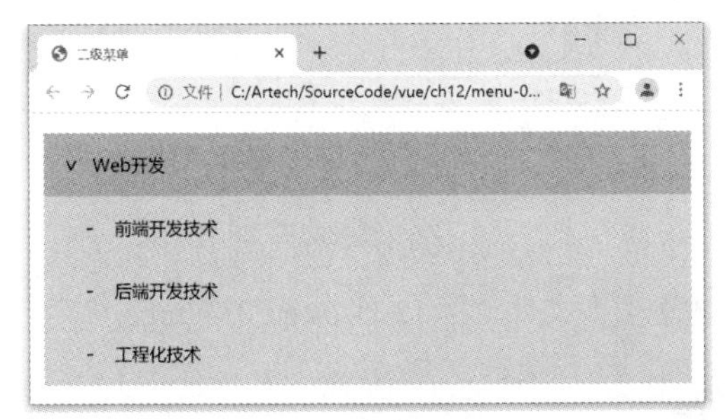

图 12.7　菜单展开效果

完整代码可以参考本书配套资源文件“第 12 章/menu-02.html”。

12.3.3 添加过渡效果

展开和隐藏菜单的功能完成了，接下来使用 transition 组件为展开和收起的过程添加过渡效果，代码如下：

```
1   <transition name="slide">
2     <ul v-show="open" v-if="isFolder">
3       ……省略……
4     </ul>
5   </transition>
```

然后为相应的类设置过渡效果，让子菜单慢慢展开或收起，使它们的高度发生变化，代码如下：

```
1   .slide-enter-active {
2     transition-duration: 1s;
3   }
4   .slide-leave-active {
5     transition-duration: 0.5s;
6   }
7   .slide-enter-to, .slide-leave {
8     max-height: 500px;
9     overflow: hidden;
10  }
11  .slide-enter, .slide-leave-to {
12    max-height: 0;
13    overflow: hidden;
14  }
15  .menu label::before {
16    transition: transform 0.3s;
17  }
```

height 属性无法从 0 变化到 auto，所以上面的代码使用了 max-height 属性。“.slide-enter-active” 和 “.slide-leave-active” 类虽然只定义了过渡效果的持续时间（transition-duration），而没有定义过渡触发属性（transition-property），但实际上仍有过渡效果。因为 transition-property 的默认值是 all，这表示所有可以设置动画的属性都会被应用过渡动画，效果如图 12.8 所示。

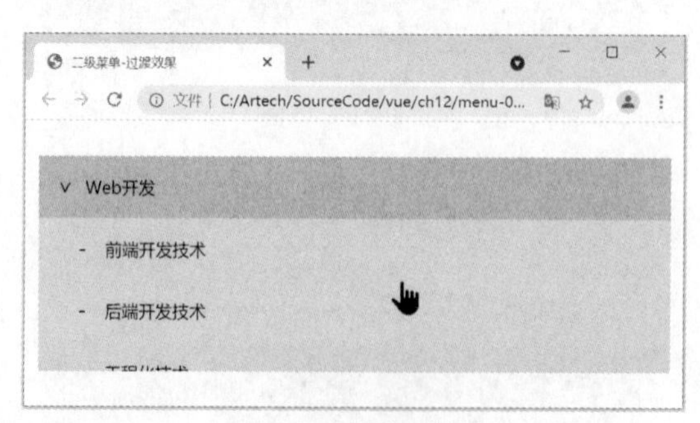

图 12.8　慢慢展开

完整代码可以参考本书配套资源文件“第 12 章/menu-03.html”。

12.3.4 实现多级菜单

在实际开发中，很多网站会有三级甚至四级菜单，这时候，一层套一层地编写代码会非常烦琐。应该将它们封装成组件，并采用递归的方式来实现。如果想要变更菜单，只需要直接修改 treeData 中的数据即可，不用改变其他代码。这也遵循了“声明式编程”的理念。

定义组件 menu-item，将可复用的页面结构抽离出来，包括模板、data 属性、计算属性和方法等，将它们都放入这个组件中，代码如下：

```
1   Vue.component('menu-item', {
2     template: `
3     <li v-bind:class="[isFolder ? 'folder' : 'item']">
4       <label v-bind:class="{'open': open}" @click="toggle">
5         {{treeData.name}}
6       </label>
7       <transition name="slide">
8         <ul v-show="open" v-if="isFolder">
9           <!-- 递归调用menu-item组件 -->
10          <menu-item
11            v-for="(item, index) in treeData.children"
12            :key="index" :treeData="item">
13          </menu-item>
14        </ul>
15      </transition>
16    </li>`,
17    props: {
18      treeData: Object
19    },
20    data() {
21      return { open: false }
22    },
23    computed: {
24      isFolder() {
25        return this.treeData.children && this.treeData.children.length > 0;
26      }
27    },
28    methods: {
29      toggle() {
30        if (this.isFolder) this.open = !this.open;
31      }
32    }
33  })
```

在 menu-item 组件中，每个子菜单又使用 menu-item 组件本身来进行渲染。此外，我们还需要注意菜单项左侧的图标，有子项则显示“>”，没有则显示“-”。以上代码根据 isFolder 属性来绑定类，例如 <li v-bind:class="[isFolder ? 'folder' : 'item']">。

接下来使用 menu-item 组件渲染 treeData 中的数据，显示对应的菜单，代码如下：

```
1   <div class="container center" id="app">
2     <ul class="menu">
3       <menu-item v-bind:tree-data="treeData"></menu-item>
4     </ul>
5   </div>
6
7   <script>
8   new Vue({
9     el: "#app",
10    data: {
11      treeData: {
```

```
12        name: "Web 开发",
13        children: [
14          {
15            name: "前端开发技术",
16            children: [{ name: "HTML" }, { name: "CSS" }, { name: "JavaScript" }]
17          },
18          {
19            name: "后端开发技术",
20            children: [{ name: "Node.js" }, { name: "Python" }, { name: "Java" }]
21          },
22          {
23            name: "工程化技术"
24          }
25        ]
26      }
27    }
28  });
29  </script>
```

treeData 是三级菜单，注意在将 treeData 传递给 menu-item 组件时，即绑定属性时，也需要使用 kebab-case 命名方式。这时，保存并运行文件，效果如图 12.9 所示。

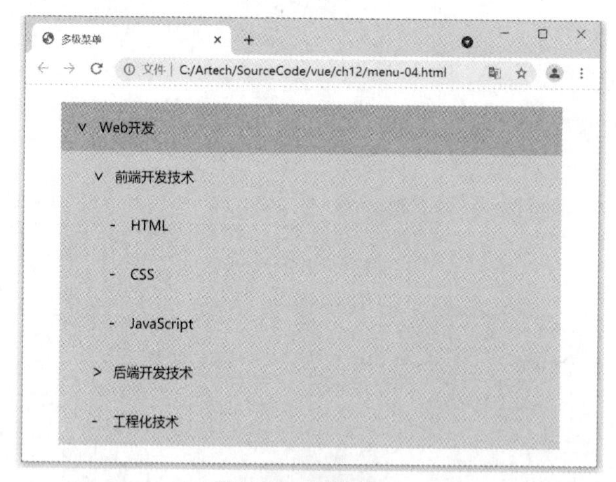

图 12.9　三级菜单

下面再添加一级菜单，其他代码不变。这里选择为“JavaScript”菜单项再添加一级，此时 treeData 中的数据如下。

```
1   treeData: {
2     name: "Web 开发",
3     children: [
4       {
5         name: "前端开发技术",
6         children: [
7           { name: "HTML" }, { name: "CSS" },
8           {
9             name: "JavaScript",
10            children:[{name: 'ES6'}, { name: 'Vue.js'}, { name: 'jQuery'}]
11          }]
12      },
```

```
13        {
14          name: "后端开发技术",
15          children: [{ name: "Node.js" }, { name: "Python" }, { name: "Java" }]
16        },
17        { name: "工程化技术" }
18      ]
19    }
```

保存并运行文件，效果如图 12.10 所示，每一级菜单的展开和收起都会有过渡动画。

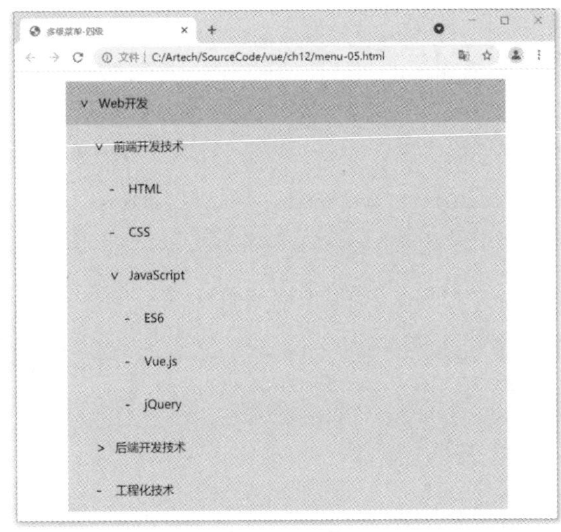

图 12.10 多级菜单

这样，此次练习就完成了，完整代码可以参考本书配套资源文件“第 12 章/menu-04.html”。

12.4 列表过渡

transition 组件适用于单个节点或在同一时间渲染多个节点中的一个。那么如何才能同时渲染整个列表呢？比如使用 v-for，在这种场景下，可以使用 Vue.js 提供的 transition-group 组件。

12.4.1 transition-group 组件

我们先通过最简单的列表渲染来了解一下 transition-group 组件的使用方法，代码如下，详情可以参考本书配套资源文件“第 12 章/03.html”。

```
1    <style>
2      .list-item {
3        display: inline-block;
4        margin-right: 10px;
5      }
6    </style>
7
8    <div id="app" class="demo">
9      <button v-on:click="add">Add</button>
10     <button v-on:click="remove">Remove</button>
```

```
11     <p>
12       <span v-for="item in items" v-bind:key="item" class="list-item">
13         {{ item }}
14       </span>
15     </p>
16   </div>
17
18   <script>
19     new Vue({
20       el: '#app',
21       data: {
22         items: [1,2,3,4,5,6,7,8,9],
23         nextNum: 10
24       },
25       methods: {
26         randomIndex() {
27           return Math.floor(Math.random() * this.items.length)
28         },
29         add() {
30           this.items.splice(this.randomIndex(), 0, this.nextNum++)
31         },
32         remove() {
33           this.items.splice(this.randomIndex(), 1)
34         },
35       }
36     })
37   </script>
```

以上代码渲染了一个整数列表，实现了随机指定列表中的某个位置，即可添加或删除数字。在上述代码的 Vue 实例中，数据模型是一个数组和一个数字。methods 中有三个方法，其中 randomIndex() 方法用于获取一个随机数，但最大长度不能超过数组 items 的长度，另外两个方法用于添加和删除数字。

运行文件，单击 Add 按钮，即可在随机的一个索引位置添加一个数字，效果如图 12.11 所示。这里单击了三次 Add 按钮，添加了数字 10、11 和 12。

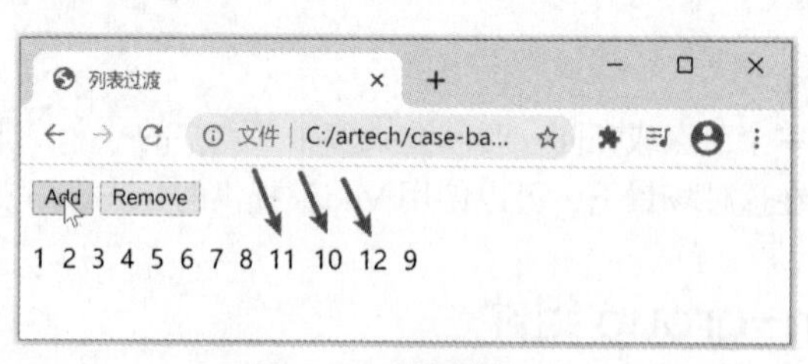

图 12.11　添加数字

单击 Remove 按钮，即可删除随机的某个索引位置的数字，效果如图 12.12 所示。这里单击了三次 Remove 按钮，删除了数字 2、4 和 10。

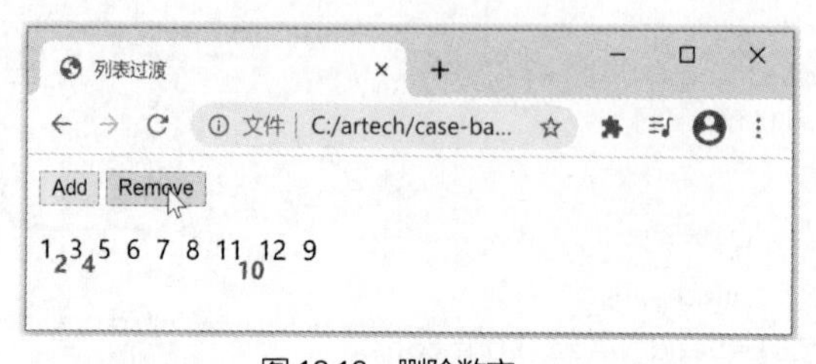

图 12.12　删除数字

接下来使用 transition-group 组件，为添加和删除数字的过程加上过渡效果，代码如下：

```
1   <div id="app" class="demo">
2     <button v-on:click="add">Add</button>
3     <button v-on:click="remove">Remove</button>
4     <transition-group name="list" tag="p">
5       <span v-for="item in items" v-bind:key="item" class="list-item">
6         {{ item }}
7       </span>
8     </transition-group>
9   </div>
```

将<p>标记替换为 transition-group 组件。transition-group 组件相比 transition 组件多了一个 tag 属性，用于表示渲染出来的元素类型，此处渲染出来的是 p 元素。如果没有指定 tag 属性，则会渲染成 span 元素。另外，name 属性和 transition 组件中 name 属性的作用一致，此处 name 属性的值是 list，因此添加的 CSS 类名需要以 list 开头。新增的样式代码如下。

```
1   .list-enter-active, .list-leave-active {
2     transition: all 1s;
3   }
4   .list-enter, .list-leave-to {
5     opacity: 0;
6     transform: translateY(30px);
7   }
```

注意，这里省略了".list-enter-to"和".list-leave"类的定义，因为默认情况下的 opacity 属性值是 1，所以仍然会触发过渡。效果如图 12.13 所示。

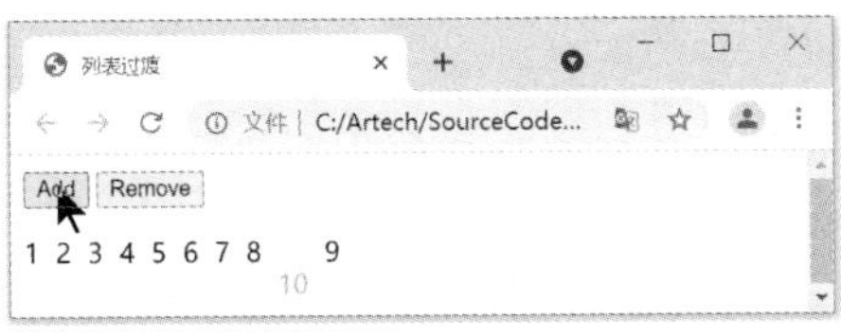

图 12.13 列表过渡效果

使用 transition-group 组件时需要注意以下两点：

- 内部元素总是需要提供唯一的 key 属性值。
- CSS 过渡的类将会应用于内部元素，而不是应用于组件本身。

上面这个例子有一个问题，就是当添加和移除元素的时候，周围的元素会瞬间移到它们各自新的位置，而不是平滑地进行过渡。下面我们就来解决这个问题。

12.4.2 动手练习：待办事项

下面我们通过一个经典的待办事项案例来进一步演示列表过渡效果，完成后的页面如图 12.14 所示。当添加待办事项以及修改状态时，将会产生平滑的过渡效果。

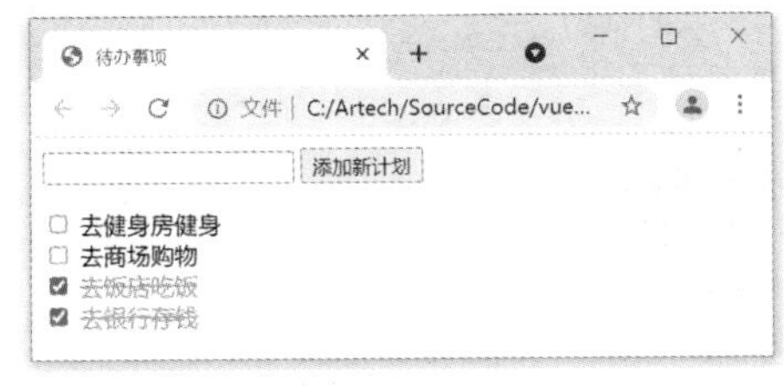

图 12.14 待办事项

1．搭建页面结构

下面搭建页面结构。页面的顶部有一个输入框和一个按钮，下方是待办事项列表，代码如下：

```
1   <style>
2     ul{
3       list-style-type: none;
4       padding:0;
5     }
6     ul input, ul label {
7       cursor: pointer;
8     }
9   </style>
10
11  <div id="app">
12    <div>
13      <input type="text">
14      <button>添加新计划</button>
15    </div>
16    <ul>
17      <li v-for="(item, index) in list" :key="item.id">
18        <input type="checkbox" :checked="item.done">
19        <label>{{item.todo}}</label>
20      </li>
21    </ul>
22  </div>
23
24  <script>
25    new Vue({
26      el: '#app',
27      data:{
28        list: [
29          { id: 1, todo: '去健身房健身', done: false },
30          { id: 2, todo: '去饭店吃饭', done: true },
31          { id: 3, todo: '去银行存钱', done: false },
32          { id: 4, todo: '去商场购物', done: false }
33        ]
34      },
35    })
36  </script>
```

分析上面的代码，HTML 部分的输入框和按钮是用来添加新计划的。默认有 4 个计划，它们被存放在 list 数组中。数组对象的 done 属性表示当前计划是否已完成，默认是 false；如果是 true，那么相应的复选框处于选中状态，参见图 12.15 所示的第二项“去饭店吃饭”。

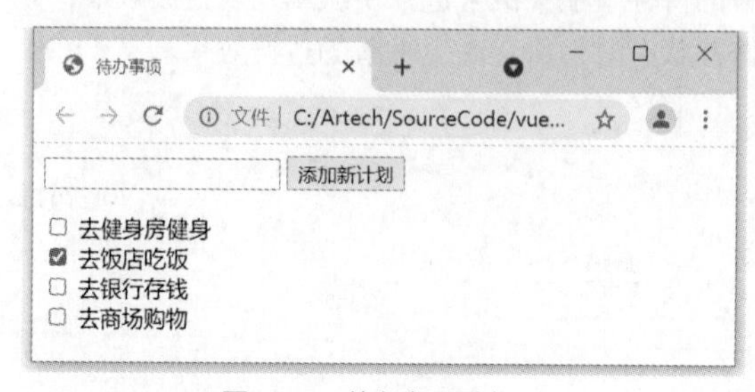

图 12.15　待办事项列表

完整代码可以参考本书配套资源文件“第 12 章/todo-01.html”。

2. 添加待办事项

单击“添加新计划”按钮，将 input 输入框中的内容添加到 list 数组的末尾，代码如下：

```
1   new Vue({
2     el: '#app',
3     data:{
4       todo: '',
5       ……省略……
6     },
7   })
8   <input type="text" v-model="todo" @keyup.enter="add">
9   <button @click="add">添加新计划</button>
10  methods: {
11    add() {
12      if (!this.todo) return;
13      this.list.push({id: this.list.length+1, todo: this.todo, done: false});
14      this.todo = '';
15    },
16  }
```

此时，保存并运行文件，添加待办事项，输入内容后单击“添加新计划”按钮或按回车键，效果如图 12.16 所示。

图 12.16　添加待办事项

完整代码可以参考本书配套资源文件“第 12 章/todo-02.html”。

3. 切换待办事项的状态

单击复选框，复选框即为选中状态，表示该事项已完成；取消选中状态，即表示该事项未完成。待办事项的状态是可以切换的。

给每个待办事项绑定单击事件，代码如下：

```
1   <input type="checkbox" :checked="item.done"
2     :id="'todo-'+item.id"
3     @click="check($event, item)">
4   <label :for="'todo-'+item.id"
5     :class="{'done': item.done}">{{item.todo}}</label>
```

上述代码还给 input 元素设置了 id 属性，并给 label 元素设置了 for 属性，这两个属性的值相同，这样单击文字时就会触发事件。接下来设置已完成状态的样式，代码如下：

```
1   .done {
2     text-decoration: line-through;
3     color: #999;
```

```
4   }
```

最后处理单击事件“check”，代码如下：

```
1   methods: {
2     check(event, item) {
3       item.done = event.target.checked
4       console.log(item)
5     },
6     ……省略……
7   }
```

此时，保存并运行文件，单击第一个待办事项，效果如图 12.17 所示。

图 12.17　修改待办事项的状态

完整代码可以参考本书配套资源文件“第 12 章/todo-03.html”。

4．分组显示待办事项

目前，未完成和已完成的计划没有分开显示，我们希望将它们分开显示，未完成的显示在前面，已完成的显示在后面，新添加的和变成未完成状态的待办事项显示在未完成分组的末尾，变成已完成状态的待办事项显示在已完成分组的末尾。

读者很容易想到，可以使用计算属性将待办事项分为两个列表。此外，还需要解决排序的问题，可以给每个待办事项新增一个 date 属性，用于记录添加和变更状态时的时间，然后对这两个列表根据时间进行升序排列。

首先将待办事项分成两个列表，代码如下：

```
1   computed: {
2     todoList() {
3       return this.list.filter(_ => _.done === false)
4         .sort((a, b) => a.date - b.date)
5     },
6     doneList() {
7       return this.list.filter(_ => _.done === true)
8         .sort((a, b) => a.date - b.date)
9     }
10  },
```

然后渲染这两个列表，代码如下：

```
1   <ul>
2     <li v-for="item in todoList" :key="item.id">
3       <input type="checkbox"
4         :id="'todo-'+item.id" :checked="item.done"
5         @click="check($event, item)">
6       <label :for="'todo-'+item.id"
7         :class="{'done': item.done}">{{item.todo}}</label>
```

```
8      </li>
9      <li v-for="item in doneList" :key="item.id">
10       <input type="checkbox"
11         :id="'todo-'+item.id" :checked="item.done"
12         @click="check($event, item)">
13       <label :for="'todo-'+item.id"
14         :class="{'done': item.done}">{{item.todo}}</label>
15     </li>
16   </ul>
```

当添加和修改状态时，记录当前时间，代码如下：

```
1    methods: {
2      add() {
3        if (!this.todo) return;
4        this.list.push({
5          id: this.list.length+1,
6          todo: this.todo,
7          done: false,
8          date: new Date()              // 新增代码
9        });
10       this.todo = '';
11     },
12     check(event, item) {
13       item.done = event.target.checked
14       item.date = new Date()          // 新增代码
15     },
16   }
```

此时，保存并运行文件，先勾选“去饭店吃饭”，再勾选“去商场购物”，效果如图 12.18 所示。

图 12.18　勾选待办事项为已完成

取消勾选“去商场购物”，这一项将变成已完成事项的前一项，效果如图 12.19 所示。

图 12.19　勾选已完成事项为未完成

完整代码可以参考本书配套资源文件“第 12 章/todo-04.html”。

5．过渡效果

下面我们添加过渡效果。将列表的<ul>标记替换成 transition-group 组件，其中，tag 属性的值为 ul，name 属性的值为 list，代码如下：

```
1    <transition-group name="list" tag="ul">
2      <li v-for="item in todoList" :key="item.id">
3        ……省略……
4      </li>
5      <li v-for="item in doneList" :key="item.id">
6        ……省略……
7      </li>
8    </transition-group>
```

前面曾提到，上一个例子中的过渡动画不够平滑，需要使用 transition-group 组件新增的“v-move”类来处理，这个类对于设置过渡的切换时机和过渡曲线非常有用。就像过渡的类名一样，我们也使用 name 属性来自定义前缀。例如，这里将“v-”替换成了“list-”，并且使用了类“.list-move”。样式代码如下：

```
1    .list-move {
2      transition: transform 1s;
3    }
```

这里设置 transform 作为过渡属性，因为 Vue.js 在内部会使用 transform 将元素从之前的位置平滑过渡到新的位置。

此时，无论添加待办事项还是切换待办事项的状态，都会产生炫酷的过渡效果，如图 12.20 所示。图 12.20 并不能完全展示出过渡效果，请读者在浏览器中实际体验一下。

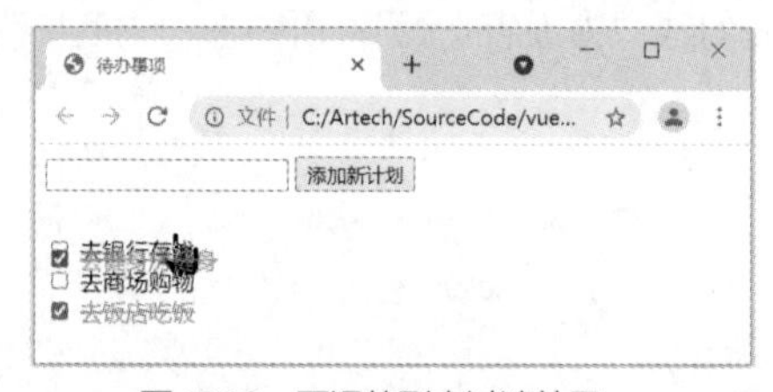

图 12.20　平滑的列表过渡效果

完整代码可以参考本书配套资源文件“第 12 章/todo-05.html”。

本章小结

本章介绍的知识相对独立，transition 和 transition-group 组件都是设置了一定样式的钩子，可用于处理单元素或组件的进入和离开，还可用于列表的过渡。本章首先简单介绍了 CSS 的过渡属性，然后使用了两个案例来实际演示这两个组件的过渡效果，以便读者掌握相关知识点。

知识点讲解

习题 12

一、关键词解释

transition 属性　单元素过渡　列表过渡

二、描述题

1. 请简单描述一下使用 transition 组件实现过渡所需要满足的两个条件是什么。
2. 请简单描述一下在哪些情形下可以使用 transition 组件给任何单元素和组件添加过渡效果。
3. 请简单描述一下 Vue.js 提供的 6 个过渡类名都有哪些，它们对应的含义是什么。

三、实操题

请实现以下页面效果：页面中含有文字为“显示/隐藏分类面板”的按钮以及遮罩和分类面板，其中遮罩和分类面板默认处于隐藏状态，效果如题图 12.1 所示；单击按钮，可通过透明度的过渡效果显示遮罩，高度的过渡效果是从下面显示面板，效果如题图 12.2 所示。

题图 12.1 默认只显示按钮

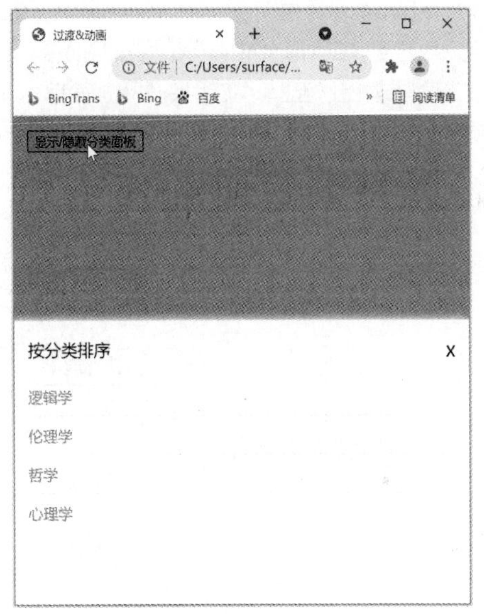

题图 12.2 显示遮罩和分类面板

第13章 路由 Vue Router

路由是复杂应用中不可缺少的一部分，它的作用是根据 URL 来匹配对应的组件，并且无刷新地切换模板内容。在 Vue.js 中，可使用官方插件 Vue Router 来管理路由，Vue Router 和 Vue.js 的核心实现了深度集成，让构建单页应用变得更加简单。本章主要介绍 Vue Router 的用法。本章的思维导图如下所示。

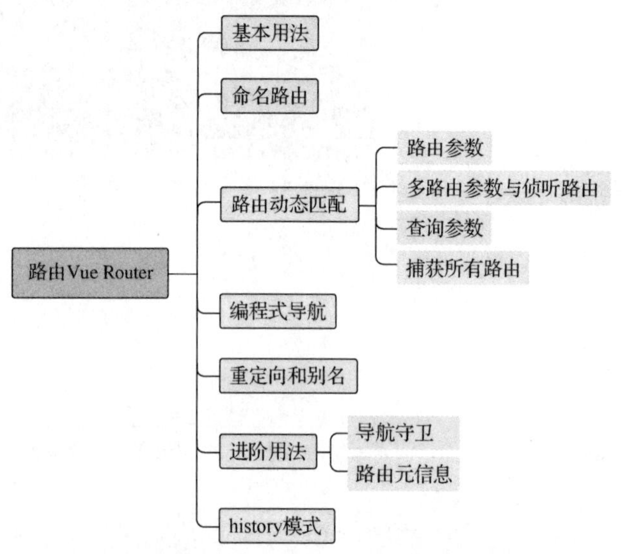

本章导读

13.1 基本用法

知识点讲解

第 10 章介绍了一个单页应用方面的案例，这个案例使用动态组件的方式实现了页面的切换，下面将其改为使用路由的方式来导航页面。

首先将 Vue Router 引入项目中，可通过以下命令安装 Vue Router。

```
npm install vue-router
```

说明

使用 Vue CLI 搭建项目时，默认选项中没有路由，但可以手动配置。选中路由选项，这样搭建出来的项目就会自动安装好 Vue Router，不再需要使用命令进行安装，非常方便。本书后面的综合案例将会介绍如何手动进行配置。

安装好 Vue Router 之后，必须通过 Vue.use()来明确地使用路由功能。在 src 文件夹下创建 router 文件夹，并在 router 文件夹下创建 index.js 文件，引入 vue-router，代码如下，详情可以参考本书配套资源文件“第 13 章/01vue-app”。

```
1    import Vue from 'vue';
2    import VueRouter from 'vue-router';
3    Vue.use(VueRouter);
```

为了使代码结构更加清晰易懂，通常遵循如下约定：在src文件夹下创建两个文件夹——components文件夹和views文件夹。其中，components文件夹用于存放项目中需要复用的组件，例如页头、页脚、提示框等；而views文件夹用于存放页面级文件，每个页面级文件通常对应一个路由。

因此，我们首先在src文件夹下创建views文件夹，然后将之前案例中components文件夹下的home.vue（首页）、product.vue（产品页面）、article.vue（文章页面）、contact.vue（联系我们页面）文件复制到当前项目的views文件夹下。

接下来在router/index.js路由文件中配置路由，代码如下：

```
1    const routes = [
2      {
3        path: '/',
4        component: () => import('../views/home.vue')
5      },
6      {
7        path: '/product',
8        component: () => import('../views/product.vue')
9      },
10     {
11       path: '/article',
12       component: () => import('../views/article.vue')
13     },
14     {
15       path: '/contact',
16       component: () => import('../views/contact.vue')
17     },
18   ];
19
20   const router = new VueRouter({
21     routes
22   });
23
24   export default router;
```

在上面的代码中，路由数组routes表示路由表，routes数组中的每个对象对应一条路由规则，并且每个对象都有两个必填属性path和component，其中path表示路由地址，component表示路由地址对应的页面视图文件。例如，routes数组中的第一个对象表示当访问地址为“/”的时候，显示首页home.vue中的内容。然后，通过new关键字创建一个VueRouter实例，并将定义的路由数组routes添加到这个实例中。

最后，我们还需要将路由挂载到Vue实例上。为此，在main.js文件中引入router文件，并将其挂载到Vue实例上，代码如下：

```
1    ……省略……
2    import router from './router';
3    ……省略……
4
5    new Vue({
6      router, //挂载实例
7      render: h => h(App),
```

```
8   }).$mount('#app')
```

在上述代码中，引入的'./router'文件位于我们之前在 src 文件夹下创建的 router 文件夹中，这里默认表示引入的是'./router/index.js'，引入时可以省略“index.js”。

配置好路由后，还需要知道将路由对应的视图文件渲染到页面中的哪个位置，Vue Router 定义了<router-view></router-view>来处理组件的渲染。

通常，一个网站的页头和页脚是相同的，中间部分则根据网址而改变。这个可变的中间部分可以使用 router-view 来表示，将 app.vue 中的代码替换成如下代码：

```
1   <template>
2     <div id="app">
3       <vue-header />
4       <!-- 路由匹配到的组件将在这里渲染 -->
5       <router-view></router-view>
6       <vue-footer />
7     </div>
8   </template>
9
10  <script>
11  import VueHeader from './components/header'
12  import VueFooter from './components/footer'
13
14  export default {
15    name: 'app',
16    components: {
17      VueHeader,
18      VueFooter
19    },
20    data() {
21      return {}
22    }
23  }
24  </script>
```

解决了组件的渲染问题后，还需要处理路由的跳转问题。可在 HTML 中使用<a>标记的 href 属性来设置跳转地址，我们不直接使用<a>标记，而是使用 router-link 组件，该组件的 to 属性用于设置目标地址，从而匹配路由数组中的 path 属性。将 header.vue 中的代码替换成如下代码：

```
1   <template>
2     <header>
3       <div class="container">
4         <nav class="header-wrap">
5           <img src="../assets/logo.png" alt="logo">
6           <ul>
7             <li>
8               <router-link to="/">首页</router-link>
9             </li>
10            <li>
11              <router-link to="/product">产品</router-link>
12            </li>
13            <li>
14              <router-link to="/article">文章</router-link>
15            </li>
```

```
16          <li>
17            <router-link to="/contact">联系我们</router-link>
18          </li>
19        </ul>
20      </nav>
21    </div>
22  </header>
23 </template>
```

router-link 会被渲染成<a>标记，例如第一个 router-link 会被渲染成<a href="#/">首页</a>。运行结果如图 13.1 所示。

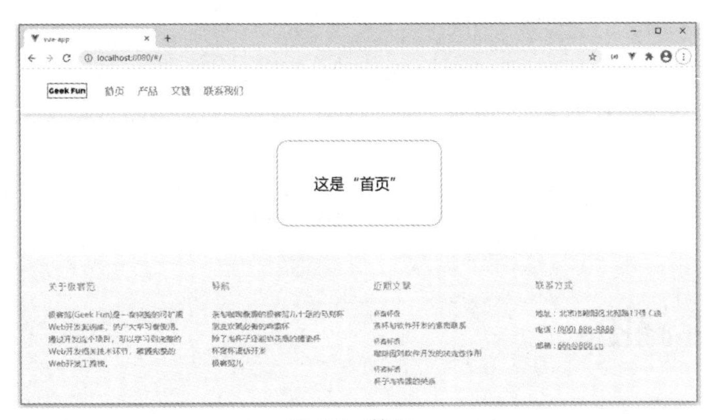

图 13.1 首页

单击页头的“产品”链接，效果如图 13.2 所示。

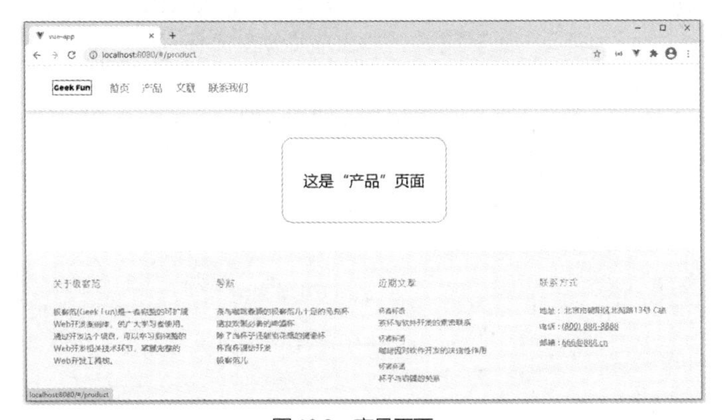

图 13.2 产品页面

此时有一个问题，当前路由匹配的菜单项显示不够突出，可以为菜单项设置选中的样式，以提升用户体验。Vue Router 考虑到了这个问题，它给匹配的链接添加了两个类，分别为“.router-link-exact-active”和“.router-link-active”，其中“.router-link-exact-active”表示完成匹配，“.router-link-active”表示前缀匹配。使用浏览器的开发者工具查看渲染出来的页面的源代码，可以发现不管单击任何菜单项，“首页”链接都被设置了“.router-link-active”，因为“首页”的链接地址是“/”，并且各菜单项的地址都以“/”开头。

因此，在 header.vue 中设置“.router-link-exact-active”的样式，代码如下：

```
1  <style>
2  .router-link-exact-active {
3    color: #000;
```

```
4     border-bottom: 1px solid #888;
5   }
6   </style>
```

设置完样式之后，效果如图 13.3 所示。

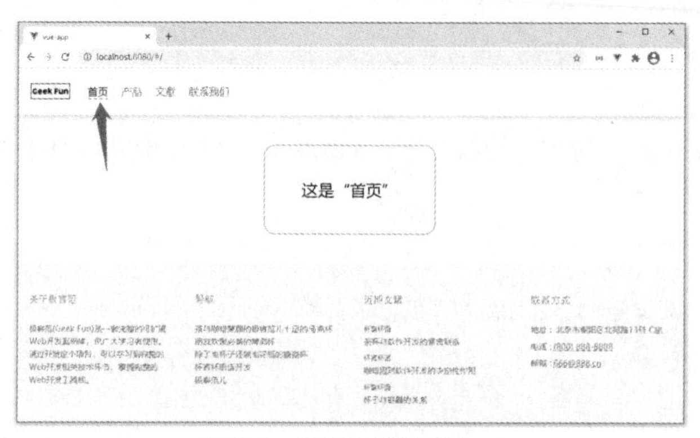

图 13.3　突出显示导航链接

13.2 命名路由

在 router-link 组件的 to 属性中，我们直接写出了路径地址，这会带来几个问题。

- 路径地址不便于记忆，就如 IP 地址不便于记忆一样，因此才经常使用域名来替代。
- 地址规则复杂，有时会带有参数，例如产品详情页“/product/1”，其中“1”是产品 ID，它会发生变化。这种地址称为“动态路由”，13.3 节将详细介绍。
- 地址发生变化时不便于修改，因为需要修改多处。

因此，使用名称来标识一个路由会方便很多。在路由文件 router/index.js 中，定义路由规则时，可以使用 name 属性来给路由命名，代码如下：

```
1   const routes = [
2     {
3       path: '/',
4       name: 'Home',
5       component: () => import('../views/home.vue'),
6     },
7     {
8       path: '/product',
9       name: 'Product',
10      component: () => import('../views/product.vue'),
11    },
12    {
13      path: '/article',
14      name: 'Article',
15      component: () => import('../views/article.vue'),
16    },
17    {
18      path: '/contact',
19      name: 'Contact',
20      component: () => import('../views/contact.vue'),
21    }
```

```
22  ];
```

使用<router-link>标记时，还可以给 to 属性绑定一个对象，比如使用 v-bind 指令，将命名的路由传递进去，以“首页”链接为例，修改代码如下：

```
<router-link v-bind:to="{name: 'Home'}">首页</router-link>
```

完整代码可以参考本书配套资源文件“第 13 章/02vue-app”。

13.3 路由动态匹配

在实际开发中，经常需要将某种模式匹配到的所有路由全部映射到同一个组件。例如，假设有一个 product 组件，不同的产品拥有不同的产品 id，它们都需要使用这个组件来渲染，只是不同产品 id 对应的数据不同，此时就可以在路由的路径中使用“动态路径参数”来达到这个效果。

13.3.1 路由参数

下面使用动态路径参数来实现产品详情页。首先在 router/index.js 的路由表中新建一个路由，代码如下：

```
1   {
2     path: '/product/:id', // “动态路径参数”以冒号开头
3     name: 'ProductDetails',
4     component: () => import('../views/product-details.vue'),
5   },
```

在上述代码中，路径 path 中的“/:id”就是动态路径参数，它以冒号“:”开头，当匹配到路由时，参数值就会被设置到“this.$route.params”中。

接下来在产品列表页中使用路由。创建两个产品链接，修改 produce.vue 组件中的代码，如下所示：

```
1   <template>
2     <section>
3       <div class="container">
4         <p class="description">这是“产品”页面</p>
5         <div>
6           <router-link v-bind:to="{name: 'ProductDetails', params: {id: 1}}">
            1 号产品</router-link>
7         </div><div>
8           <router-link v-bind:to="{name: 'ProductDetails', params: {id: 2}}">
            2 号产品</router-link>
9         </div>
10      </div>
11    </section>
12  </template>
13  <script>
14  export default { }
15  </script>
16  <style scoped>
17  .container div {
18    text-align: center;  line-height: 1.5;
```

```
19    margin-top: 10px;    font-size: 28px;
20  }
21  </style>
```

观察上述代码，在<router-link>标记的 to 属性中，参数是通过 params 属性进行传递的。params 是一个对象，参数名是 id，它必须与动态路径参数的名称一致。

最后创建产品详情页。为此，创建文件 views/product-details.vue，其中的代码如下：

```
1   <template>
2     <section>
3       <div class="container">
4         <p class="description">
5           这是“{{$route.params.id}} 号产品”页面
6         </p>
7       </div>
8     </section>
9   </template>
```

在产品详情页中，可通过“this.$route.params.id”获取产品 id。此时运行项目，产品列表页如图 13.4 所示。

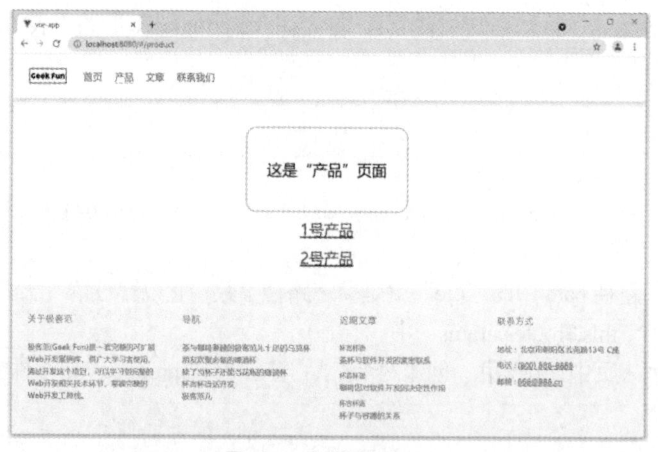

图 13.4　产品列表页

单击“1 号产品”链接，结果如图 13.5 所示。

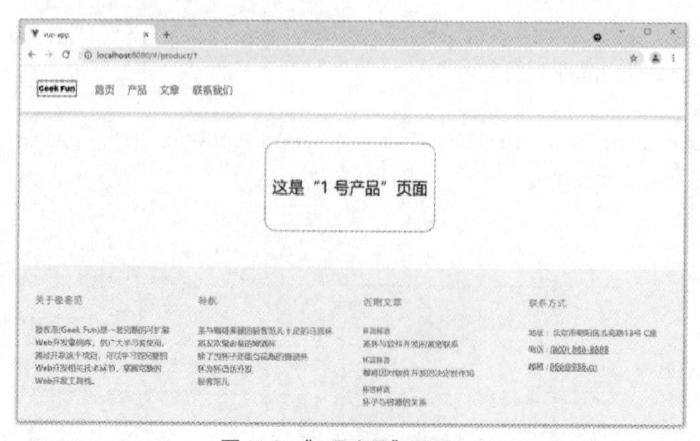

图 13.5　“1 号产品”页面

完整代码可以参考本书配套资源文件“第 13 章/03vue-app”。

13.3.2 多路由参数与侦听路由

有时候需要多个路径参数，但即使是多个，也需要对应设置到$route.params 中，如表 13.1 所示。

表 13.1　单个参数和多个参数的对比

模式	匹配路径	$route.params
/product/:id	/product/1	{id: 1}
/product/:page/:tag	/product/1/0	{page: 1, tag: 0}

下面分析一下多个路径参数的使用场景。例如，产品列表页中一般会有很多产品，此时就可以分页显示产品的重要信息。另外，产品有可能分为多种类型，我们可以根据类型对产品进行筛选。针对这种场景，我们继续改造之前的案例。在 router/index.js 的路由表中，将产品列表的路由改成如下规则：

```
1   {
2     path: '/product/:page?/:tag?',
3     name: 'Product',
4     component: () => import('../views/product.vue'),
5   },
```

在上面的代码中，路径参数后面的问号“?”表示参数可以没有。修改 product.vue 中的代码，显示出路径参数，并增加“下一页”链接，代码如下：

```
1   <template>
2   <section>
3   <div class="container">
4     <p class="description">这是“产品”页面</p>
5     ……省略……
6     <div>
7       标签为{{ params.tag }}，第 {{params.page}} 页，
8       <router-link v-bind:to="{name: 'Product', params: {page: 2, tag: 3}}">
          下一页</router-link>
9     </div>
10  </div>
11  </section>
12  </template>
13
14  <script>
15  export default {
16    data() {
17      return {
18        params: {}
19      }
20    },
21    created() {
22      this.params = this.$route.params
23    }
24  }
25  </script>
```

this.$route.params 是一个对象，它在没有参数时是一个空对象，在有参数时则是路由中匹配到的参数对象。因此，在创建实例之后，可在 created()钩子函数中，将 this.$route.params 赋值给变量 params，然后使用文本插值的方式渲染到页面中，效果如图 13.6 所示。

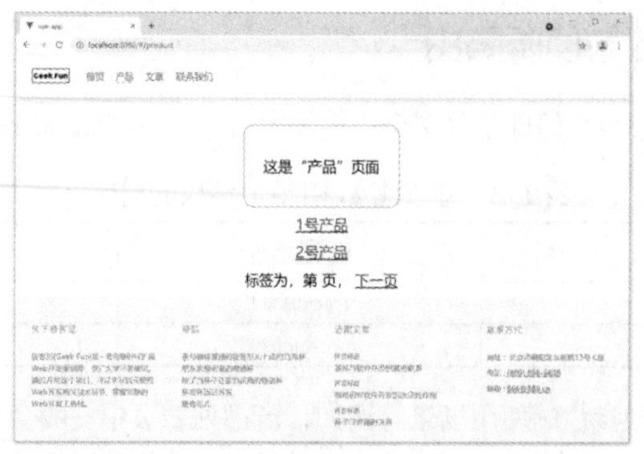

图 13.6　产品列表页

单击“下一页”链接，效果如图 13.7 所示。

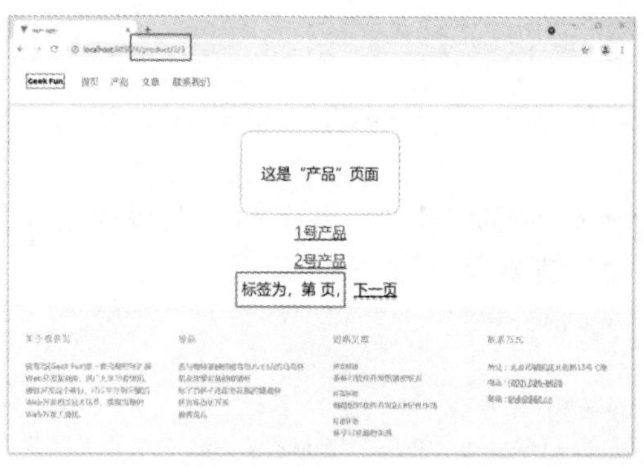

图 13.7　查看下一页

我们发现，网址已经发生变化，但页面上显示的信息并不正确，应该显示出路由参数。这时虽然路由变了，但匹配的仍然是同一个组件，组件不会被重新创建。此时需要侦听路由的变化，并做出响应。为此，可以使用 watch 侦听器来侦听路由，在 product.vue 中增加如下代码：

```
1   watch: {
2     $route(to, from) {
3       this.params = to.params;
4     }
5   },
```

上述代码侦听了$route 属性，to 是变化后的路由。保存并运行项目，单击“下一页”链接，效果如图 13.8 所示，此时已按预期显示出页码和标签参数。

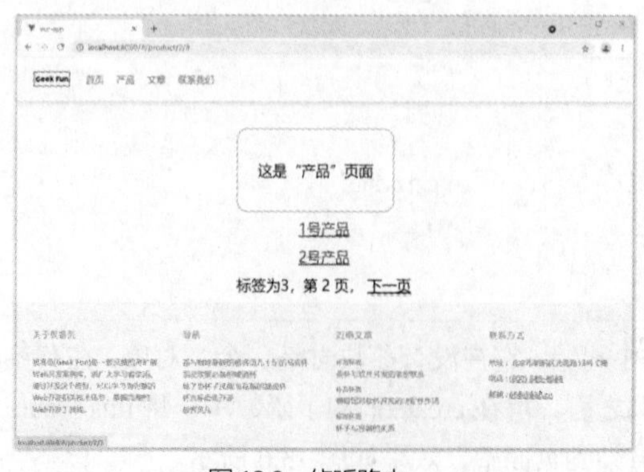

图 13.8　侦听路由

完整代码可以参考本书配套资源文件“第 13 章/04vue-app”。

13.3.3 查询参数

除了前面一直使用的$route.params，还有一种传参方式，就是使用$route.query，它用于获取 URL 中的查询参数 queryString。

修改 product.vue 中“下一页”链接的传参方式，将 to 属性的 params 改为 query，其他不变，代码如下：

```
<router-link v-bind:to="{name: 'Product', query: {page: 2, tag: 3}}">下一页</router-link>
```

使用 this.$route.query 获取查询参数，更改 product.vue 中参数的获取方式，代码如下：

```
1   watch: {
2     $route(to, from) {
3       this.params = to.query;
4     }
5   },
6   created() {
7     this.params = this.$route.query
8   }
```

这时，单击“下一页”链接，页码和标签就都显示出来了，网址是“localhost:8080/#/product?page=2&tag=3”，效果如图 13.9 所示。

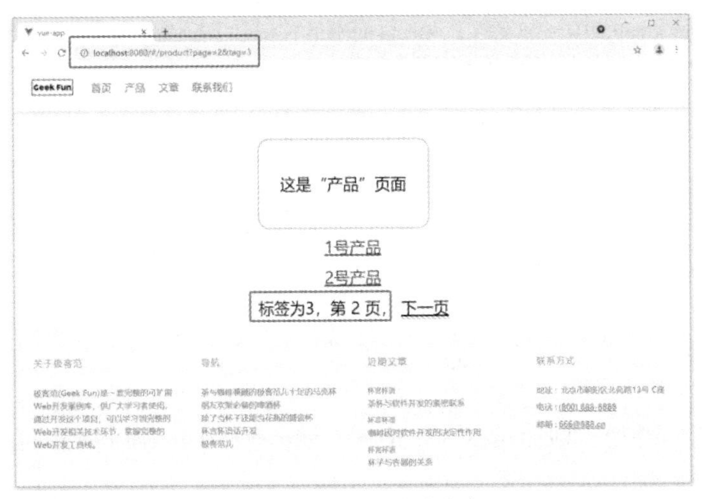

图 13.9 $route.query 传参方式

简单来说，传参时使用什么方式，获取参数时就使用什么方式。如果使用$route.params 传参方式，路由就需要匹配对应的参数，也就是匹配以冒号开头的参数。如果使用$route.query 传参方式，那么路由文件不用修改，直接传参即可。

完整代码可以参考本书配套资源文件“第 13 章/05vue-app”。

13.3.4 捕获所有路由

设想一下，地址栏中若输入路由文件中没有设置的规则，例如“/page”，Vue.js 将匹配不到这个路由对应的视图文件，于是加载的页面中就会出现空白，效果如图 13.10 所示。

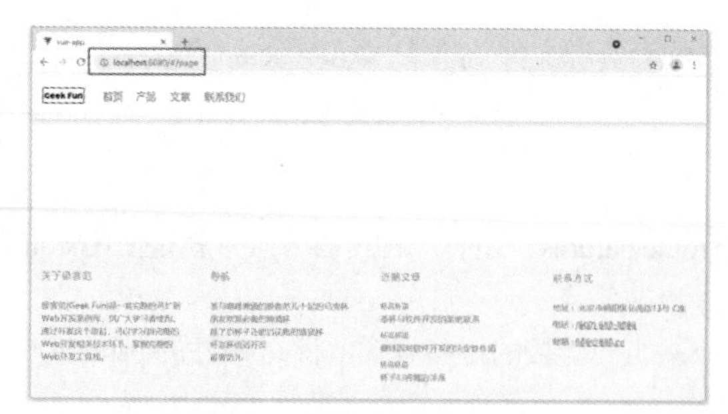

图 13.10　页面中出现了空白

我们需要一条规则来兜底，如果匹配不到路由，就显示这个页面，通常是 404 页面，这被称为“404 规则”。可在 vue-router 中使用星号“*”来匹配所有路径，为此，在 router/index.js 的路由数组的最后添加一条规则，代码如下：

```
1   {
2     path: '*',
3     name: 'Page404',
4     component: () => import('../views/page404.vue'),
5   }
```

注意

有时候，同一个路径可以匹配多个路由。此时，匹配的优先级将按照路由的定义顺序来定：路由定义得越早，优先级就越高。所以，兜底的 404 规则需要放在最后。

接下来创建 views/page404.vue 文件，404 页面中的代码如下：

```
1   <template>
2     <section>
3       <div class="container">
4         <p class="description">404，找不到</p>
5       </div>
6     </section>
7   </template>
8   <script>
9   export default { }
10  </script>
11  <style></style>
```

这时，在地址栏中输入“localhost:8080/#/page”，就会进入 404 页面，效果如图 13.11 所示。

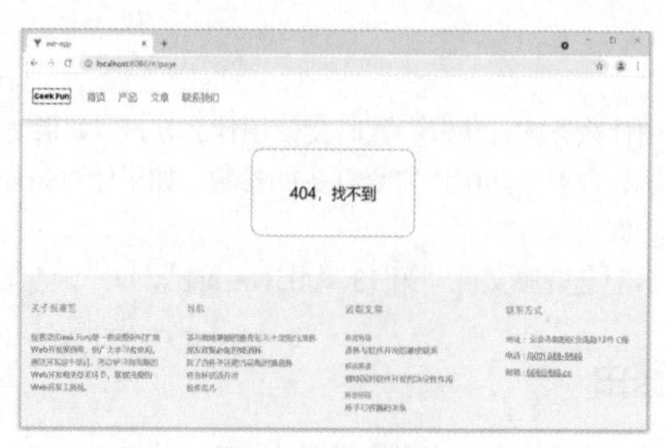

图 13.11　404 页面

完整代码可以参考本书配套资源文件“第 13 章/06vue-app”。

13.4 编程式导航

router-link 是声明式导航，可通过它创建<a>标记来定义导航链接。但是，当需要根据不同的规则导航到不同的路径时，例如根据支付成功还是失败跳转到不同的页面，使用 router-link 并不容易实现。此时，可以使用 vue-router 提供的实例方法 push()来实现导航的功能。

在 Vue 实例的内部可以通过$router 来访问路由实例，因此通过调用 this.$router.push()方法即可实现页面的跳转。当单击 router-link 时，这个方法会在内部调用，所以单击<router-link :to="">等同于调用$router.push()。但是，router-link 属于声明式的，而$router.push()属于编程式的。

push()方法的参数既可以是一个字符串路径，也可以是一个描述地址的对象，规则如下：

```
1   // 字符串
2   router.push('home')
3
4   // 对象
5   router.push({ path: 'home' })
6
7   // 命名的路由
8   router.push({ name: 'product', params: { id: '123' }})
9
10  // 带查询参数，变成/register?plan=private
11  router.push({ path: 'register', query: { plan: 'private' }})
12
13  const id = '123'
14  router.push({ name: 'product', params: { id }}) // -> /product/123
15  router.push({ path: `/product/${id}` }) // -> /product/123
16  // 这里的 params 不生效
17  router.push({ path: '/product', params: { id }}) // -> /product
```

注意，同样的规则也适用于 router-link 的 to 属性。除了 push()方法之外，路由还提供了 replace()和 go()方法。replace()跟 push()很像，唯一不同的就是，replace()不会向历史记录中添加新的记录，而是替换掉当前的历史记录。router.go()方法的参数是一个整数，用于表示在历史记录中向前或向后多少步，作用类似于 window.history.go(n)。

13.5 重定向和别名

1. 重定向

重定向的意思是，当用户访问“/a”时，URL 将会被替换成“/b”，然后匹配的路由也变为“/b”。重定向方式有三种，规则如下：

```
1   const routes = [
2     { path: '/a', redirect: '/b' },                //字符串路径
3     { path: '/a', redirect: { name: 'foo' }},      //路径对象
4     { path: '/a', redirect: to => {
5       // 接收目标路由作为参数
6       // 返回重定向的字符串路径/路径对象
```

```
7      }}
8    ]
```

2．别名

别名，顾名思义，就是对象的另外一个名称。例如，产品详情页的路由规则为“/product/:id”，但是通常“/product/details/:id”也代表产品详情页，此时别名就派上用场了，代码如下：

```
1    {
2      path: '/product/:id',
3      name: 'ProductDetails',
4      component: () => import('../views/product-details.vue'),
5      alias: '/product/details/:id'
6    },
```

如果别名有多个，那么可以使用数组，例如 alias: ['/a', '/b']。在修改旧的项目时，如果需要兼容之前的路由，别名将会非常有用。

13.6 进阶用法

大部分实际应用都需要登录才能使用全部的功能，在单页应用中，通常的做法是进行全局的设置，并以声明方式配置路由规则。这就会涉及 vue-router 的高级用法：导航守卫和路由元信息。

13.6.1 导航守卫

顾名思义，Vue Router 提供的导航守卫主要用来通过跳转或取消的方式守卫导航，此外还允许以多种方式植入路由导航过程中：全局的、单个路由独享的或组件级的。当从一个路由跳转到另一个路由时，将会触发导航守卫，我们可以通过钩子函数做一些事情。类似于 Vue 实例的生命周期钩子函数，Vue Router 针对导航的变化也提供了多种钩子函数。

例如，在进入某个页面前，先要判断这个页面是否需要登录才能进入。如果需要登录，则检查用户是否登录，未登录的话，就跳转到登录页面。这时需要使用 beforeEach()函数（前置守卫），为此，在 main.js 中注册全局的前置守卫，代码如下，详情可以参考本书配套资源文件“第 13 章/07vue-app”。

```
1    router.beforeEach(function(to, from, next) {
2      let isLogin = false                //用户处于未登录状态
3      // 进入产品页面时需要登录
4      if (to.name == 'Product') {
5        if (isLogin) {
6          next()                         // 直接进入路由并显示内容
7        } else {
8          next({ name: 'Login' })        // 进入登录页面
9        }
10     } else {
11       next()                           // 确保一定调用 next()方法
12     }
13   })
```

上述代码假设用户处于未登录状态。在进入产品页面时，需要先判断用户是否已登录。如果未登录，则进入登录页面。然后在 router/index.js 中新增一个登录页面的路由，代码如下：

```
1    {
2      path: '/login',
3      name: 'Login',
4      component: () => import('../views/login.vue'),
5    },
```

创建 views/login.vue 文件，代码如下：

```
1    <template>
2      <section>
3        <div class="container">
4          <p class="description">这是“登录页面”</p>
5        </div>
6      </section>
7    </template>
```

此时，保存并运行项目，单击“产品”导航链接，浏览器将跳转到登录页面，效果如图 13.12 所示。

图 13.12　跳转到登录页面

每个守卫方法都会接收三个参数。

- to: Route：即将进入的路由。
- from: Route：当前导航正要离开的路由。
- next: Function：一定要调用守卫方法才能解析这个钩子，执行效果依赖于 next()方法的调用参数。
  - next()：执行管道中的下一个钩子。
  - next(false)：中断当前的导航。如果浏览器中的 URL 变了（可能是用户手动更改或者单击了浏览器中的“后退”按钮），那么 URL 地址会重置到 from 路由对应的地址。
  - next('/')或 next({ path: '/' })：跳转到另一个不同的地址。
  - next(error)：如果传入 next()方法的参数是一个 Error 实例，那么导航会被终止并且错误会被传递给 router.onError()注册过的回调函数。

注意

一定要确保 next()方法在任何给定的导航守卫中都被严格调用一次，否则钩子永远都不会被解析或报错。

除了设置全局的前置守卫，也可以在路由配置中直接定义 beforeEnter 守卫，这里简单介绍一下用法，具体不做实现，读者可以自行练习。方法参数与全局前置守卫的一样，示例代码如下：

```
1   {
2     path: '/product',
3     name: 'Product',
4     component: Product,
5     beforeEnter: (to, from, next) => {
6       // ...
7     }
8   }
```

13.6.2 路由元信息

在前面的例子中，进入产品页面时需要登录的逻辑已经固定写死了；而在实际开发中，通常是在定义路由规则时，声明哪些路径需要登录，这些路径可以使用路由元信息进行声明。定义路由的时候，可以首先增加 meta 属性，然后在导航守卫中通过 meta 字段来判断当前 URL 是否需要登录。为此，在路由文件 router/index.js 中配置路由元信息，代码如下，详情可以参考本书配套资源文件“第 13 章/08vue-app”。

```
1   const routes = [
2     {
3       path: '/product',
4       name: 'Product',
5       component: () => import('../views/product.vue'),
6       meta: {
7         requireLogin: true
8       }
9     },
10    ……省略……
11  ];
```

为需要登录的路径增加一个 meta 对象，并自定义一个 requireLogin 属性，它的值为 true。不需要登录的路径可以不设置 meta 对象，或者将 requireLogin 属性设置为 false。然后从 main.js 的导航守卫中获取 meta 对象，代码如下：

```
1   router.beforeEach(function(to, from, next) {
2     let isLogin = false          //用户处于未登录状态
3     // 根据路由元信息进行判断
4     if (to.matched.some(_ => _.meta.requireLogin)) {
5       if (isLogin) {
6         next() // 直接进入
7       } else {
8         next({ name: 'Login' }) // 进入登录页面
9       }
10    } else {
11      next() // 确保一定调用 next()方法
12    }
13  })
```

在上述代码中，to.matched 是一个数组，表示匹配到的所有路由规则。如果 meta.requireLogin 为 true，则表示需要登录才能访问。此时单击“产品”链接，也会跳转到登录页面。

13.7 history 模式

我们最后来看一下 URL 的形式。Vue Router 默认使用 hash 模式，这种模式使用 URL 的 hash 来模拟一个完整的 URL，即“#”的后面是路径，于是当 URL 发生改变时，页面不会重新加载。如果不想出现很丑的 hash，我们可以使用路由的 history 模式，这种模式将充分利用 history.pushState 来完成 URL 跳转而无须重新加载页面。history 模式的配置如下：

```
1    const router = new VueRouter({
2      mode: 'history',
3      routes: [...]
4    })
```

hash 模式和 history 模式的 URL 对比如表 13.2 所示，history 模式的 URL 更符合用户习惯。

表 13.2　hash 模式和 history 模式的对比

hash 模式	history 模式
http://localhost:8080/#/product	http://localhost:8080/product

如果使用 history 模式，那么还需要后台配置的支持，因为我们的应用是一个单页的客户端应用，如果后台没有得到正确的配置，那么当用户在浏览器中直接访问 http://oursite.com/product/id 时，就会返回 404 页面。假设后端使用了 nginx，配置示例如下，目标是针对所有的请求都返回 index.html。

```
1    location / {
2      try_files $uri $uri/ /index.html;
3    }
```

本章小结

在这一章，我们重点介绍了 Vue Router 的各种用法，从安装开始，一步一步讲解如何使用 Vue Router，包括配置路由表、动态路径参数、命名路由、编程式导航、重定向和别名；接着介绍了进阶用法，举例说明了导航守卫和路由元信息的作用；最后比较了 hash 模式和 history 模式的区别。掌握本章知识后，读者将能够制作出更复杂的单页应用。

知识点讲解

习题 13

一、关键词解释

路由　Vue Router　命名路由　动态路由匹配　路由参数　编程式导航　重定向　别名　导航守卫　路由元信息　history 模式

二、描述题

1. 请简单描述一下动态路由传参有哪几种方式，它们的区别是什么。
2. 请简单描述一下如何实现重定向，什么时候使用重定向。
3. 请简单描述一下什么时候使用别名。
4. 请简单描述一下导航守卫的前置守卫有几个参数，它们分别有什么含义。

三、实操题

在第 11 章习题部分实操题的基础上，将单个页面修改为多个页面，具体要求如下。

- 添加本章提到的顶部和底部样式，使页面变成一个完整的产品列表页，实现题图 13.1 所示的效果。
- 添加两个页面，分别为产品详情页（见题图 13.2）和联系我们页面（见题图 13.3）。
- 使用产品详情页的输入框可以修改想要添加到购物车中的产品数量，单击“加入购物车”按钮，将弹出产品 id 和产品数量，如题图 13.4 所示。

产品详情页的接口地址为 https://eshop.geekfun.website/api/v1-csharp/product/:id。

题图 13.1　产品列表页

题图 13.2　产品详情页

题图 13.3　联系我们页面

题图 13.4　显示产品 id 和产品数量

第14章 状态管理

前面的章节介绍了在父子组件之间传递数据的方法，通过组件本身的属性和事件，即可实现数据的向上或向下传递。但还有一种场景是在没有父子关系的组件之间传递数据，这时就需要使用其他的办法了。

例如，在一个电子商务网站中，通常会把显示商品详情的一块局部页面做成组件，而页头部分也会做成组件。每当用户把一个商品加入购物车时，页面的顶部就会更新显示当前购物车中商品的数量，因此商品组件就需要与页头部分能够传递数据。

这个过程被称为“状态”管理，也就是说，购物车中的“商品数量”是这个应用程序的一种“状态”，而这种状态会被多个没有父子关系的组件访问。为此，Vue.js 提供了一种专门用来集中管理整个应用状态的机制，这种机制后来被抽离出 Vue.js 并构建成一个独立的 Vue.js 插件，称为 Vuex。

在本章中，我们将讲解通过 Vuex 管理应用状态的方法。本章的思维导图如下所示。

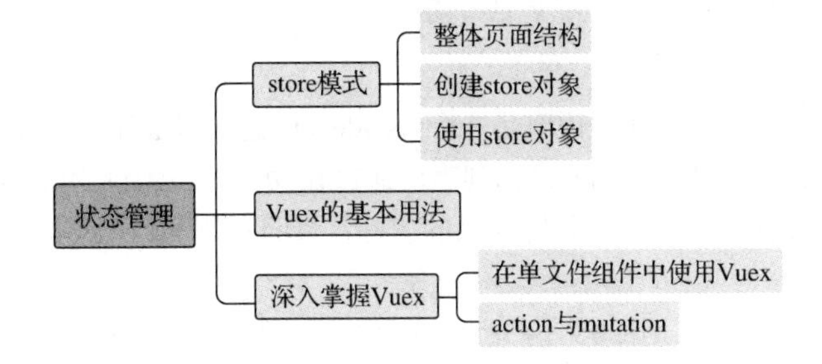

本章导读

14.1 store 模式

知识点讲解

在正式使用 Vuex 之前，我们先自己手动地完成一个状态管理案例，进而从本质上理解“store 模式”的基本原理。懂得了 store 模式的基本原理之后，使用 Vuex 就会非常容易了。

以刚才所说的将商品加入购物车为例，假设我们想要实现图 14.1 所示的购物页面。

购物车中商品数量：2

华为Mate 40 Pro 加入购物车
iPhone 12 Pro 加入购物车
小米11 Ultra 加入购物车
vivo S9 加入购物车

iPhone 12 Pro
华为Mate 40 Pro
确定下单

图 14.1　购物页面

这个案例的完整代码可以参考本书配套资源文件“第 14 章/cart/shopping.html”。

页面的左侧是商品列表，右侧是购物车，单击商品名称旁边的“加入购物车”按钮，对应的商品就会出现在右侧的购物车中，同时更新页头的“购物车中商品数量”。单击购物车中的“确定下单”按钮，购物车中的商品将被清零。

在这个案例中，我们需要构造两个组件，页面左侧的各个商品项可封装为统一的 product 组件，右侧的购物车可封装为 cart 组件。

14.1.1 整体页面结构

整个购物页面的 HTML 结构如下所示：

```
1   <div id="app">
2     <header>
3       <p>购物车中商品数量：{{cartCount}}</p>
4     </header>
5     <div class="product-list">
6       <product name="华为 Mate 40 Pro"></product>
7       <product name="iPhone 12 Pro"></product>
8       <product name="小米 11 Ultra"></product>
9       <product name="vivo S9"></product>
10    </div>
11    <cart></cart>
12  </div>
```

可以看到，HTML 结构非常简单，页面的顶部是一个<header>标记，里面用段落文字显示了当前购物车中商品的数量“cartCount”。页面左侧的商品列表可通过在<div>标记中调用 product 组件来实现，这里预置了 4 个商品，可通过 name 属性设定商品的名称；页面右侧的购物车则通过调用 cart 组件来实现。

这里不再详细介绍 CSS 样式的设计，对 CSS 不熟悉的读者可参考本书配套资源文件。

如何构建组件是前面章节中已经讲解过的内容，读者如果还不熟悉的话，可以复习一下前面的第 9 章和第 10 章。现在的关键是如何在组件之间共享数据：单击 product 组件中的按钮，即可把相应的商品加入购物车中，购物车则可以实时地更新其中的商品列表，同时根实例中 cartCount 变量的值也将随之实时更新。

14.1.2 创建 store 对象

为了使组件之间能共享数据，我们可以使用“store 模式”，把组件之间需要共享的数据提取出来，单独封装为对象，代码如下：

```
1   let store = {
2     state:{
3       products:[]
4     },
5     getProducts(){
6       return this.state.products;
7     },
8     addToCart(name){
9       if(!this.state.products.includes(name))
10        this.state.products.push(name);
```

```
11    },
12    checkOut(){
13        //……这里省略了下订单的逻辑……
14        this.state.products=[];
15    }
16  };
```

可以看到，我们给 store 对象设置了一个状态属性，叫作 state，里面是所有需要集中控制的共享数据，这里是一个名为 products 的数组。本案例对此做了高度简化，在 products 数组中只记录产品的名称。

上述代码中还包括三个操作 state 对象的方法：

- getProducts()用于读取购物车中的商品列表。
- addToCart()用于将一个商品加入购物车，name 参数用于传递商品的名称。我们可以先检查一下 state 对象的 products 数组中是否已经包含这个商品，如果没有则加入，否则就直接返回。
- checkOut()用于下订单，这里省略了真正下订单的逻辑，而仅仅模拟了下完订单后，把购物车清空的操作。

这样，我们就有了一个包含状态数据以及三个操作状态数据的方法的 store 对象。

14.1.3 使用 store 对象

接下来，所有的组件都需要通过这个 store 对象来实现数据的共享，而不是在组件之间相互直接访问数据。

1. 构造 product 组件

首先构造 product 组件，代码如下：

```
1   let product = Vue.component("product", {
2       data(){
3           return {
4               store
5           }
6       },
7       props:['name'],
8       methods: {
9           addToCart(){
10            this.store.addToCart(this.name);
11          }
12      },
13      template:`
14      <p :name="name">
15        {{name}}
16        <button @click="addToCart">加入购物车</button>
17      </p>`
18  });
```

可以看到，data 部分直接使用了上面定义的 store 对象，此外还声明了一个 name 属性，用于向组件传递商品的名称；template 部分使用一个 p 元素来显示商品的 name 属性，此外还显示了“加入购物车”按钮，在为其绑定好单击事件后，在事件处理方法中即可直接调用 store 对象的 addToCart()方法。

注意 data 部分使用的是 ES6 语法。

```
1   data(){
```

```
2       return {
3           store
4       }
5   }
```

如果使用传统的 ES5 语法，那么需要写成下面的形式。换言之，如果一个对象的属性名称正好是属性值的名称，就可以采用简写形式。

```
1   data(){
2       return {
3           store: store
4       }
5   }
```

2．构造 cart 组件

然后构造 cart 组件，代码如下：

```
1   let cart = Vue.component("cart", {
2       data(){
3           return {
4               store
5           }
6       },
7       methods: {
8           checkOut(){
9             this.store.checkOut();
10          }
11      },
12      template:`
13      <div class="cart">
14        <ul>
15          <li v-for="item in store.getProducts()">{{item}}</li>
16        </ul>
17        <button @click="checkOut">确定下单</button>
18      </div>`
19  });
```

与 product 组件一样，这里也是在 data 部分直接使用 store 对象。在 template 部分，则使用一个 ul 列表显示保存在 store 对象中的商品名称数组，同时加入“确定下单”按钮，单击后便调用 store 对象中定义的 checkOut()方法。

3．构造根实例

最后构造根实例，代码如下：

```
1   var vm = new Vue({
2     el: '#app',
3     data:{ store },
4     computed: {
5       cartCount(){
6           return this.store.getProducts.length;
7       }
8     }
9   });
```

为了方便，我们把 product 和 cart 组件都注册为全局组件了，因此在定义根实例的时候，就不用再注册这两个组件了。作为练习，读者可以将它们改为局部注册的组件，看看最终显示的效果有没有区别。

注意

可以看到，我们在根实例中直接以对象的方式在 data 部分使用了 store 对象；而在 product 和 cart 组件中，则必须以函数的方式使用定义的 data 属性。

上面的代码还定义了一个计算属性 cartCount，它的值就是 store 对象中 products 数组的长度，也就是购物车中商品的数量，显示在页面的右上角。这样就可以实现这个案例的效果了。

核心要点

在这个案例中，可以看到 1 个根实例、4 个 product 组件实例和 1 个 cart 组件实例，它们之间都需要读取或改变购物车中的商品列表，因此在这里，“商品列表”就是一种被多个组件实例共享的“状态”，我们将其存放在了 store 这个对象中，以便集中统一管理。组件之间都不直接交互，而是都通过 store 对象来实现读取和修改操作。这就是“store 模式”的核心思想。

在 store 模式中，我们把读取状态的方法称为“getter”（读取器），而把修改状态的方法称为“action”（动作），如图 14.2 所示。

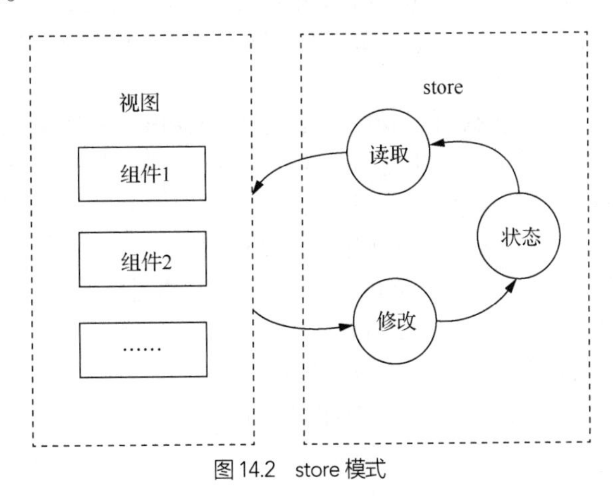

图 14.2　store 模式

注意

不应该在 action 中替换原始的状态对象，因为组件和 store 需要引用同一个共享对象，这样变更才能够被观察到。例如，在本案例的 checkOut()方法中，我们更换的是 products 对象而不是 state 对象。

14.2 Vuex 的基本用法

在比较详细地了解了“store 模式”之后，我们来具体讲解 Vuex。对于简单的项目，使用 14.1 节介绍的 store 模式就可以很好地实现组件之间的状态管理了，但是当项目规模比较大的时候，如果全部手动来写相关的逻辑，事情就会非常烦琐。这时可以使用 Vuex 来实现相关的逻辑。

Vuex 是独立于 Vue.js 的一个专门为 Vue.js 应用程序开发的状态管理插件。通常情况下，每个组件都拥有自己的状态。有时，需要将某个组件的状态变化传递到其他组件，使它们也进行相应的修改。这时就可以使用 Vuex 保存需要管理的状态值，状态值一旦被修改，所有引用状态值的组件就会自动进行更新。Vuex 采用集中式存储管理应用的所有组件的状态，并以相应的规则保证状态以一种可预测的方式发生变化。

应用 Vuex 实现状态管理的流程图如图 14.3 所示。

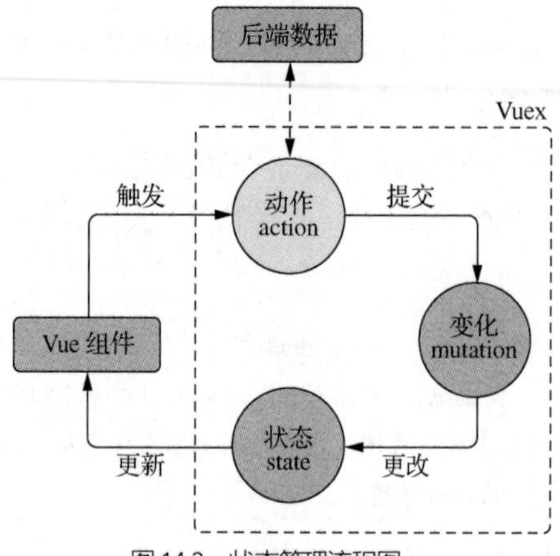

图 14.3　状态管理流程图

在理解了 store 模式之后，图 14.3 也就不难理解了。图 14.3 中出现了三个概念："状态"（state）相当于 14.1 节案例中的 state 属性，而对状态的修改则被细化为两个操作——"动作"（action）和"变化"（mutation）。

在 Vue 组件中，当需要修改状态（例如将一个商品加入购物车）的时候，就可以"分派"（dispatch）一个"动作"（action）并在 action 中"提交"（commit）一个"变化"（mutation），之后可在 mutation 中对 state 进行修改。state 在发生变化以后，就会自动渲染到组件中，从而使界面得到更新。此外，对于读取状态的操作，Vuex 提供了 getter，用于读取 state 中的值。

请注意，上面两段话中出现了好几个新的概念和名词，读者需要认真读懂它们。下面我们把 14.1 节中的购物车案例改造为使用 Vuex 来实现，这样读者就可以清楚地理解这些概念了。完整代码可以参考本书配套资源文件"第 14 章/cart/shopping-vuex.html"。

首先引入 vuex.js 文件，将其放在 vue.js 文件的下面即可。

```
<script src="../vue.js"></script>
<script src="../vuex.js"></script>
```

接下来使用 Vuex 的静态方法 Store()创建一个 store 对象，代码如下：

```
1   const store = new Vuex.Store({
2     state:{
3       products:[]
4     },
5     getters:{
6       products(state){
7         return state.products;
8       }
9     },
10    mutations: {
11      addToCart(state, name){
12        if(!state.products.includes(name))
13          state.products.push(name);
14      },
15      checkOut(state){
16        //……这里省略了下订单的逻辑……
17        state.products=[];
```

```
18      }
19    }
20  });
```

可以看到，功能逻辑没有变化，只是把程序的结构重新组织了一下：原来获取状态的 getProducts()方法现在放在了 getters 对象中，而 addToCart()和 checkOut()方法则放在了 mutations 对象中。另外，对 state 对象的引用是通过参数实现的，这三个方法都增加了一个 state 参数，这里可以把这三个方法理解为回调函数。

接下来修改根实例。可通过在根实例中增加一个 store 属性的方式，将 store 对象“注入”根实例中。注入根实例之后，根实例的所有子组件也就可以使用 store 对象了，调用 this.$store 即可。

```
1   const vm = new Vue({
2     el: '#app',
3     store,
4     computed: {
5       cartCount(){
6         return this.$store.getters.products.length;
7       }
8     }
9   });
```

下面改造 product 组件，代码如下。这里只修改了一处——使得在“加入购物车”按钮的处理方法中，通过 this.$store 可以引用到 store 对象，这样后面即可通过调用 store 对象的 commit 方法，提交 mutations 对象中定义的 addToCart()方法。

```
1   const product = Vue.component("product", {
2     props:['name'],
3     methods: {
4       addToCart(){
5         this.$store.commit("addToCart", this.name);
6       }
7     },
8     template:`
9     <p :name="name">
10      {{name}}
11      <button @click="addToCart">加入购物车</button>
12    </p>`
13  });
```

可以看到，mutations 对象中定义的方法都不能直接调用，而只能通过 commit()方法间接调用，commit()方法的第一个参数是字符串形式的方法名称，第二个参数则是传递过来的方法参数。

接下来改造 cart 组件。这里修改了两处：一处是使用 commit()方法对 checkOut()方法进行调用；另一处是在 v-for 指令中，获取商品列表的方式有了变化——改用 getters 来实现。

```
1   const cart = Vue.component("cart", {
2     methods: {
3       checkOut(){
4         this.$store.commit("checkOut");
5       }
6     },
7     template:`
8     <div class="cart">
9       <ul>
10        <li v-for="item in $store.getters.products">{{item}}</li>
```

```
11      </ul>
12      <button @click="checkOut">确定下单</button>
13    </div>`
14  });
```

这样简单地修改之后，在浏览器中运行，得到的效果和原来的完全相同。因此，通过这个例子，我们可以清楚地看到实际上使用 Vuex 非常简单，只需要如下几步。

（1）通过 Vue.Store()方法创建 store 实例，在 store 实例的 state 属性中定义需要共享的状态，在 getters 中定义需要读取的状态或者状态经过计算以后的结果，在 mutations 对象中定义对状态执行的修改操作。

（2）在根实例中注入上一步创建的 store 对象。

（3）在所有需要使用 store 对象的组件中，通过 this.$store 获取 store 对象，然后通过 getters 读取状态，并通过 commit()方法提交对状态执行的修改操作。

上面介绍的知识和方法已经可以满足大多数实际开发的需要。接下来，我们将对一些更深入的问题进行讲解。

14.3 深入掌握 Vuex

知识点讲解

14.3.1 在单文件组件中使用 Vuex

在 14.2 节的案例中，我们没有使用单文件组件的方式构建整个应用，Vuex 当然也可以应用于通过单文件组件方式构建的 Vue.js 项目。下面我们就把之前的购物车案例改造为单文件组件方式。

1．初始化项目

首先使用 Vue CLI 脚手架工具创建一个默认的项目，此次在使用 vue create 命令创建项目的时候，选择手动配置的方式，因为可以直接把 Vuex 配置到默认的项目中。

```
1    Vue CLI v4.5.12
2    ? Please pick a preset:
3      Default ([Vue 2] babel, eslint)
4      Default (Vue 3 Preview) ([Vue 3] babel, eslint)
5    > Manually select features
```

然后便可以看到如下所示的配置项，每一行的开头用星号来表示是否需要这样的配置，使用空格键可以选中或取消选中。

```
1    Vue CLI v4.5.12
2    ? Please pick a preset: Manually select features
3    ? Check the features needed for your project: ……
4    >(*) Choose Vue version
5     (*) Babel
6     ( ) TypeScript
7     ( ) Progressive Web App (PWA) Support
8     ( ) Router
9     ( ) Vuex
10    ( ) CSS Pre-processors
11    (*) Linter / Formatter
12    ( ) Unit Testing
13    ( ) E2E Testing
```

使用上下键和空格键选中第 6 项 Vuex，并取消默认选中的第 8 项 Linter/Formatter（这一项的作用是对代码格式进行自动调整，我们暂时可以不管）。然后按回车键，进行下一步配置——选择 Vue.js 的版本，这里保持默认的 Vue 2 即可，接下来的配置都保持默认选项。这样选择完毕后，系统将开始自动在目录中创建项目。

项目创建后，可以看到项目的目录结构如图 14.4 所示。

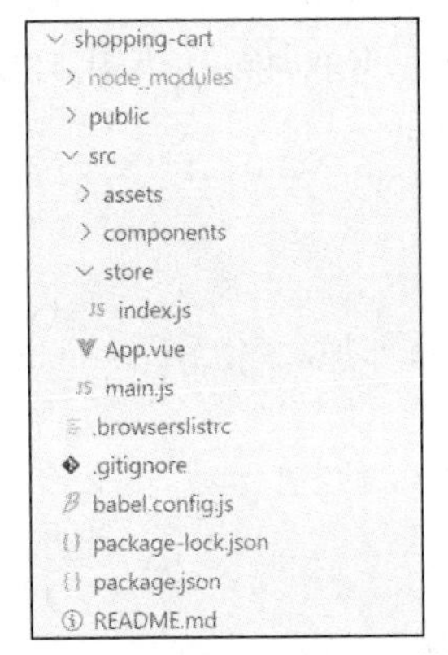

图 14.4 搭建完成后的项目的目录结构

由于我们刚才在选择项目配置时选中了 Vuex 选项，因此在创建的项目中，系统会在 src 目录下增加一个 store 子目录，里面存放了一个 index.js 文件，该文件起初的内容如下：

```
1    import Vue from 'vue'
2    import Vuex from 'vuex'
3
4    Vue.use(Vuex)
5
6    export default new Vuex.Store({
7      state: {
8      },
9      mutations: {
10     },
11     actions: {
12     },
13     modules: {
14     }
15   })
```

这个案例的完整代码可以参考本书配套资源文件“第 14 章/shopping-cart”。

可以看到，脚手架工具已经帮我们搭好了创建 store 所需的基本结构，这时打开 src 目录下的 main.js 文件，即项目的入口文件。由于需要保持项目中的文件名都使用小写字母，因此我们把 App.vue 改为 app.vue，并把 main.js 中对 App.vue 的引用改为引用 app.vue，代码如下：

```
1    import Vue from 'vue'
2    import app from './app.vue'
3    import store from './store'
4
5    Vue.config.productionTip = false
6
7    new Vue({
8      store,
9      render: h => h(app)
```

```
10  }).$mount('#app')
```

可以看到，在创建根实例的时候，由于已经做好了 store 的“注入”，因此 store 可以直接使用。

2．创建 product 组件

接下来，我们删掉 components 目录下的 HelloWorld.vue 文件。但在此之前，我们需要先在 components 目录下创建一个 product.vue 文件，再把和 product 组件有关的代码移到 product.vue 文件中，并将原来以字符串方式定义的 template 改为独立的 template，最后在 script 中使用 export 语句导出组件的定义，我们不需要<style>标记部分，代码如下：

```
1   <template>
2     <p :name="name">
3       {{name}}
4       <button @click="addToCart">加入购物车</button>
5     </p>
6   </template>
7
8   <script>
9     export default {
10      props:['name'],
11      methods: {
12        addToCart(){
13          this.$store.commit("addToCart", this.name);
14        }
15      }
16    }
17  </script>
```

3．创建 cart 组件

在 components 目录下创建一个 cart.vue 文件，同样把和 cart 组件有关的代码移到 cart.vue 文件中，代码如下：

```
1   <template>
2     <div class="cart">
3       <ul>
4         <li v-for="item in $store.getters.products" :key="item.name">{{item}}</li>
5       </ul>
6       <button @click="checkOut">确定下单</button>
7     </div>
8   </template>
9
10  <script>
11    export default{
12      methods: {
13        checkOut(){
14          this.$store.commit("checkOut");
15        }
16      }
17    };
18  </script>
```

这里演示一下<style>标记部分的代码，我们可以把和购物车样式有关的 CSS 代码放到<style>标记部分，代码如下；

```
1   <style scoped>
2     ul, li{
3       margin:0;
4       padding:0;
5     }
6     li{
7       line-height: 1.8;
8       list-style-type: none;
9     }
10    .cart{
11      width:180px;
12      border: 2px dashed #999;
13      position: absolute;
14      padding:10px;
15      top:70px;
16      right:20px;
17      background-color: #ddd;
18    }
19  </style>
```

4．创建整个页面

接下来修改 app.vue 文件，我们需要把原来的根实例改造为根组件，并把原来的 HTML 结构移到 app 组件的 template 中，代码如下：

```
1   <template>
2     <div id="app">
3       <header><p>购物车中商品数量: {{cartCount}}</p></header>
4       <div class="product-list">
5         <product name="华为 Mate 40 Pro"></product>
6         <product name="iPhone 12 Pro"></product>
7         <product name="小米 11 Ultra"></product>
8         <product name="vivo S9"></product>
9       </div>
10      <cart></cart>
11    </div>
12  </template>
```

在 app.vue 的<script>标记部分，首先引入上面已经写好的 product 和 cart 组件，然后导出 app 组件。这里需要注意一下，因为这里原来是 Vue 根实例，所以我们才把 store 对象注入这里，而现在 store 对象已经被注入 main.js 中定义的根实例，因此这里也就不再需要注入 store 对象了。修改以后的代码如下：

```
1   <script>
2     import product from './components/product.vue'
3     import cart from './components/cart.vue'
4
5     export default {
6       el: '#app',
7       components:{product, cart},
8       computed: {
9         cartCount(){
10          return this.$store.getters.products.length;
11        }
```

```
12      }
13    }
14  </script>
```

这里同样也把关于页面全局的 CSS 样式放到<style>标记部分，代码如下：

```
1   <style>
2     #app{
3       width:500px;
4       height:250px;
5       border: 2px solid #999;
6       border-radius: 10px;
7       margin:40px auto;
8       padding: 0 20px;
9       position: relative;
10    }
11    header{
12      text-align: right;
13      border-bottom: 2px solid #999;
14    }
15  </style>
```

这时，打开命令行窗口，进入项目目录，然后执行 npm run serve 命令，启动开发服务器，在浏览器中观察效果，如图 14.5 所示，可以看到效果和原来的一样。

图 14.5 购物车的最终效果

14.3.2 action 与 mutation

在上面的例子中，我们了解了当在组件中需要读取或修改状态时，不应该直接读取 state 变量，而应该使用 getters 和 mutations 中定义的方法来访问状态。

我们可以使用 mutation 来提交对状态所做的修改，此外 Vuex 还提供了 action 这个概念。action 类似于 mutation，也用于改变 store 中的数据状态，不同之处在于：

- action 提交的是 mutation 而不是直接变更状态。
- action 可以包含任意异步操作，而 mutation 不能包含异步操作。

因此，在一般的开发中，如果需要对 state 进行修改，大多数情况下使用 store.commit()方法提交 mutation 就可以了。

但是，如果需要以异步方式修改 store 中的数据，那就必须在 action 中提交 mutation。什么是异步操作呢？我们仍使用购物车案例来说明这里的概念。

在购物车案例中，我们在 checkOut()方法中实际上没有真正执行任何操作，就直接清空了购物车。但在实际项目中，checkOut()方法还需要真正执行一系列的下单操作。正常的下单流程大致如下：

- 先把当前购物车里的商品暂存到一个临时变量中。

- 由于下单操作一般需要调用服务器端的购物 API，并且可能需要等几秒的时间，因此可在页面上通过样式的变化提示用户正在下单。
- 清空购物车。
- 通过 AJAX 方式调用服务器端的购物 API，这个 API 提供了两个回调函数，分别处理操作成功和操作失败的情况。
    - 如果操作成功，就在页面上显示一种特殊样式，表示下单成功。
    - 如果操作失败，就在页面上显示另一种特殊样式，告知用户下单失败，同时恢复购物车里的商品列表。
    - 无论操作成功还是失败，几秒过后，都要清除特殊样式，恢复正常样式。

上述流程中就有好几处异步操作。

- 通过 AJAX 方式调用远程服务器的购物 API 时，需要一段时间才会得到返回的结果，这是一个异步操作。
- 无论操作成功还是失败，都会给出相应的样式以提示用户，但是样式仅维持几秒的时间，就需要恢复正常样式，这又是一个异步操作。

由于用到了异步调用，因此这个流程不能放在 mutations 中，而必须放在 actions 中。

1. 改造 store 对象

下面我们来改造对 store 对象进行设定的代码。首先在 state 中增加一个 status 变量，这个 status 变量用于记录购物车所处的状态，一共有 4 种状态。

- ordinary：平常的状态。
- waiting：向服务器发起了下单请求，正在等待结果。
- success：下单成功。
- error：下单失败。

接下来在 store 的 state 中增加一个 status 属性，默认值为 ordinary。最后在 getters 中增加一个获取 status 的方法，代码如下所示，详情可以参考本书配套资源文件“第 14 章/shopping-cart-action”。

```
1    state:{
2      products: [],
3      status: 'ordinary'
4    },
5    getters:{
6      products(state){
7        return state.products;
8      },
9      status(state){
10       return state.status;
11     }
12   },
```

2. 改造 cart 组件

下面改造 cart 组件的<script>标记部分。由于 checkOut()方法从 mutation 变成了 action，因此不能再用原来的 commit()方法，而应该改用 dispatch()方法，另外还需要增加一个计算属性 status，用于获取 store 的 getters 里的状态，代码如下所示：

```
1    <script>
2      export default{
3        methods: {
4          checkOut(){
```

```
5          this.$store.dispatch("checkOut");
6        }
7      },
8      computed: {
9        status(){
10         return this.$store.getters.status;
11       }
12     }
13   };
14 </script>
```

然后，在 cart 组件的<template>标记部分，将 div 的 class 属性绑定到计算属性 status 上。这样一系列的操作就可以实现：在确定下单的过程中，随着状态的变化，购物车 div 的 class 属性便总有一个与状态一致的类名（可以是 ordinary、waiting、success 或 error）。

```
1  <template>
2    <div class="cart" :class="status">
3      <ul>
4        <li v-for="item in $store.getters.products" :key="item.name">{{item}}</li>
5      </ul>
6      <button @click="checkOut">确定下单</button>
7    </div>
8  </template>
```

接下来在 CSS 中分别设定一下，我们简单地通过背景色区分状态就可以了。平常是浅灰色，提交下单请求以后变成浅紫色，等待结果返回来，成功了变成浅绿色，失败了变成浅红色，2 s 过后，又恢复为浅灰色，代码如下所示：

```
1  .success{
2    background-color: #ddd;
3  }
4
5  .success{
6    background-color: #dfd;
7  }
8
9  .error{
10   background-color: #fdd;
11 }
12
13 .waiting{
14   background-color: #bbf;
15 }
```

3. 增加结账 action

接下来到了最关键的部分，在 actions 的 checkOut()方法中，给出每一步的详细注释。

```
1  actions:{
2    //确定下单方法
3    checkOut(context) {
4      // 首先把当前购物车里的商品备份起来
5      const savedProducts = context.getters.products;
6      // 然后乐观地清空购物车
7      context.commit("clear");
```

```
8        // 将状态设置为 waiting
9        context.commit("setStatus", "waiting");
10       // 模拟通过 AJAX 调用服务器端的购物 API，提供两个
11       // 回调函数，分别处理操作成功和操作失败的情况
12       shoppingApi.buy(
13         savedProducts,
14         // 如果操作成功
15         () => {
16           //将 status 变量设置为"success"
17           context.commit("setStatus", "success");
18           //2 s 后恢复状态
19           setTimeout(() => {
20             context.commit("setStatus", "");
21           }, 2000);
22         },
23         // 如果操作失败
24         () => {
25           //恢复购物车中的商品列表
26           context.commit("recover", savedProducts);
27           //将 status 变量设置为"error"
28           context.commit("setStatus", "error");
29           //2 s 后恢复为普通状态
30           setTimeout(() => {
31             context.commit("setStatus", "");
32           }, 2000);
33         }
34       )
35     }
36   }
```

涉及异步操作的程序逻辑往往也会涉及一级或多级的回调函数，对于非常复杂的多级回调，有一种称呼叫作“回调地狱”，这很好地形容了这种代码的复杂性。好在使用新的 promise 等方式可以极大简化异步逻辑的代码，不过上面的代码回调层级不多，并不难理解。

在上面这段程序中，我们调用了几个改变 products 商品列表的操作，它们都封装在 mutations 部分，代码如下：

```
1    mutations: {
2      //加入购物车
3      addToCart(state, name){
4        if(!state.products.includes(name))
5          state.products.push(name);
6      },
7      //清除购物车
8      clear(state){
9        state.products=[];
10     },
11     //恢复购物车
12     recover(state, products){
13       state.products = products
14     },
15     //设置购物车状态
```

```
16    setStatus(state, status){
17      state.status = status;
18    }
19  }
```

此外，还有一个重要的逻辑是下单，也就是actions 中的 shoppingApi.buy()方法，其中的代码如下所示：

```
1   let shoppingApi = {
2     buy(products, successCallback, errorCallback){
3       let timeout = Math.random()*3000;
4       let successOrError= Math.random();
5       setTimeout(() => {
6         //模拟成功和失败的概率各占一半
7         if(successOrError > 0.5)
8           successCallback();
9         else
10          errorCallback();
11      }, timeout);
12    }
13  };
```

这里只是演示异步操作，所以我们并没有真的去请求服务器上的一个 API，而是使用 JavaScript 的定时器函数模拟了这个过程。上述代码首先产生了一个 3000 以内的随机数，用来模拟等待 API 的返回时间，即等待的毫秒数。然后产生了一个 50%概率的随机数，用来模拟操作成功还是失败。

shoppingApi 对象的 buy()方法有三个参数：

- 第一个参数表示购物车中的商品列表，因为是模拟，所以实际上这里并没有真正用到。
- 第二个参数表示操作成功后将要调用的回调函数。
- 第三个参数表示操作失败后将要调用的回调函数。

产生随机数以后，调用 setTimeout()函数，在延迟 timeout 指定的毫秒时长后，根据随机变量 successOrError，调用操作成功或失败情形下对应的回调函数。

此外还需要说明的一点是，在 checkOut()从 mutation 变成 action 之后，第一个参数仍然是一个上下文变量 context，实际上它和 mutation 中的第一个参数 state 是一样的，接下来的逻辑请读者仔细查看代码中给出的详细注释。

到这里，就可以把这个程序完整地组装在一起了。

通过这个案例，读者可以清晰地理解异步操作以及使用 action 进行操作的方法。在浏览器中观察运行结果：购物车方框默认使用灰色的背景，当加入一些商品后，单击"确定下单"按钮，购物车方框的背景将变为浅紫色，购物车被清空。一两秒钟后，将随机地操作成功或失败。如果操作失败，购物车里的商品列表将恢复，同时背景变成浅红色；如果操作成功，背景将变成浅绿色。再过两秒钟，红色或绿色的背景将恢复成默认的浅灰色。

这样就比较完整地模拟了购物车实际运行的过程。希望读者通过这个案例，能够透彻地理解 Vuex 的核心原理以及 action、mutation、state、getters 这几个关键对象的含义和用法，同时充分理解数据的流向和调用关系。

14.4 动手练习：改进版的"待办事项"（TodoList）

前面的第 7 章制作过一个待办事项小应用，后来的第 12 章对它进行了升级，增加了过渡效果。

这里我们再次对它进行升级。我们已经给出了一个基础页面，源文件可以参考本书配套资源文件“第 14 章/todo-list/todo-list-basic.html”。

在浏览器中打开这个页面，在文本输入框中输入一个待办事项的内容，单击加号按钮 + ，即可在列表中添加一个新的待办事项，效果如图 14.6 所示。

单击待办事项列表中的任意一个，便可将这个待办事项标记为已完成，效果如图 14.7 所示。

图 14.6　添加待办事项

图 14.7　标记某个待办事项已完成

在图 14.7 中，待办事项列表的底部显示了我们一共做了多少个计划以及已经完成了多少个计划。此外，我们已经使用 localStorage 存储了待办事项的内容，这样即使关闭了浏览器，再次打开的时候，也依然会看到与关闭前相同的任务情况。

顶部的按钮 x 表示清除所有的待办事项，并恢复到最初的状态。“显示计划”按钮用于隐藏已经完成的待办事项。总的来说，这个页面虽然代码不多，但却已经完成了这个程序的基本功能，具有一定的实用性。

但是，我们给出的这个页面还没有进行组件化。也就是说，页面上的所有对象都组织在根实例中。这里留给读者的任务就是将这个页面组件化，请把它重构为几个组件，使程序结构得到优化，这样当组件之间需要传递数据时，就可以使用 Vuex 了。因此，这个练习的主要目的是让读者通过自己的事件，深刻理解 Vuex 的用法。

我们在本书配套资源中给出了一个完成组件化以后的页面文件 ch14-vuex/todo-list/todo-list-vuex.html，建议读者先不要看这个“答案”，等到自己探索过之后，再参考这个文件。

本章小结

本章讲解了从 Vue.js 中独立出来的一个重要插件 Vuex，Vuex 实现了一种专门用来集中管理整个应用状态的机制。我们首先通过一个简单的“将商品加入购物车”案例讲解了 store 模式的基本原理，然后使用单文件组件的方式构建整个应用，从而使读者更深入地掌握 Vuex。希望读者能够真正地学会使用 Vuex 插件，因为 Vuex 插件在中大型案例中都会用到。

知识点讲解

习题 14

一、关键词解释

store 模式　Vuex　State　action　mutation

二、描述题

1. 请简单描述一下 Vuex 的作用。
2. 请简单描述一下 Vuex 中的核心部分分别是什么，它们的作用是什么。

三、实操题

在第 13 章习题部分实操题的基础上，结合 Vuex 插件实现“添加购物车”的功能，购物车列表页的效果如题图 14.1 所示，具体要求如下。

（1）右上角显示购物车中的产品数量，单击产品详情页中的“添加购物车”按钮，右上角显示的产品数量随之变化。

（2）新增一个购物车页面，并且在菜单中添加一个进入购物车页面的入口。

（3）购物车页面有如下功能：

- 显示要购买的产品列表，列表中展示的信息包括删除图标、产品图片、名称、价格、数量和总价（当前产品的总价）。
- 数量对应一个输入框，默认显示的数值为你在产品详情页上添加的产品数量，但其可以修改。
- 列表下方展示所有产品的总价。
- 修改产品的数量或者删除产品后，右上角显示的产品数量和下方的总价都会随之变化。

（4）刷新页面，购物车中的数据不会清空。

注意，通过产品 id 查询可得，对应的产品信息用于展示购物车列表页的接口地址为“https://eshop.geekfun.website/api/v1-csharp/product/listByIds?productIds=id1,id2”。

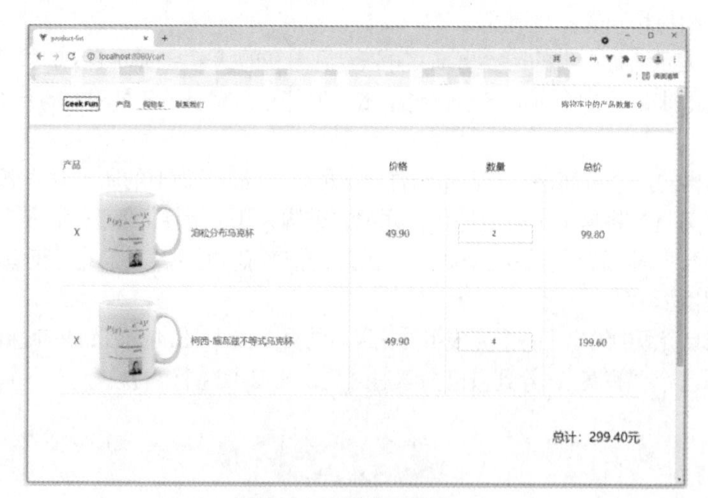

题图 14.1　购物车列表页

第三篇

综合案例篇

第15章 综合案例——“豪华版”待办事项

第 7 章已经制作过“待办事项”案例，第 12 章则为这个案例添加了过渡效果。

本章的思维导图如下。

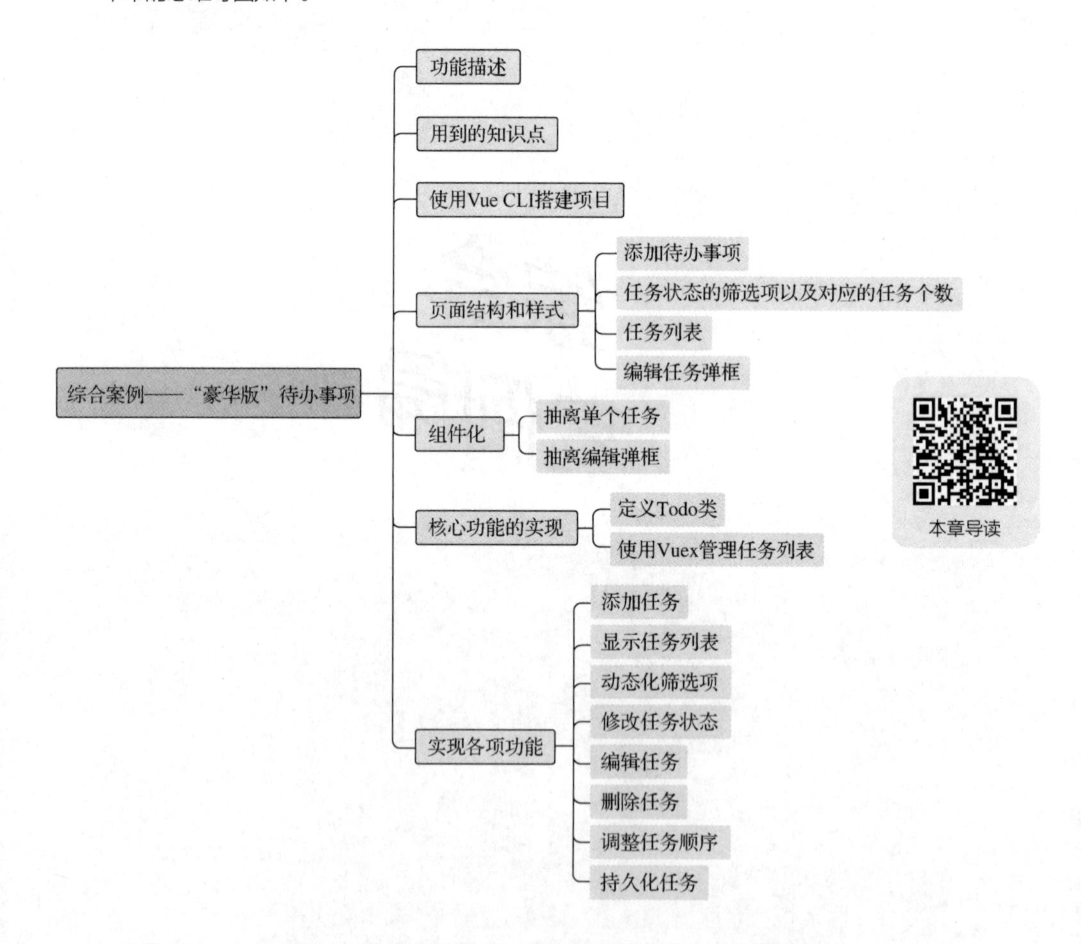

本章将制作一个综合且完善的“豪华版”待办事项应用，完成之后的效果如图 15.1 所示。

图 15.1 “豪华版”待办事项应用的效果

15.1 功能描述

“待办事项”是一款任务管理工具，用户可以用它方便地组织和安排计划，把要做的事情一项一项列出来，以免忘记。这个工具包含以下功能。

1. 添加待办事项

在输入框中输入任务的内容，单击 Add 按钮，即可将任务添加到下方的任务列表中。在这个应用中，我们还增加了任务的状态，一共分为三种状态，分别是 Todo（待办）、In Progress（进行中）和 Done（已完成）。

2. 筛选待办事项

输入框的下方是任务状态的筛选项，分别为 Todo、In Progress 和 Done，每个筛选项的后面还有一个数字，用于表示对应状态的任务有几个。选中相应的状态后，任务列表也会跟着变化。

3. 修改待办事项的状态

任务列表中圆圈的颜色表示每个任务的状态，白色表示待办，黄色表示进行中，绿色表示已完成。单击圆圈或文字可改变任务的状态，每单击一次，就会在三种状态间切换一次。

4. 编辑待办事项

每个任务都有状态、内容和备注信息，单击任务列表中的编辑图标，将有弹窗显示编辑表单，如图 15.2 所示。修改完之后，单击 OK 按钮，保存任务信息，任务列表也会相应更新。用户也可以单击 Cancel 按钮，隐藏弹窗。

图 15.2 编辑任务

5．删除待办事项

单击任务列表中的删除图标，即可删除对应的任务。

6．调整待办事项的顺序

单击并拖曳每个任务最前面的⋮图标，可以改变任务的顺序，例如将优先的任务置顶。

15.2 用到的知识点

作为全书的三个综合案例之一，本综合案例将用到比较多的知识点。

- class 属性的绑定。
- 条件渲染。
- 列表渲染。
- 数据绑定。
- 事件处理。
- 计算属性和侦听器。
- 组件。
- 表单。
- 状态管理 Vuex。
- 拖曳插件 vuedraggable。
- 字体图标 fontAwesome。

15.3 使用 Vue CLI 搭建项目

我们首先通过 Vue CLI 脚手架工具搭建项目，然后逐步实现所有功能。在命令行窗口中输入如下命令：

```
vue create todolist
```

此时命令行窗口如图 15.3 所示，接下来开始选择 Vue.js 项目的各种配置。

```
Vue CLI v4.5.12
? Please pick a preset:
  n ([Vue 2] dart-sass, babel)
  Default ([Vue 2] babel, eslint)
  Default (Vue 3 Preview) ([Vue 3] babel, eslint)
> Manually select features
```

图 15.3 开始选择配置

这里选择手动配置，如图 15.3 所示。左侧的“>”表示选中的项，使用上下箭头可以切换。选中“Manually select features”后，按回车键进入下一步，如图 15.4 所示。

```
? Check the features needed for your project:
 (*) Choose Vue version
 (*) Babel
 ( ) TypeScript
 ( ) Progressive Web App (PWA) Support
 ( ) Router
 (*) Vuex
>(*) CSS Pre-processors
 ( ) Linter / Formatter
 ( ) Unit Testing
 ( ) E2E Testing
```

图 15.4 选择配置项

图 15.4 显示了各种配置项，这里选中如下配置项：Choose Vue version、Babel、Vuex 和 CSS Pre-processors。可通过上下键选择某一行，再按空格键来切换是否选中，括号中有“*”的表示选中。按回车键进入下一步，如图 15.5 所示。

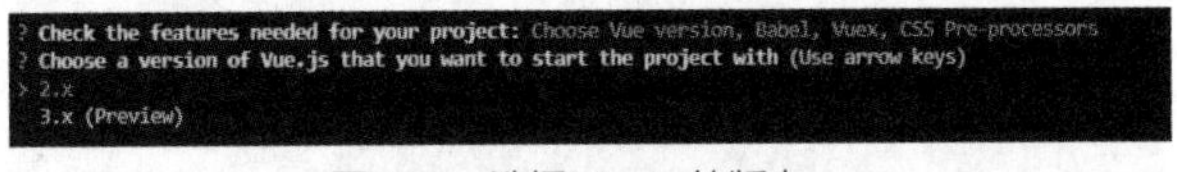

图 15.5　选择 Vue.js 的版本

请选择 2.x 版本，按回车键进入下一步，如图 15.6 所示。这一步选择的是 CSS 预处理器，我们选择使用最流行的 SCSS 工具来实现 CSS 的预处理。但是，即便不熟悉 CSS，也不会影响读者对本案例的学习。

```
? Check the features needed for your project: Choose Vue version, Babel, Vuex, CSS Pre-processors
? Choose a version of Vue.js that you want to start the project with 2.x
? Pick a CSS pre-processor (PostCSS, Autoprefixer and CSS Modules are supported by default): (Use arrow keys)
> Sass/SCSS (with dart-sass)
  Sass/SCSS (with node-sass)
  Less
  Stylus
```

图 15.6　选择 CSS 预处理器

选择完 Sass/SCSS(with dart-sass)之后，按回车键进入下一步，如图 15.7 所示。

```
? Check the features needed for your project: Choose Vue version, Babel, Vuex, CSS Pre-processors
? Choose a version of Vue.js that you want to start the project with 2.x
? Pick a CSS pre-processor (PostCSS, Autoprefixer and CSS Modules are supported by default): Sass/SCSS (with dart-sass)
? Where do you prefer placing config for Babel, ESLint, etc.? (Use arrow keys)
> In dedicated config files
  In package.json
```

图 15.7　选择文件的存放位置

选中“In dedicated config files”，这表示将 Babel、ESLint 等配置文件独立存放。按回车键进入下一步，如图 15.8 所示。

```
? Check the features needed for your project: Choose Vue version, Babel, Vuex, CSS Pre-processors
? Choose a version of Vue.js that you want to start the project with 2.x
? Pick a CSS pre-processor (PostCSS, Autoprefixer and CSS Modules are supported by default): Sass/SCSS (with dart-sass)
? Where do you prefer placing config for Babel, ESLint, etc.? In dedicated config files
? Save this as a preset for future projects? (y/N) n
```

图 15.8　选择是否保存预设

预设的作用是将以上这些选项保存起来，这样下次使用 Vue CLI 搭建项目的时候就可以直接使用，不需要再配置一遍。这里输入 n，表示不保存。按回车键进入下一步，如图 15.9 所示。

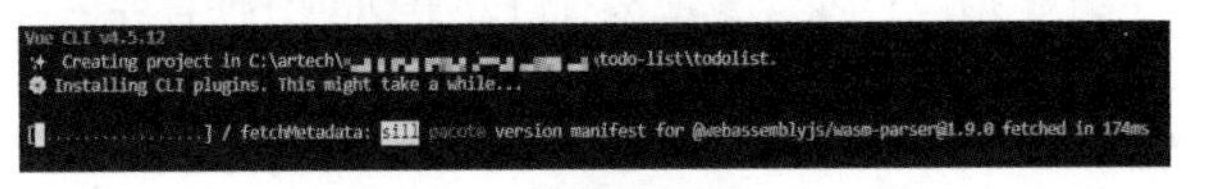

图 15.9　开始搭建项目

这时系统将根据前面的配置项开始搭建项目，请等一会儿，当出现图 15.10 所示的界面时，表示项目搭建完成。

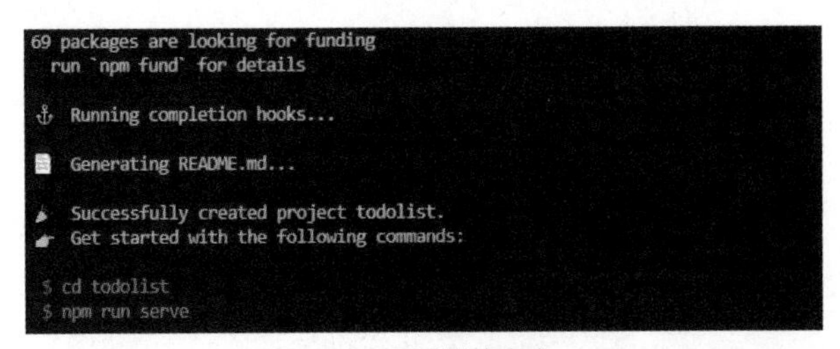

图 15.10　项目搭建完成

输入命令 cd todolist，进入 todolist 文件夹。然后输入命令 npm run serve，运行项目。项目运行后，命令行窗口如图 15.11 所示。

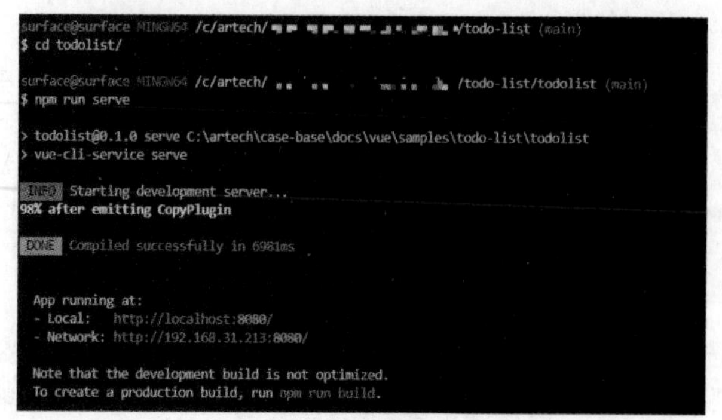

图 15.11　运行项目

此时，在浏览器中输入 http://localhost:8080，效果如图 15.12 所示。

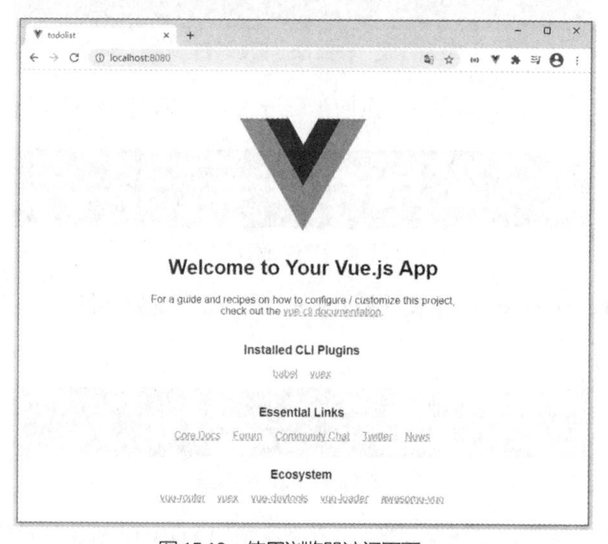

图 15.12　使用浏览器访问页面

接下来就可以开始编写代码了，一步一步地实现待办事项的各种管理工具。命令行窗口不要关闭，修改代码后，页面会自动刷新，显示最新效果。

15.4 页面结构和样式

下面准备页面结构和样式，包含 4 部分：

- 添加待办事项；
- 任务状态的筛选项以及对应的任务个数；
- 任务列表；
- 编辑任务弹框。

接下来我们逐一实现，可首先在 App.vue 中组织代码，然后拆分成组件。

15.4.1 添加待办事项

在 App.vue 中，为页面顶部编写添加待办事项部分的结构和样式，代码如下：

```
1   <template>
2     <div id="app">
3       <!-- 固定在顶部 -->
4       <div class="fixed-top">
5         <div class="container">
6           <!-- 添加待办事项 -->
7           <form class="input-form" action="">
8             <label class="form-label" for="content">Todo</label>
9             <input type="text">
10            <button type="submit" class="btn-regular">Add</button>
11          </form>
12          <!-- 筛选项 -->
13        </div>
14      </div>
15      <!-- 任务列表 -->
16      <!-- 弹框 -->
17    </div>
18  </template>
19  <style lang="scss">
20  #app {
21    font-family: Avenir, Helvetica, Arial, sans-serif;
22    color: #212529;
23    margin-top: 80px;
24  }
25  *, ::after, ::before {
26    box-sizing: border-box;
27    padding: 0;
28    margin: 0;
29  }
30  .container {
31    width: 100%;
32    max-width: 720px;
33    padding: 0 15px;
34    margin: 0 auto;
35  }
36  .btn-regular {
37    padding: .25rem .5rem;
38    color: #fff;
39    background-color: #007bff;
40    border: 1px solid #007bff;
41    border-radius: 0;
42    font-size: .875rem;
43    line-height: 1.5;
44  }
45  button {
46    cursor: pointer;
47  }
48  .fixed-top {
49    position: fixed;
50    top: 0;
51    left: 0;
52    width: 100%;
53    // 添加待办事项
54    .input-form {
```

```
55      display: flex;
56      width: 100%;
57      margin-top: 15px;
58      .form-label {
59        display: flex;
60        font-size: 1rem;
61        border: 1px solid #979797;
62        border-right: none;
63        background: #faf9f9;
64        line-height: 1.5;
65        padding: .25rem .5rem;
66      }
67      input[type="text"] {
68        padding: 2px 4px;
69        font-size: 1rem;
70        flex-grow: 1;
71      }
72    }
73  }
74  </style>
```

此时效果如图 15.13 所示。

图 15.13 添加待办事项部分的页面结构和样式

15.4.2 任务状态的筛选项以及对应的任务个数

在 App.vue 中，为任务管理部分编写页面结构，代码如下：

```
1   <div class="fixed-top">
2     <div class="container">
3       <!-- 添加待办事项 -->
4       <!-- 筛选项 -->
5       <div class="status-boxes">
6         <label>
7           <input type="checkbox">
8           <span class="status-name">Todo</span>
9           <span class="badge badge-light">0</span>
10        </label>
11        <label>
12          <input type="checkbox">
13          <span class="status-name">In Progress</span>
14          <span class="badge badge-warning">0</span>
15        </label>
16        <label>
17          <input type="checkbox">
18          <span class="status-name">Done</span>
19          <span class="badge badge-success">0</span>
20        </label>
```

```
21      </div>
22    </div>
23  </div>
```

任务管理部分的样式代码不再赘述，读者可以参考本书配套的资源文件。此时，任务管理部分的页面结构和样式已完成，运行效果如图 15.14 所示。

图 15.14　任务管理部分的页面结构和样式

15.4.3 任务列表

下面编写任务列表部分的页面结构和样式。任务列表中有三个图标，左侧是移动任务顺序的图标，右侧是编辑和删除任务的图标。之前都是使用 CDN 方式引入，为了让读者更加了解如何使用字体图标 fontAwesome，这里换一种方式，使用命令行的方式进行安装，步骤如下。

（1）安装基础依赖库。

```
1   npm install --save @fortawesome/fontawesome-svg-core
2   npm install --save @fortawesome/vue-fontawesome
```

（2）安装样式依赖库。

```
npm install --save @fortawesome/free-solid-svg-icons
```

（3）将安装的依赖库引入 main.js 文件中。

```
1   import { library } from '@fortawesome/fontawesome-svg-core'
2   import { faEllipsisV, faEdit, faTimes } from '@fortawesome/free-solid-svg-icons'
3   import { FontAwesomeIcon } from '@fortawesome/vue-fontawesome'
4
5   library.add(faEllipsisV, faEdit, faTimes)
6
7   Vue.component('font-awesome-icon', FontAwesomeIcon)
```

说明

上述代码中的 faEllipsisV、faEdit、faTimes 分别对应三个图标，如果还需要其他图标，可在此处引入。

安装并注册之后，就可以使用 font-awesome-icon 组件了。为任务列表部分编写页面结构，代码如下：

```
1   <div class="main-content">
2     <div class="list-group">
3       <div class="list-group-item">
4         <div class="todo-move">
5           <font-awesome-icon icon="ellipsis-v" size="xs"/>
6         </div>
7         <div class="pointer todo-status todo-status-light"></div>
8         <div class="todo-text">测试</div>
9         <div>
10          <font-awesome-icon icon="edit" size="xs" class="pointer"/>
```

```
11          </div>
12          <div>
13            <font-awesome-icon icon="times" size="xs" class="pointer"/>
14          </div>
15        </div>
16        ……省略另外两个列表项的页面结构……
17      </div>
18    </div>
```

上述代码省略了两个列表项的页面结构，读者只需要复制出两个列表项，并将第二个列表项的类名 todo-status-light 改为 todo-status-warning，而将第三个列表项的改为 todo-status-success 即可。编写完样式之后，效果如图 15.15 所示。

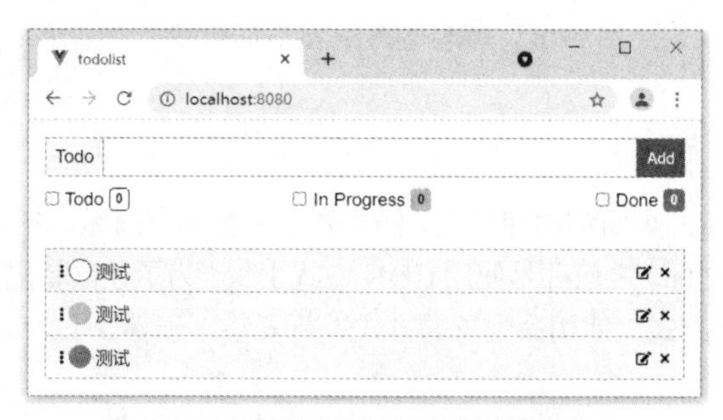

图 15.15 任务列表部分的页面结构和样式

15.4.4 编辑任务弹框

单击任务列表中的编辑图标将显示弹框，有关页面结构的代码如下：

```
1   <div class="modal-mask" v-if="isEditing">
2     <div class="modal-container">
3       <div class="form-row">
4         <div class="status-labels">
5           <label class="status-label">
6             <input type="radio">
7             <span>Todo</span>
8           </label>
9           <label class="status-label">
10            <input type="radio">
11            <span>In Progress</span>
12          </label>
13          <label class="status-label">
14            <input type="radio">
15            <span>Done</span>
16          </label>
17        </div>
18      </div>
19      <div class="form-row">
20        <input class="input-text" type="text"/>
21      </div>
22      <div class="form-row">
23        <textarea maxlength="1000" rows="3"/>
24      </div>
25      <div class="modal-footer">
26        <button class="btn-regular btn-modal">OK</button>
```

```
27        <button class="btn-gray btn-modal">Cancel</button>
28      </div>
29    </div>
30  </div>
31  data() {
32    return { isEditing: true }
33  }
```

上述代码定义了一个 isEditing 变量来控制是否显示弹窗。此时，保存并运行项目，弹框的页面效果如图 15.16 所示。

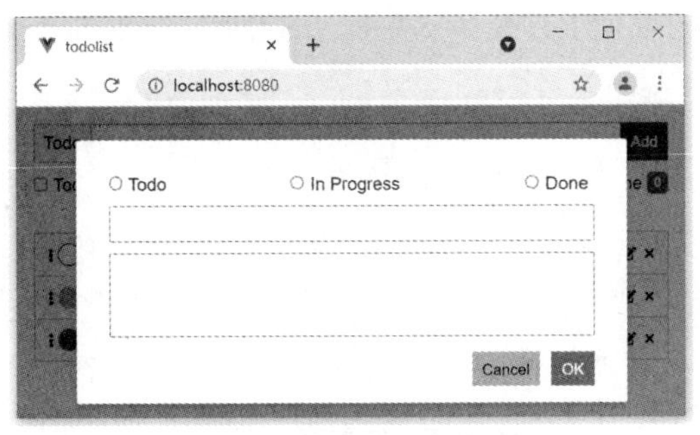

图 15.16 弹框的页面效果

源代码文件：“第 15 章/01todolist”。

15.5 组件化

目前，所有的页面结构代码和样式代码都在 App.vue 中，可以从中抽离出两个组件：单个任务组件和编辑弹框组件，以便复用。

说明

在熟悉了组件功能之后，在实际开发中，动手之前就可以大致分析出组件如何划分，直接单独编写组件即可。

15.5.1 抽离单个任务

首先，在 components 文件夹中创建 TodoItem.vue 文件；在 App.vue 中，任务列表中有三个任务，将第一个任务抽离到 TodoItem.vue 文件中，另外两个任务直接删除即可。然后，将 App.vue 中的样式文件也抽离到 TodoItem.vue 文件中。最后，在 App.vue 文件中引入注册组件并使用，此时，App.vue 文件中任务列表部分的代码如下：

```
1   <!-- 任务列表 -->
2   <div class="main-content">
3     <div class="list-group">
4       <todo-item></todo-item>
5     </div>
6   </div>
7   <script>
8   import TodoItem from './components/TodoItem'
```

```
9    export default {
10     name: 'App',
11     components: {
12       TodoItem
13     },
14     data() {
15       return { isEditing: false }
16     }
17   }
18   </script>
```

此时，保存并运行文件，页面上只有一个任务，后期循环“todo-item”组件即可。效果如图 15.17 所示。

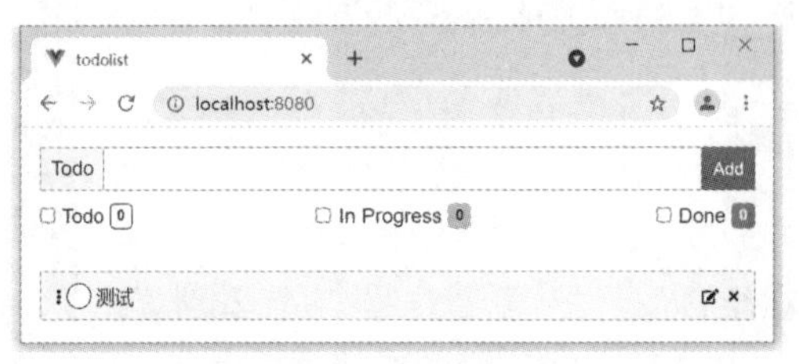

图 15.17　抽离单个任务

15.5.2 抽离编辑弹框

首先，在 components 文件夹中创建 ModalDialog.vue 文件；在 App.vue 文件中，将编辑弹框部分的页面结构代码和样式代码抽离到 ModalDialog.vue 文件中。然后，在 App.vue 文件中引入注册组件并使用，此时，App.vue 文件中编辑弹框部分的代码如下：

```
1    <!-- 弹框 -->
2    <modal-dialog v-if="isEditing" />
3    import ModalDialog from './components/ModalDialog'
4    export default {
5      name: 'App',
6      components: {
7        TodoItem,
8        ModalDialog
9      },
10     data() {
11       return { isEditing: false }
12     }
13   }
```

源代码文件：“第 15 章/02todolist”。

到这里，组件化工作就已经完成了。接下来我们实现核心功能。

15.6 核心功能的实现

15.6.1 定义 Todo 类

我们很容易想到，状态在筛选项、任务列表和弹框编辑中都需要用到。为此，定义一个状态数组，里面总共有三种状态，每种状态的颜色不同。在 assets 文件夹中创建 Todo.js 文件，编写如下代码：

```
1   export const TaskState = [
2     { name: 'Todo', value: 0, color: 'light' },
3     { name: 'In Progress', value: 1, color: 'warning' },
4     { name: 'Done', value: 2, color: 'success' }
5   ]
```

每种状态有三个属性：名称、值和颜色。接下来定义 Todo 类，它有 4 个属性（id、内容、状态和备注）以及一个能够改变状态的方法，代码如下：

```
1   export class Todo {
2     constructor (id, content, state=0, note="") {
3       this.id = id
4       this.content = content
5       this.state = state
6       this.note = note
7     }
8     changeState() {
9       switch (this.state) {
10        case 0:
11          this.state = 1
12          break
13        case 1:
14          this.state = 2
15          break
16        case 2:
17          this.state = 0
18          break
19      }
20    }
21    get color() {
22      return TaskState.find(item => item.value == this.state).color
23    }
24  }
```

创建任务时，默认状态是 0，表示未开始。此外，我们在 Todo 类中还定义了一个存取器“color”，用于获取当前状态对应的颜色。

源代码文件：“第 15 章/02todolist/src/assets/Todo.js”。

15.6.2 使用 Vuex 管理任务列表

任务数据会在多个组件中使用，因此我们使用 Vuex 来管理任务数据。我们需要保存两个状态：任务数组和最大的任务 id。为此，在 store 文件夹下的 index.js 中编写如下代码：

```
1   import Vue from 'vue'
2   import Vuex from 'vuex'
3   import { Todo } from '../assets/Todo'
4
5   Vue.use(Vuex)
6
7   export default new Vuex.Store({
8     state: {
9       todos: [],
10      lastId: 0
```

```
11    },
12  })
```

与获取任务相关的数据有三个：根据状态过滤列表、根据 id 获取任务和获取状态对应的任务数量。下面在 getters 中定义相应的读取器，代码如下：

```
1   getters: {
2     // 根据状态过滤列表
3     getFilteredTodos: (state) => (stateArray) => {
4       if(stateArray.length > 0)
5         return state.todos.filter(ele => stateArray.includes(ele.state))
6       else
7         return state.todos
8     },
9     //根据 id 获取任务
10    getTodoById: (state) => (id) => {
11      return state.todos.find(v => v.id === id)
12    },
13    // 获取状态对应的任务数量
14    getTaskCount: (state) => (taskState) => {
15      return state.todos.filter(el => el.state === taskState).length
16    },
17  },
```

注意，当过滤任务列表时，选中的状态参数类型是数组。如果没有选择任何状态，则返回整个任务列表，这相当于选中所有状态。

说明

任务列表是一个数组，在对这个数组进行增、删、改、查时，就会用到 ES6 中的数组方法，请读者事先掌握这部分知识。

有关任务列表的操作有 5 个：添加任务、修改任务、删除任务、修改任务状态以及修改任务顺序。在 mutations 中定义相应的 5 个方法，代码如下：

```
1   mutations: {
2     // 删除任务
3     removeTask(state, value) {
4       let index = state.todos.findIndex(v => v.id === value)
5       state.todos.splice(index, 1)
6     },
7     // 修改任务
8     updateTask(state, value) {
9       let item = state.todos.find(v => v.id === value.id)
10      Object.assign(item, value)
11    },
12    // 修改任务状态
13    changeState(state, value) {
14      let item = state.todos.find(v => v.id === value)
15      item.changeState()
16    },
17    // 添加任务
18    addTask(state, value) {
19      state.lastId++;
```

```
20      let todo = new Todo(state.lastId, value)
21      state.todos.push(todo)
22      // 输出添加任务后的新数组
23      console.log(state.todos)
24    },
25    // 修改任务顺序
26    changeOrder(state, value) {
27      let filered = this.getters.getFilteredTodos(value.option)
28      let oldItem = filered[value.oldIndex]
29      let newItem = filered[value.newIndex]
30      let realOldIndex = state.todos.findIndex(v => v.id === oldItem.id)
31      let realNewIndex = state.todos.findIndex(v => v.id === newItem.id)
32      // 先删除
33      state.todos.splice(realOldIndex, 1)
34      // 再找到移动后的位置并插入刚才删除的那条数据
35      state.todos.splice(realNewIndex, 0, oldItem)
36    }
37  },
```

源代码文件：第 15 章/02todolist/src/store/index.js

15.7 实现各项功能

接下来实现任务的增、删、改、查以及调整任务顺序时的交互界面，这些需要分步骤来实现。一开始没有任何数据，为此，我们首先实现添加任务的功能，以便后续将它们显示出来并进行处理。

15.7.1 添加任务

在输入框中输入内容之后，单击 Add 按钮，添加一个任务。为了给表单添加并绑定提交事件，我们需要获取输入框中的内容并添加到任务列表中。修改 App.vue 中的代码，如下所示：

```
1   <form class="input-form" @submit.prevent="addTask">
2     <label class="form-label" for="content">Todo</label>
3     <input type="text" ref="content">
4     <button type="submit" class="btn-regular">Add</button>
5   </form>
6   methods: {
7     // 添加任务的内容
8     addTask() {
9       let content = this.$refs.content;
10      // 内容为空字符串
11      if (!content.value.trim().length) return;
12      // 提交 mutation
13      this.$store.commit('addTask', content.value);
14      // 添加完之后，清空输入框
15      content.value = ''
16    },
17  }
```

上述代码为表单添加了提交事件，事件名称为 addTask，可通过 ref 获取输入框中的内容。如果内容为空字符串，就直接返回，不添加任务；否则，提交到状态管理文件中，添加任务并清空输入框。

这时，保存并运行项目，在输入框中输入 test，单击 Add 按钮，控制台将输出一个数组对象，如下所示：

```
1  [{
2    content: "test",
3    id: 1,
4    note: "",
5    state: 0,
6    color: "light"
7  }]
```

每添加一个任务，任务列表中就会多一个数组对象，并且任务 id 会在当前最大任务 id 的基础上加 1。

源代码文件："第 15 章/03todolist"。

15.7.2 显示任务列表

任务添加完之后，需要显示到页面中。可使用 v-for 指令渲染出 Vuex 中的任务列表 todos，代码如下：

```
1   <div class="main-content">
2     <div class="list-group">
3       <todo-item v-for="item in filteredTodos"
4         :key="item.id" :todo="item"></todo-item>
5     </div>
6   </div>
7   data() {
8     return {
9       isEditing: false,
10      filterOption: [],
11    }
12  },
13  computed: {
14    filteredTodos() {
15      return this.$store.getters.getFilteredTodos(this.filterOption)
16    }
17  },
```

可以使用组件"todo-item"，将单个任务的数据传递给子组件。然后在子组件 TodoItem.vue 中，使用 props 接收变量并绑定到视图中，代码如下：

```
1  <script>
2  export default {
3    name: 'TodoItem',
4    props: { todo: Object },
5  }
6  </script>
7  <div class="todo-text" :title="todo.content">{{todo.content}}</div>
```

此时，保存并运行项目，添加两个任务，页面效果如图 15.18 所示。

图 15.18　添加的任务将显示在页面中

源代码文件：“第 15 章/04todolist”。

15.7.3　动态化筛选项

前面定义的状态数组 TaskState 可在 App.vue 文件中引入，代码如下：

```
import { TaskState } from './assets/Todo.js'
```

在上一步中，所有的任务都已经显示出来了，此时需要根据选中的状态来过滤任务列表，并且默认选中了 Todo 和 In Progress 这两个状态。此外，这里还需要一个方法来获取状态对应的任务数量，代码如下：

```
1   data() {
2     return {
3       isEditing: false,
4       // 任务状态数据
5       options: TaskState,
6       // 默认选中 Todo 和 In Progress
7       filterOption: [TaskState[0].value, TaskState[1].value],
8     }
9   },
10  methods: {
11    // 获取各种状态对应的任务数量
12    todoCounts(state) {
13      return this.$store.getters.getTaskCount(state)
14    },
15    ……省略……
16  }
```

然后在视图中使用 v-for 指令，渲染出各种状态的样式和对应的任务数量，代码如下：

```
1   <!-- 筛选项 -->
2   <div class="status-boxes">
3     <label v-for="item in options" :key="item.value">
4       <input type="checkbox" :value="item.value" v-model="filterOption">
5       <span class="status-name">{{item.name}}</span>
6       <span :class="['badge', 'badge-'+item.color]">{{todoCounts(item.value)}}</span>
7     </label>
8   </div>
```

此时，添加两个任务，效果如图 15.19 所示。页面上默认选中了 Todo 和 In Progress 状态，并且 Todo 状态对应有两个任务，其他状态对应的任务个数为 0。

图 15.19　动态化筛选项及任务个数

源代码文件："第 15 章/05todolist"。

15.7.4 修改任务状态

为了实现单击任务列表中的圆圈和文字，就能够修改当前任务的状态，我们需要给元素添加相应的事件，此外还需要根据状态正确显示任务的颜色。和筛选项类似，这也可以通过绑定 class 属性的方式来实现。修改 TodoItem.vue 文件中的代码，如下所示：

```
1   <div :class="['pointer', 'todo-status', 'todo-status-'+todo.color]"
2     @click="changeEventHandler"></div>
3   <div class="todo-text pointer" :title="todo.content"
4     @click="changeEventHandler">{{todo.content}}</div>
5   methods: {
6     changeEventHandler() {
7       this.$store.commit('changeState', this.todo.id)
8     },
9   }
```

运行项目，添加任务，初始状态是 Todo，单击圆圈或文字，状态变成 In Progress，颜色为黄色，如图 15.20 所示。再次单击圆圈或文字，状态变成 Done，颜色为绿色。不仅任务列表中的任务状态变了，对应的筛选项中的任务个数也在跟着改变。

图 15.20　将任务状态修改为 In Progress

源代码文件："第 15 章/06todolist"。

15.7.5 编辑任务

单击任务列表中某个任务右侧的编辑图标，将出现弹框，其中有一个编辑表单，从中可以修改任务的状态、内容和备注信息，也可以取消编辑。

1．显示弹框

为了实现单击任务的编辑图标就显示弹框，我们需要在父子组件 App.vue 和 TodoItem.vue 之间传递数据。可在 TodoItem.vue 中使用 this.$emit()向外暴露一个事件，并在 App.vue 中处理这个事件。

为此，在 TodoItem.vue 中处理单击事件，代码如下：

```
1    <div @click="editEventHandler">
2      <font-awesome-icon icon="edit" size="xs" class="pointer"/>
3    </div>
4    methods: {
5      editEventHandler() {
6        this.$emit('edit');
7      },
8      ……省略……
9    }
```

接下来在 App.vue 文件中处理 TodoItem.vue 暴露的 edit 事件，将控制弹框显示和隐藏的变量 isEditing 改为 true，代码如下：

```
1    <todo-item v-for="item in filteredTodos"
2      :key="item.id" :todo="item"
3      @edit="editTask"></todo-item>
4    methods: {
5      // 单击任务的编辑图标，使弹框出现
6      editTask() {
7        this.isEditing = true
8      },
9      ……省略……
10   }
```

此时，添加一个任务，单击编辑图标就显示弹框的功能已实现，效果如图 15.21 所示。

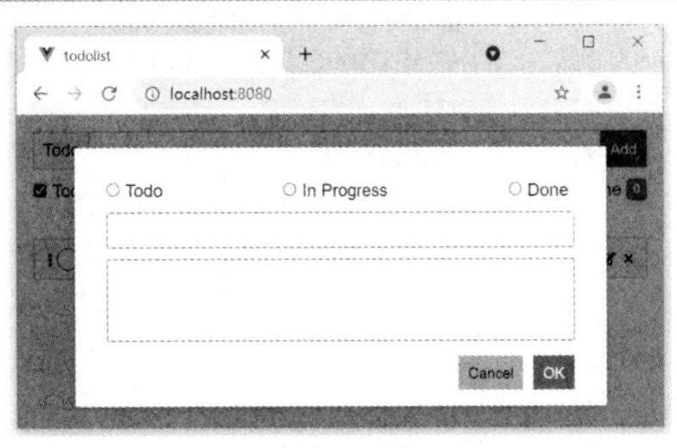

图 15.21　单击任务的编辑图标就会显示弹框

源代码文件：“第 15 章/07todolist/01/”。

目前，在弹框的编辑表单中，内容是空的，我们需要将当前任务的内容正确显示出来。

2．显示当前任务的内容

当单击编辑图标时，需要根据任务 id，获取当前任务的内容，并且将数据传递给子组件 ModalDialog。为此，在 App.vue 的 data 中定义一个属性 editingItem，作为传递的中间变量，然后修改代码，如下所示：

```
1    data() {
2      return {
3        ……省略……
4        editingItem: null,
5      },
6      methods: {
7        editTask(id) {
8          this.isEditing = true
9          // 根据 id 获取任务
10         this.editingItem = this.$store.getters.getTodoById(id)
11       },
12       ……省略……
13     }
14   }
```

```
15  <todo-item v-for="item in filteredTodos"
16    :key="item.id" :todo="item"
17    @edit="editTask(item.id)"></todo-item>
```

将 editingItem 属性传递给子组件 ModalDialog，代码如下：

```
<modal-dialog v-if="isEditing" :todo="editingItem" />
```

子组件 ModalDialog 通过 props 来接收想要修改的任务项 todo，然后显示到视图中。在 ModalDialog.vue 文件中修改代码，如下所示：

```
1   import { TaskState } from '../assets/Todo.js'
2   export default {
3     name: 'ModalDialog',
4     props: {
5       todo: Object
6     },
7     data() {
8       return {
9         options: TaskState,
10        todoCopy: Object.assign({}, this.todo)
11      }
12    }
13  }
```

注意，不能直接将 todo 对象绑定到表单中，否则在 input 元素中输入内容时就会直接修改对象，而正确的行为是在单击 OK 按钮时才真正修改对象。这时，可以使用 Object.assign()方法将 todo 对象复制一份，然后使用 v-model 指令进行绑定，代码如下：

```
1   <div class="form-row">
2     <div class="status-labels">
3       <label class="status-label" v-for="item in options" :key="item.value">
4         <input type="radio" v-model="todoCopy.state" :value="item.value">
5         <span>{{item.name}}</span>
6       </label>
7     </div>
8   </div>
9   <div class="form-row">
10    <input class="input-text" type="text" v-model="todoCopy.content" />
11  </div>
12  <div class="form-row">
13    <textarea maxlength="1000" rows="3" v-model="todoCopy.note" />
14  </div>
```

在视图中绑定完变量之后，运行项目，添加一个任务，单击编辑图标，效果如图 15.22 所示。

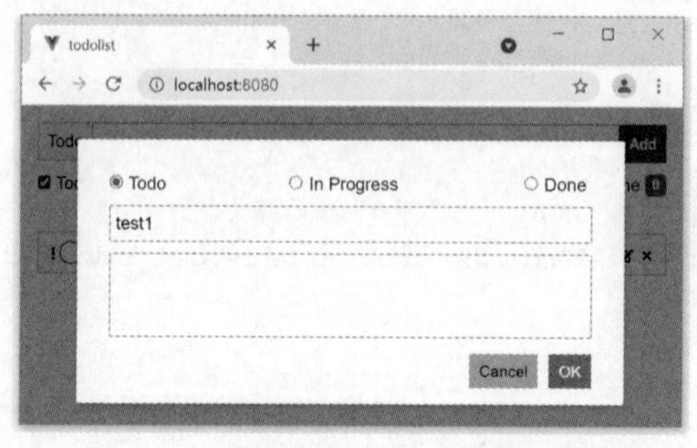

图 15.22　在弹框中显示任务的相关数据

源代码文件：“第 15 章/07todolist/02/”。

3．保存和取消

在弹框中，单击 OK 按钮将保存编辑后的内容，单击 Cancel 按钮则不保存所做的修改。为此，在 ModalDialog.vue 文件中，给 OK 和 Cancel 按钮绑定事件，代码如下：

```
1    <button class="btn-regular btn-modal" @click.stop="okHandler">OK</button>
2    <button class="btn-gray btn-modal" @click.stop="cancelHandler">Cancel</button>
```

这里使用了 stop 修饰符以阻止默认事件。接下来，在 methods 中处理这两个事件，代码如下：

```
1    methods: {
2      okHandler() {
3        this.$store.commit('updateTask', this.todoCopy)
4        this.$emit('close');
5      },
6      cancelHandler() {
7        this.$emit('close');
8      }
9    }
```

当保存编辑后的内容时，上述代码将提交 updateTask，并将复制的对象保存到 Vuex 中。关闭弹框的处理方式类似于显示弹框，仍然需要通过 this.$emit('close')向外暴露一个事件，并在 App.vue 中处理这个事件，代码如下：

```
1    <modal-dialog v-if="isEditing" :todo="editingItem" @close="closeModal" />
2    methods: {
3      // 关闭弹框
4      closeModal() {
5        this.isEditing = false;
6      },
7      ……省略……
8    }
```

运行项目，添加一个任务，然后显示弹框以对其进行编辑，效果如图 15.23 所示。

单击 OK 按钮，任务保存成功，效果如图 15.24 所示。

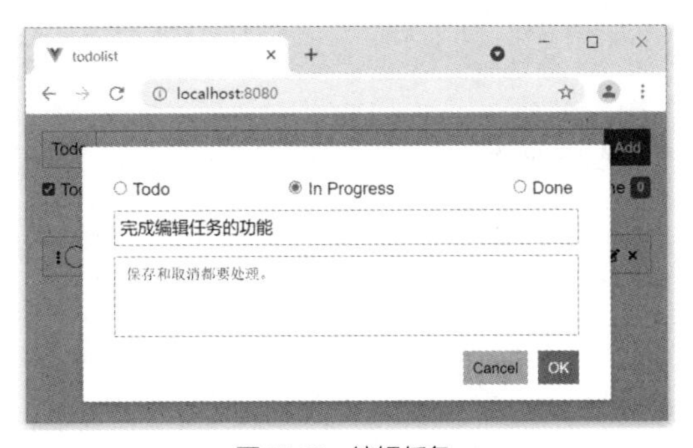

图 15.23　编辑任务

图 15.24　保存成功

源代码文件：“第 15 章/07todolist/03/”。

15.7.6　删除任务

既然有了添加任务和编辑任务的功能，就应该有删除任务的功能。在 TodoItem.vue 文件中，给删除图标绑定处理事件，代码如下：

```
1   <div @click="removeEventHandler">
2     <font-awesome-icon icon="times" size="xs" class="pointer"/>
3   </div>
4   methods: {
5     removeEventHandler() {
6       this.$store.commit('removeTask', this.todo.id)
7     },
8     ……省略……
9   }
```

运行项目，添加两个任务，单击第二个任务的删除图标，即可删除这个任务，如图 15.25 所示。

源代码文件：“第 15 章/08todolist”。

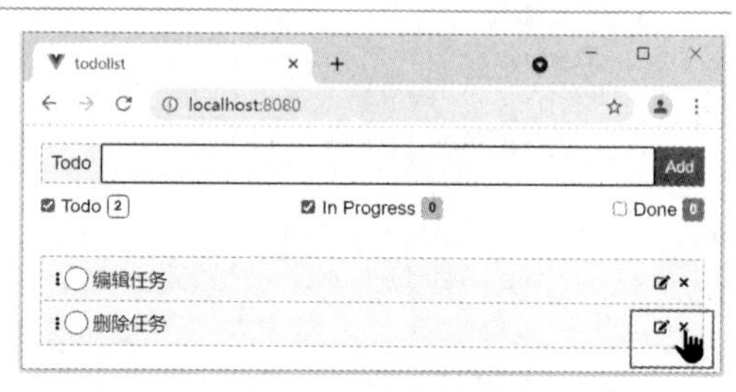

图 15.25　删除任务

15.7.7　调整任务顺序

默认添加的任务都放在任务列表的最后，下面增加调整任务顺序的功能，例如把紧急重要的任务移到任务列表的最前面。

为此，首先需要安装拖曳插件 vuedraggable，在项目的根目录下，可使用如下命令进行安装：

```
npm install vuedraggable --save
```

然后在 App.vue 中引入 vuedraggable 并注册组件，代码如下：

```
1   import draggable from 'vuedraggable'
2   ……省略……
3   components: {
4     ……省略……
5     draggable
6   }
```

接下来在 App.vue 中，在<todo-item>标记的外层使用<draggable>标记，代码如下：

```
1   <div class="main-content">
2     <div class="list-group">
3       <!-- handle 是拖曳时的作用对象，end 是拖曳后触发的函数 -->
4       <draggable handle=".todo-move" @end="onDragEnd">
5         <todo-item v-for="item in filteredTodos"
6           :key="item.id" :todo="item"
7           @edit="editTask(item.id)"></todo-item>
8       </draggable>
9     </div>
10  </div>
```

draggable 的 handle 属性用于指定拖曳时的作用对象，这里设置为“.todo-move”，表示只能拖曳任务最左侧的⋮图标。拖曳结束后，处理 end 事件。为此，在 App.vue 中定义 onDragEnd()函数，将顺序保存到 Vuex 中，代码如下：

```
1   methods: {
2     onDragEnd(e) {
3       // 拖曳前后的索引如果没变，就直接返回
```

```
4       if (e.newIndex == e.oldIndex) {
5         return
6       }
7       let params = {
8         oldIndex: e.oldIndex,
9         newIndex: e.newIndex,
10        option: this.filterOption
11      }
12      //提交到 store 中
13      this.$store.commit('changeOrder', params)
14    },
15    ……省略……
16  }
```

保存并运行项目，依次添加三个任务。为了方便查看调整任务顺序的效果，可以先修改任务的状态，再将最后一个任务移到任务列表的最前面，效果如图 15.26 所示。

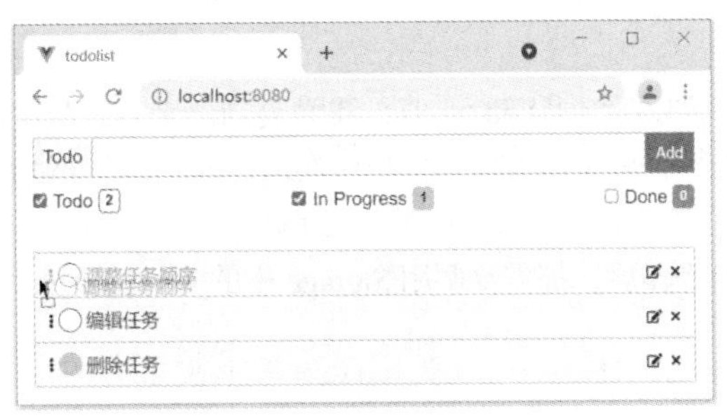

图 15.26　以拖曳方式调整任务的顺序

源代码文件：“第 15 章/09todolist”。

15.7.8 持久化任务

上面实现的所有功能，比如任务的添加、删除、编辑、修改状态以及调整顺序，一旦刷新页面，结果就都被清除了。我们希望刷新页面后，任务依旧保持之前的状态。为此，我们使用浏览器的 localStorage 来实现数据的持久化。我们可以定义两个函数，一个用于获取任务列表，另一个用于保存当前的任务列表。下面在 assets 文件夹下创建 localStorage.js 文件，编写如下代码：

```
1  import { Todo } from '../assets/Todo'
2  const STORAGE_KEY = 'vue-todolist'
3  export class Storage {
4    static fetch () {
5      let todos = JSON.parse(localStorage.getItem(STORAGE_KEY) || '[]')
6      todos.forEach(item => item.__proto__ = Todo.prototype)
7      return todos
8    }
9    static save (todos) {
10     localStorage.setItem(STORAGE_KEY, JSON.stringify(todos))
11   }
12 }
```

注意在获取任务列表时，需要将 JSON 对象的原型指向 Todo 类的原型，这样才能正确调用 Todo 类中定义的方法。

在 store/index.js 文件中引入 localStorage.js 文件，代码如下：

```
import { Storage } from '../assets/localStorage.js'
```

接下来将 Vuex 中的 todos 属性，从默认的空数组改为使用 Storage.fetch()方法来获取。状态对象还有另一个属性 lastId，它表示最新编号，Storage 中并没有存储这个数据，但它可以从 todos 中派生出来，代码如下：

```
1   const todos = Storage.fetch();
2   const todosCopy = Object.assign([], todos);
3   const lastId = todosCopy.length === 0 ? 0
4     : todosCopy.sort((a, b) => b.id-a.id)[0].id;
5
6   const store = new Vuex.Store({
7     state: {
8       todos: todos,
9       lastId: lastId
10    },
11    ……省略……
12  })
```

在上述代码中，为了找到最后一个 id 的值，我们复制出来一个数组 todosCopy（但不影响数组 todos），对这个数组进行排序以查找 lastId 的值，然后赋给 state 中的变量 lastId。但对于不受排序影响的数组 todos，则将 lastId 的值直接赋给 state 中的变量 todos。

在对任务列表进行任何操作后，都需要调用 Storage 中的 save()方法，以保存当前的任务列表，代码如下：

```
1   const store = new Vuex.Store({
2     ……省略……
3   })
4   store.watch(
5     state => state.todos,
6     value => Storage.save(value),
7     { deep: true }
8   )
9   export default store
```

这里使用了 Vuex.Store 的 watch()方法来侦听 todos 的变化并保存到 localStorage 中，这样就不用在每个针对 todos 的操作函数中都单独进行处理了。此时，每次操作完之后都会更新 localStorage 中的数据，并且每次刷新页面也都会从 localStorage 中获取数据，使得刷新页面后仍然保持原状，从而实现了数据的持久化。打开开发者工具，查看 localStorage 中的数据，如图 15.27 所示。

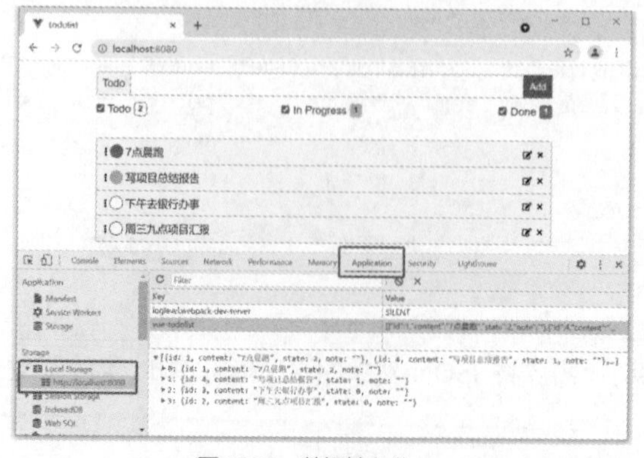

图 15.27　数据持久化

源代码文件：“第 15 章/10todolist”。

本章小结

在这一章，我们分步骤实现了一个完整的待办事项管理工具。我们首先使用 Vue CLI 脚手架工具手动配置了项目；然后搭建了页面结构和样式并将其组件化；接着使用状态管理工具 Vuex 管理任务列表，并使用前面所学的 class 属性绑定、条件渲染、事件处理、在父子组件之间传递数据等基础知识逐步完成了各项功能；最后利用 localStorage 实现了数据的持久化。完成本综合案例后，相信读者对 Vue.js 的掌握程度又更进了一步。

第16章 综合案例——网页图片剪裁器

大家经常会遇到需要剪裁图片的情况。当前，用户的各种设备上存在着各种软件，它们中的很多都可以用来剪裁图片，比如台式机上的 Photoshop 等。在制作网页时，我们也经常会遇到需要对图片进行剪裁的情况，比如很多网站都需要用户上传一幅图像来生成头像，这时，如果能让用户对图像进行一些剪裁，网站的用户体验就会提高很多。再如，对于一些摄影网站，不仅需要给用户提供上传作品的功能，而且应让用户能够对照片进行一些剪裁，从而获取更好的构图效果。

既然如此常用，肯定会有现成的 Vue.js 插件提供相关功能。本章的思维导图如下所示。

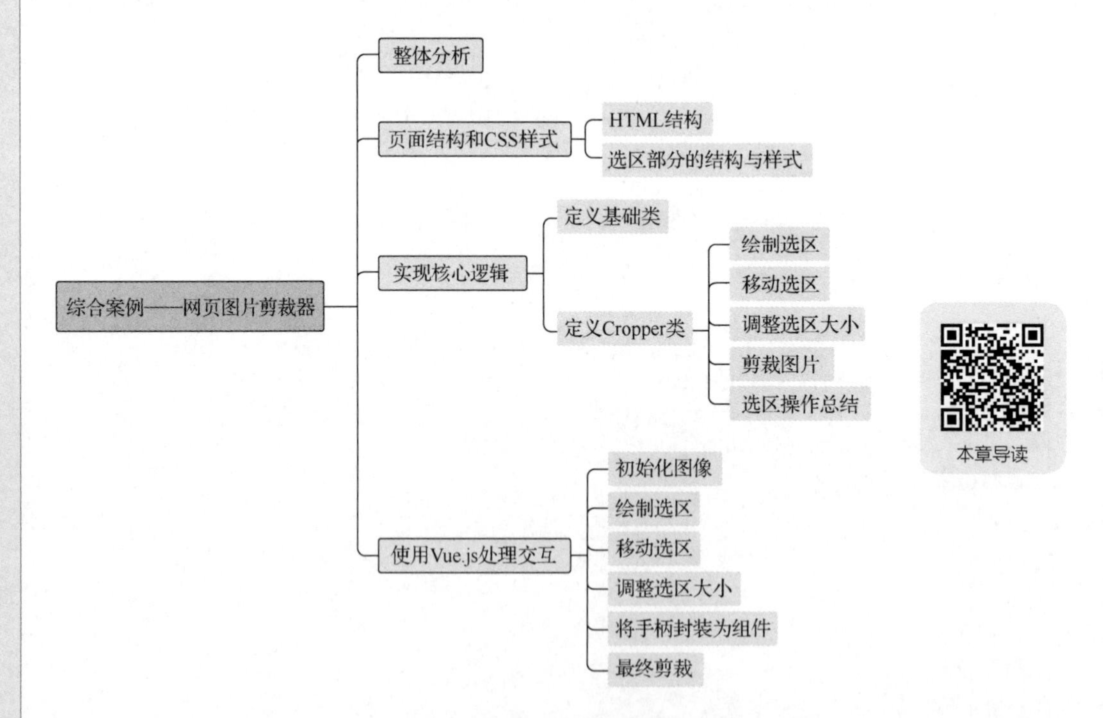

本章将综合运用 Vue.js 的相关功能，不使用插件，而是自己动手制作一个网页图片剪裁器。通过这个综合案例，读者可以检验一下自己对 JavaScript 和 Vue.js 的掌握程度。

这个综合案例完成以后，运行结果如图 16.1 所示。单击“选择文件”按钮，载入一张图片，单击并拖曳鼠标就可以创建选区，然后可以移动选区，并且可以通过拖动选区周围的小方块手柄来调整选区的大小。选区确定以后，按键盘上的回车键，即可确定剪裁结果。用户可以多次创建选区并进行剪裁，从而产生多个剪裁后的小图片，它们将依次从左向右排列。

图 16.1 网页图片剪裁器

16.1 整体分析

案例讲解

当产生一个想法或希望实现某个功能时，在动手编码之前，我们应该首先具体地分析需求，列出需要实现的功能。网页图片剪裁器的需求虽然很简单，但细想之下，也有不少需要注意的地方。

用户的使用场景如下。

- 可以选取自己计算机上的一张图片用于剪裁。
- 选取要剪裁的图片区域，即设定一个矩形的“选区”。
- 可以调整选区的位置。
- 可以调整选区的大小。
- 确定选区后，按回车键，页面上就会显示剪裁出的新图片。

针对上述场景，具体的开发需求如下。

- 用户所有的操作都在网页上完成。
- 在页面的顶部显示一个按钮，用于用户选择图片。同时显示一些图片信息，包括图片的实际尺寸和显示尺寸，当实际宽度大于 500 像素时，显示宽度为 500 像素。
- 显示出用户选择的图片。
- 选区操作比较复杂，可以细化为如下几点。
  - ◆ 创建选区：单击后出现选区，并且随着鼠标指针的移动而改变选区的形状，释放鼠标后，选区的形状也就确定了。
  - ◆ 改变大小：可以从各个方向改变选区的大小，选区的周围有 8 个手柄，可通过拖曳这 8 个手柄来调整选区的大小。
  - ◆ 移动选区：通过拖曳鼠标，可以移动选区。
  - ◆ 约束条件：在移动选区和改变选区大小的时候，选区不能超出图像边界。
- 按键盘上的回车键，即可剪裁图片，并在原始图像的下方显示剪裁后的图片。

接下来，我们就一步一步地实现上述开发需求。

完整代码可以参考本书配套资源文件“第 16 章/cropper.html”。

16.2 页面结构和 CSS 样式

与制作其他案例一样，通常的流程都是先制作好页面、设定好样式，之后再通过 JavaScript 和 Vue.js 来实现一定的动态效果和功能。由于本书的重点是 Vue.js，因此我们对页面的制作不做详细讲解。本书的配套资源中包含了制作好的页面文件和 CSS 样式文件，读者可以直接使用。

当然，在动手编写 JavaScript 程序之前，先把 HTML 结构和 CSS 样式搞清楚也十分重要。如果连这些基本情况都不清楚，是无法编写程序的。我们先来了解一下 HTML 结构。

16.2.1 HTML 结构

根据上面所做的需求分析，网页图片剪裁器的页面结构比较简单，主要分三个部分：顶部是图片选择区域，中间是图片剪裁区域，底部则用于显示剪裁后的图片。HTML 结构如下：

```
1   <body>
2       <div id="app">
3           <p id="action">
4               <input type="file" id="file" name="file">
5               <span> | size: 260 x 200 (260 x 200) | action: resize </span>
6           </p>
7           <div id="container">
8               <div id="image">
9                   <img id="front-image" src="">
10                  <img id="back-image" src="" >
11              </div>
12              <div id="selection">
13                  <span id="square-nw" data-position="nw" class="resize">
14                      <img src="dot.gif">
15                  </span>
16                  <span id="square-n" data-position="n" class="resize">
17                      <img src="dot.gif">
18                  </span>
19                  ……省略其余 6 个手柄……
20              </div>
21          </div>
22          <p>设置选区后，请按回车键确定剪裁结果：</p>
23          <div id="result"></div>
24      </div>
25  </body>
```

可以看到，页面的顶部区域是 div#action，其中包含一个 file 类型的 input 元素，用户单击后可以选择图片；此外还包含一个 span 元素，用于显示图片的尺寸信息以及用户正在执行的操作，包括创建选区、移动选区以及调整选区大小。

接下来是图片剪裁区域，最外层是一个容器（div#container），里面包括两个 div，其中第一个（div#image）用于放置被剪裁的原始图片，第二个（div#selection）用来做成选区。

页面的底部也是一个 div（div#result），用来放置剪裁以后得到的小图片，这里可以放置多个剪裁后的小图片。

需要重点讲解一下的是，div#image 中包括了两个 img 元素，这里用到了一种比较巧妙的方法。可从最终效果中看到，选区内的图像部分是清晰的，而选区之外的图像部分，颜色变浅，进而区分选区部分和非选区部分。这两个 img 元素的 src 属性一开始都是空的，等到用户选择了图片以后，再动态载入。

实现这种效果的关键就是这两个 img 元素，它们都显示同一张图片，大小完全相同，可通过 CSS 将它们正好对齐叠放在一起，一个像素都不能差。这里使用了 CSS 的绝对定位技巧，具体的实现方法请读者参考本书配套的资源文件，这里不再详细介绍。

在这两张对齐叠放的图片中，上面的图像正常显示，而把下面的图像设置为半透明，这样颜色就变浅了。当设定一个矩形选区之后，根据选区的范围，对上面的颜色正常的图片使用 CSS 的 clip 属性隐藏掉选区之外的部分，非选区部分就会露出浅颜色的下层图片。通过 JavaScript 对上层图片设置 clip 属性以后，任务便完成了，代码如下所示：

```
1   <div id="image" style="height: 200px; width: 260px;">
2      <img  src="……" id="front-image"
3          style="clip: rect(35.6px, 177px, 99.6px, 117px);">
4      <img src="……" id="back-image">
5   </div>
```

这种方法很巧妙，读者可以使用本书配套资源中的最终页面实际操作一下，看看效果。

16.2.2 选区部分的结构与样式

接下来的重点是选区部分的结构和样式。通常情况下，图片剪裁器的选区都会有边线，此外选区的四周还会有 8 个方块形状的手柄（分别位于选区的上、下、左、右、左上、右上、左下、右下位置），用于控制选区的大小。

这里先设定一个 div（div#selection），然后在里面嵌套所有的手柄，HTML 中的结构如下所示：

```
1   <div id="selection">
2      <span id="square-nw" data-position="nw" class="resize">
3         <img src="dot.gif">
4      </span>
5      <span id="square-n" data-position="n" class="resize">
6         <img src="dot.gif">
7      </span>
8      ……省略其余 6 个手柄……
9   </div>
```

可以看到，一共有 8 个手柄，正好围绕在图像的 4 条边框上。这 8 个手柄都有相同的类名 resize 以及各自的 id。

注意这些手柄的 id 很有规律，“square-”后面跟着一个或两个字母，表示这个手柄的方位，n 表示北、s 表示南、w 表示西、e 表示东，它们代表的是 4 条边中点上的 4 个手柄。以此类推，nw、ne、sw、se 则分别表示西北、东北、西南、东南，它们代表了位于 4 个角上的 4 个手柄。

同时，上面的代码还给手柄设置了一个自定义的属性 data-position，以表示这个手柄的方位。使用“data-”作为前缀的属性，在 JavaScript 中可以十分方便地通过标准 DOM 的 API 访问到，后面再具体讲解。

这里为什么要用东、西、南、北，而不用上、下、左、右呢？这是因为，后面当需要根据这些字母来实现将鼠标指针悬停到手柄上的时候，对于鼠标指针的形状，CSS 中定义了不同的名称来代表不同方向的双箭头指针，如图 16.2 所示。这些名称里面用的就是这些代表东、南、西、北方向的缩写字母，只需要保持和它们一致，后面就可以方便地在 JavaScript 中生成这些名称了。

等将来页面载入浏览器以后，JavaScript 将自动插入 CSS 样式，然后 HTML 结构就会变成下面的样子。

```
1   <span id="square-nw" data-position="nw" class="resize"
```

```
2        style="left: -1px; top: -1px; cursor: nw-resize;">
3        <img src="dot.gif">
4    </span>
```

可以看到，每个手柄对应的鼠标指针都是不一样的，因为拖曳的方向不同。可以看到，id="square-nw"的手柄，对应的鼠标指针的属性值名称正好就是 nw-resize，这样我们便可以在 JavaScript 中通过自定义 data-position 属性来指定手柄的位置。最后实现的选区效果如图 16.3 所示。

图 16.2　CSS 中用于改变大小的双箭头指针

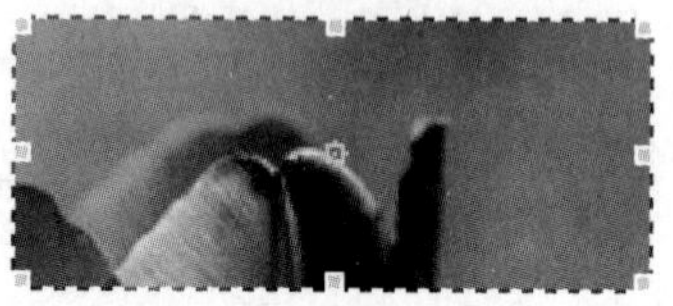

图 16.3　选区效果

最后就是预留一个 div 用于显示将来剪裁出来的图片，这部分不再详细讲解。

16.3 实现核心逻辑

案例讲解

在了解了基本思路之后，现在开始实现核心逻辑。可以考虑把开发工作分为两部分：

- 与页面交互无关的逻辑，例如计算选区的坐标、判断是否出界等。
- 与页面交互相关的逻辑，例如侦听鼠标移动、单击、键盘事件等。

把业务逻辑层和 UI 层分离是一种非常重要的软件开发思想。无论使用什么语言，也无论开发前端程序还是后端程序，原则都是一样的。本节我们就来考虑前者，即业务逻辑层。

16.3.1 定义基础类

读者很容易想到，这个程序的核心是“选区”，选区是一个矩形，相关的操作主要是创建矩形以及判断矩形的位置及其与其他对象之间的几何关系。因此，我们不可避免地要和几何对象打交道。我们首先考虑创建一个矩形类，矩形自然离不开最基本的点的相关操作。为此，我们创建两个类来分别代表“点”和“矩形”。

说明

这个综合案例的难点之一是如何做各种判断，以保证在执行各种操作的时候，选区能够不出界。把交互逻辑和计算逻辑混在一起并不是不可以，但这会让程序变得非常复杂，难以理解和维护。另外，我们希望在逻辑中减少计算量，并且还希望读者能够仔细想清楚其中的核心逻辑，有能力的读者可以自己先想想，看看能不能找到自己的方法，然后和这里介绍的方法比较一下，分析它们的优缺点。

另外，这个综合案例还向读者演示了如何使用 ES6 中新增的 class 关键字以及构建类型和继承体系，希望对读者更好地理解 ES6 能有所帮助。

我们先实现代表几何“点”的 Point 类，代码如下所示。Point 类非常简单，其中只有两个数据成员（分别是 x 和 y 坐标的值）以及两个方法。

- 考虑到在这个程序中，经常要以一个点为基准，再偏移一定距离得到另一个点，因此我们为 Point 类编写了 offsetPoint()方法，用于计算如何基于一个点，当在水平和垂直方向分别偏移 dx 和 dy 时，得到一个新的 Point 类型的对象。

- 另一种经常需要用到的计算是判断一个点是否在一个矩形区域内，因此我们为 Point 类编写了 isInRect()方法。

```
1   class Point{
2     constructor(x, y){ this.x = x;  this.y = y; }
3
4     offsetPoint = (dx, dy) =>
5       new Point(this.x + dx,  this.y + dy);
6
7     isInRect = (rect) =>
8       this.x >= rect.x
9       && this.x <= rect.x + rect.width
10      && this.y >= rect.y
11      && this.y <= rect.y + rect.height;
12  }
```

注意，在 isInRect()方法中，传入的参数是一个 Rect 对象，因此需要用到矩形类 Rect，它的定义如下：

```
1   class Rect extends Point{
2     constructor(x, y, width, height){
3       super(Math.min(x, x + width), Math.min(y, y + height));
4       this.width = Math.abs(width);
5       this.height = Math.abs(height);
6     }
7
8     get x2() { return this.x + this.width; }
9     get y2() { return this.y + this.height; }
10    get pointA() { return new Point(this.x, this.y); }
11    get pointC() { return new Point(this.x2, this.y2); }
12
13    move(offset){ this.x += offset.dx; this.y += offset.dy; }
14
15    offsetRect = (offset) =>
16      new Rect(this.x + offset.dx, this.y + offset.dy,
17        this.width, this.height);
18
19    isInRect = (largeRect) =>
20      this.pointA.isInRect(largeRect) && this.pointC.isInRect(largeRect);
21  }
```

可以看到，矩形类 Rect 继承自 Point 类，构造函数的参数是左上角的点坐标 x 和 y 以及矩形的宽度和高度。如果对于在 JavaScript 中如何定义类的知识不熟悉，建议复习或学习一下 ES6 的相关知识。

上述代码定义了 4 个 get 存取器：

- x2 和 y2 用于获取右下角的坐标值。
- pointA 和 pointC 是分别表示左上角和右下角两个点的 Point 对象，如图 16.4 所示。

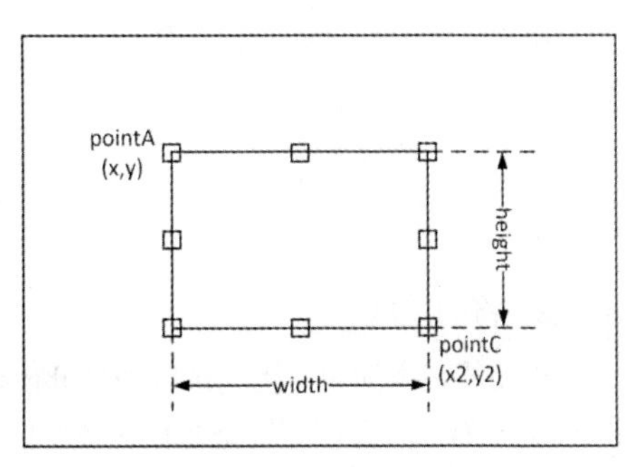

图 16.4 选区坐标示意图

此外，上述代码还定义了 3 个方法。

- move()：将矩形移动指定的距离。
- offsetRect()：返回一个移动了指定距离后的新矩形，但不改变当前这个矩形的位置。
- isInRect()：判断当前的这个矩形是否完全包含在另一个矩形中。当移动选区时，就需要进行这种判断。

有了 Point 和 Rect 这两个基础类之后，我们就可以定义剪裁器类 Cropper 了。首先定义 Cropper 类的构造函数，也就是看看有哪些属性。

```
1   class Cropper {
2     constructor(image, ratio=1) {
3       this.image = image;
4       this.ratio = ratio;
5       this.displayHeight = this.image.height * this.ratio;
6       this.displayWidth = this.image.width * this.ratio;
7       this.minSize = 20;
8       this.selection = null;
9       this.range = new Rect(0, 0, this.displayWidth, this.displayHeight);
10    }
11  }
```

Cropper 类的构造函数中定义了下面这些属性。

- this.image：图像对象，由调用方传入。
- this.ratio：缩放比。如果图像特别大，那就需要将图像缩小一些。缩放比也是由调用方传入的。
- this.displayHeight：图像显示的高度，等于图像的实际高度乘以缩放比。
- this.displayWidth：图像显示的宽度，等于图像的实际宽度乘以缩放比。
- this.minSize = 20：最小选区的边长，当调整选区大小的时候，最小选区的边长将被固定为 20 px。
- this.selection：选区矩形，初始值为空。
- this.range：整个图形占据的范围，也是一个矩形，可以根据传入的图像求得。

16.3.2 定义 Cropper 类

选区操作就是创建和改变选区的几何信息，因此核心是计算选区的坐标。下面依次考虑以下几种操作：

- 创建（绘制）选区。
- 移动选区。
- 调整选区大小。
- 剪裁图片。

其中，前 3 个操作都是针对选区的，思路是一致的：根据参数，如果执行了这个操作，就判断选区是否出界，如果不出界，就执行相应的操作，否则直接忽略这次操作。

第 4 个操作执行的是剪裁操作，最终将根据选区的范围得到图像的局部区域。

1．创建（绘制）选区

每当需要在图像上画出一个选区时，就可以调用 drawSelection()方法，传入一个 Rect 对象。然后判断一下参数确定的矩形是否在允许的方位内，如果没有出界，直接赋值给选区属性 this.selection 即可。如果出界，就直接忽略这次操作。

```
1   drawSelection(rect) {
2     if(rect.isInRect(this.range))
3       this.selection = rect;
4   }
```

2．移动选区

移动选区很简单，因为选区属性 this.selection 本身就是一个 Rect 对象，因此直接调用 Rect 对象自己的 move()方法即可。但是在真正改变位置之前，需要先判断一下是否出界，为此，可以使用 Rect 对象的 offsetRect()方法，根据指定的偏移量产生一个新的矩形，然后用它来看看选区是否仍在整个图像的范围内。如果仍在，那就移动选区，否则什么也不做就退出 move()方法。

```
1   move(offset) {
2     if(this.selection.offsetRect(offset).isInRect(this.range))
3       this.selection.move(offset);
4   }
```

3. 调整选区大小

前面在讲解 HTML 结构和样式的时候曾指出，有 8 个小方块手柄专用于调整选区的大小。虽然有 8 个手柄，但是移动角上的 4 个手柄，在本质上等同于同时移动两条边上的手柄。例如，移动左上角的手柄，相当于同时移动矩形选区的左边框和上边框中点位置的两个手柄。因此，调整选区大小的方法只需要定义 4 个即可，代码如下：

```
1   resizeLeft(dx) {
2     if(this.selection.pointA.offsetPoint(dx, 0).isInRect(this.leftBox)){
3       this.selection.x += dx;
4       this.selection.width -= dx;
5     }
6   }
7   resizeRight(dx) {
8     if(this.selection.pointC.offsetPoint(dx, 0).isInRect(this.rightBox))
9       this.selection.width += dx;
10  }
11  resizeTop(dy) {
12    if(this.selection.pointA.offsetPoint(0, dy).isInRect(this.topBox)){
13      this.selection.y += dy;
14      this.selection.height -= dy;
15    }
16  }
17  resizeBottom(dy) {
18    if(this.selection.pointC.offsetPoint(0, dy).isInRect(this.bottomBox))
19      this.selection.height += dy;
20  }
```

上面代码中的 4 个方法从名称很容易理解用途，例如 resizeLeft()就是移动左边框。具体的移动方式如下。

- 移动左边框：选区左上角的 x 坐标增加偏移的水平距离（dx），同时选区的宽度减小 dx。
- 移动右边框：选区左上角的坐标不变，选区的宽度增加 dx。
- 移动上边框：选区左上角的 y 坐标增加偏移的垂直距离（dy），同时选区的高度减小 dy。
- 移动下边框：选区左上角的坐标不变，选区的高度增加 dy。

注意，dx 和 dy 既可以为正值，也可以为负值，为正时表示向右和向下，为负时表示向左和向上。

和移动选区一样，在改变选区之前，先要判断一下如果这么变了，选区是否会出界。这里需要用到一点小技巧。请参考如图 16.5 所示的选区移动示意图。

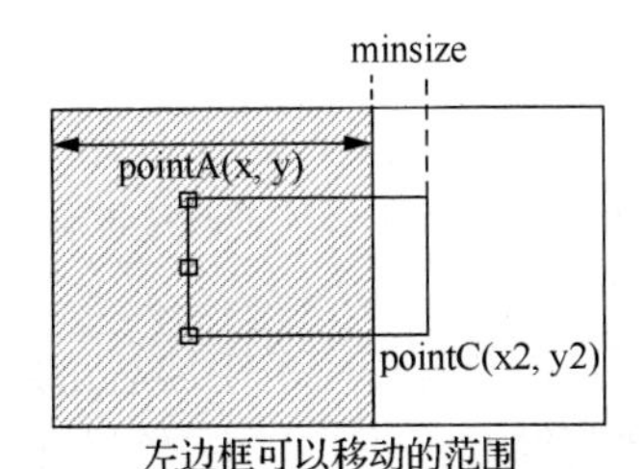

左边框可以移动的范围

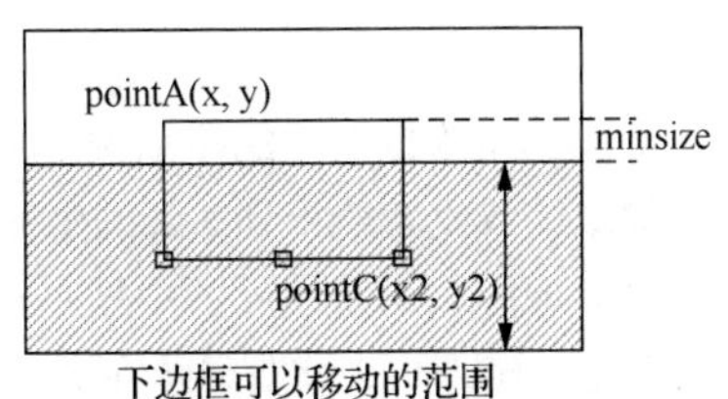

下边框可以移动的范围

图 16.5　选区移动示意图

以移动左边框为例，只需要考虑水平方向的坐标，也可以认为左上角的 x 坐标必须处在图 16.5 左图所示阴影的矩形范围内。同理，移动下边框时，只需要考虑垂直方向的坐标，也可以认为右下角的 y 坐标必须处在图 16.5 右图所示阴影的矩形范围内。

请注意，这里考虑了选区的最小宽度和高度，我们在移动 4 条边时也要考虑到这个因素。

基于上面的分析，对于每一条边的移动，都会对应一个使用阴影表示的矩形。有了这个矩形，就可以很容易地判断是否出界。因此，我们可以先求出 4 个方向的矩形，只要理解了选区移动示意图的含义，这 4 个矩形就不难求出，代码如下：

```
1   get leftBox() {
2     return new Rect(0, 0, this.selection.x2 - this.minSize, this.displayHeight);
3   }
4   get topBox() {
5     return new Rect(0, 0, this.displayWidth, this.selection.y2 - this.minSize);
6   }
7   get rightBox() {
8     return new Rect(this.selection.x + this.minSize, 0,
9       this.displayWidth - this.selection.x - this.minSize, this.displayHeight);
10  }
11  get bottomBox() {
12    return new Rect(0, this.selection.y + this.minSize,
13      this.displayWidth, this.displayHeight);
14  }
```

补齐了这个矩形存取器的定义之后，上面 4 个调整选区的方法也就写好了。

4．剪裁图片

最后就是剪裁图片了，这里需要使用一些与 HTML5 中引入的 Canvas 相关的知识，但是也很简单，代码如下：

```
1   crop() {
2     const originImage = this.image;
3     const cropX = this.selection.x / this.ratio;
4     const cropY = this.selection.y / this.ratio;
5     const width = this.selection.width / this.ratio;
6     const height = this.selection.height / this.ratio;
7     const newCanvas = document.createElement('canvas');
8     newCanvas.width = width;
9     newCanvas.height = height;
10    const newContext = newCanvas.getContext('2d');
11    newContext.drawImage(originImage,
12      cropX, cropY, width, height, 0, 0, width, height);
13
14    // 将画布转换为图片
15    const newImage = new Image();
16    newImage.src = newCanvas.toDataURL("image/png");
17    return newImage;
18  }
```

需要注意的是，上面都是依据图片的显示大小来计算的，但在真正剪裁的时候，就需要使用实际的大小了，因此需要除以缩放比才能得到实际的坐标和长宽值。

剪裁操作并没有破坏原图，而是从原图中复制出一块矩形区域，得到一幅新的图像，最后返回这幅新得到的图像，以后 jQuery 就可以将其显示在页面上需要的地方。这里主要使用了 drawImage()函数。

drawImage()函数的签名是“void ctx.drawImage(image, sx, sy, sWidth, sHeight, dx, dy, dWidth, dHeight);”，其中有 9 个参数，第 1 个是原始图像，接下来的 4 个是选区的坐标，最后 4 个是图像在 Canvas 中的坐标，如图 16.6 所示。

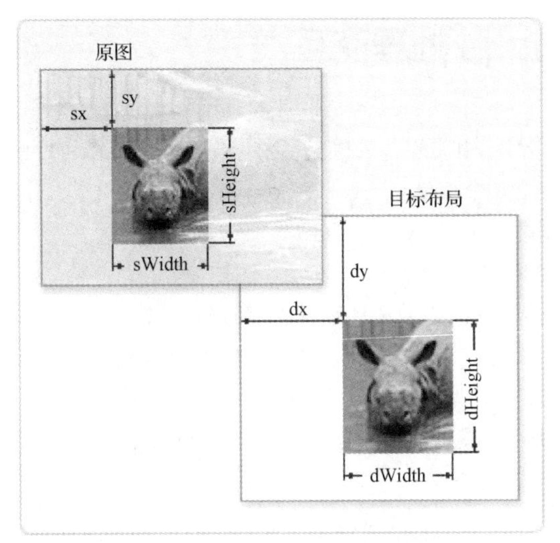

图 16.6 drawImage()函数的参数说明

5．选区操作总结

现在总结一下整个 Cropper 类的所有方法，如下所示：

```
1   class Croppper {
2     constructor(image, ratio=1) { … }
3
4     drawSelection(rect) { … }
5
6     get leftBox() { … }
7     get topBox() { … }
8     get rightBox() { … }
9     get bottomBox() { … }
10
11    move(offset) { … }
12
13    resizeLeft(dx) { … }
14    resizeRight(dx) { … }
15    resizeTop(dy) { … }
16    resizeBottom(dy) { … }
17
18    crop() {…}
19  }
```

除了构造函数之外，drawSelection()方法用于设置矩形选区，4 个 get 存取器用于计算移动边框时的活动范围，move()方法用于改变选区的位置，4 个名称以 resize 开头的方法用于改变选区的大小，最后的 crop()方法用于真正获得剪裁后的图像。

至此，我们已经完成了页面结构、页面样式以及核心逻辑。接下来就需要使用 Vue.js 来处理各种交互逻辑了，这是本综合案例的另一个重点。

我们把前面写好的代码保存为独立的 cropper.js，以便用于后面的页面中。

16.4 使用 Vue.js 处理交互

Vue.js 的功能就是处理与 UI 相关的各种操作，因此非常适合用作程序的各组成部分之间的黏合剂。本综合案例需要处理以下几个事件：

- 侦听 input 元素的变化，初始化原始图片。
- 侦听图片元素的鼠标事件，创建选区。
- 侦听选区元素的鼠标事件，移动选区以及调整选区大小。
- 侦听键盘的按键事件，剪裁图片，并在页面的底部将剪裁后的小图片显示出来。

为了讲解和练习方便，我们不再使用 Vue CLI 脚手架工具创建项目，而是通过直接做成一个 HTML 文件，并引入 vue.js 文件的方式来实现。将之前编写的 cropper.js 引入 HTML 中，连同 vue.js 文件和 CSS 样式文件，一共引入三个文件：

```
1   <link href="cropper.css" type="text/css" rel="stylesheet" />
2   <script src="vue.js"></script>
3   <script src="cropper.js"></script>
```

16.4.1 初始化图像

首先实现载入一幅图像的功能。数据模型非常简单，在 data 中添加两个属性：cropper 属性用于存放一个写好的 Cropper 实例，暂时为空；imageSrc 属性用于存放图像的地址，在这里，对齐叠放的两个 img 元素将使用相同的地址。

```
1   let vm = new Vue({
2       el:"#app",
3       data: {
4           cropper: null,
5           imageSrc: ''
6       }
7   })
```

接下来绑定数据，代码如下：

```
1   <body>
2       <div id="app">
3           <p id="action" >
4               <input type = "file" id = "file"
5                   v-on:change = "onImageLoaded"
6                   ref = "file"
7               />
8               <span> size: {{size}} </span>
9           </p>
10          <div id = "container">
11              <div id="image" >
12                  <img id = "front-image" ref = "image"
13                       v-bind:src = "imageSrc">
14                  <img v-bind:src="imageSrc" id="back-image">
```

```
15            </div>
16        </div>
17        <p>设置选区后，请按回车键确定剪裁结果：</p>
18        <div id="result">
19        </div>
20    </div>
21  </body>
```

可以看到，两个 img 元素的 src 属性都被绑定到了 imageSrc 字段。另外，针对用于选择文件的 input 元素，为其绑定一个 change 事件的处理方法，代码如下，其中给出了详细的注释。

```
1   methods: {
2       onImageLoaded(){
3           //声明文件读取器实例
4           let reader = new FileReader();
5           //以数据 URL 方式读取图片文件
6           reader.readAsDataURL(this.$refs.file.files[0]);
7           //读取完成时
8           reader.onloadend = (event) => {
9               //创建一个 Image 实例
10              const image = new Image();
11              //为 data 中的 imageSrc 属性赋值
12              this.imageSrc = event.target.result;
13              //同时为 image 对象赋值
14              image.src = this.imageSrc;
15              //载入完成时
16              image.onload = () => {
17                  //获取图像的实际宽度和高度
18                  const width = this.$refs.image.clientWidth;
19                  const height = this.$refs.image.clientHeight;
20                  //获取 img 元素显示的宽度和高度，此宽度和高度是在 CSS 样式中设置的
21                  this.$refs.image.parentElement.style.height = height+'px';
22                  this.$refs.image.parentElement.style.width = width+'px';
23                  //创建 Copper 实例
24                  this.cropper = new Cropper(image, width / image.width);
25                  //获取页面上 img 元素的左上角坐标
26                  this.offsetX = this.$refs.image.getBoundingClientRect().left;
27                  this.offsetY = this.$refs.image.getBoundingClientRect().top;
28                  //取消文件选择框的粗线边框
29                  this.$refs.file.blur();
30              }
31          };
32      }
33  }
```

这里使用了 HTML5 中提供的 Image 类相关的功能，看起来虽然有些烦琐，但是其实很简单，并且与 Vue.js 本身关系不大，这里就不详细做扩展讲解了。

基本过程就是当用户单击“选择文件”按钮时，弹出文件选择对话框，在用户选择了一张图片后，通过 HTML5 提供的 API 就可以读入图片，当读入完成时，初始化相关数据，由于这里创建了 cropper 对象，此后就可以通过 this.cropper 来引用这个对象了。与此同时，我们还获取了(offsetX, offsetY)坐标，用于记录图片左上角相对于窗口左上角的坐标。

这里需要解释一下的是，Vue.js 会在 HTML 结构中给元素增加 ref 属性，例如这里的 img 和 input 元素，然后在 JavaScript 中，就可以通过 this.$refs 来引用它们了。在这里，如果我们为上层 img 元素设置了 ref 属性，比如 ref="image"，那便可以使用下面的代码来引用这个 img 元素：

```
1    //获取图像的实际宽度
2    const width = this.$refs.image.clientWidth;
3
4    //设置 img 元素的 div 父元素的高度
5    this.$refs.image.parentElement.style.height = height+'px';
6
7    //获取页面上 img 元素的左上角坐标相对于浏览器窗口左上角的坐标
8    this.offsetX = this.$refs.image.getBoundingClientRect().left;
```

可以看出，this.$refs.image 是一个标准的 DOM 元素，我们可以使用它提供的所有数据和方法。因此，虽然在使用 Vue.js 的时候，通常不需要自己操作 DOM 元素，但是当遇到一些特殊情况时，掌握一些常用的 DOM 操作方法仍十分必要。

接下来，为了在图像的上方展示图像的实际大小和显示大小等信息，只需要提供一个计算属性就可以了，代码如下：

```
1      computed: {
2          size(){
3              if(this.cropper)
4                  return `${this.cropper.displayWidth} x ${this.cropper.displayHeight}
5                    (${this.cropper.image.width} x ${this.cropper.image.height})`;
6          }
7      },
```

这个名为 size 的计算属性是响应式的，可根据 cropper 对象的属性拼接为一个字符串。当 cropper 对象的值发生变化时，size 也会自动变化。因此，当选择了一张图片以后，图片的上方就会显示出图片的大小信息了，如图 16.7 所示。

图 16.7　载入图像

此时的案例源文件为 cropper-01.html。

16.4.2　绘制选区

选区的控制是整个图片剪裁器的核心，用户在图片上单击时将出现选区，并且随着用户拖曳鼠标，选区也会相应地变化，直到用户释放鼠标为止。此时选区便停留在图片中，用户可以通过选区四周的手柄来改变选区的大小等。我们首先来实现绘制选区的功能。

对视图做一些修改，代码如下：

```
1   <p id="action" >
2      <input type = "file" id = "file"
3         v-on:change = "onImageLoaded"
4         ref = "file"
5      />
6      <span> | size: {{size}} | action: {{actionType}}</span>
7   </p>
8   <div>
9      id = "container"
10     v-on:mousedown = "onMousedown"
11     v-on:mouseup = "onMouseup"
12     v-on:mousemove.prevent = "onMousemove"
13     <div id="image" >
14        <img id = "front-image" ref = "image"
15           v-bind:src = "imageSrc"
16           v-bind:style = "{clip}"
17        >
18        <img v-bind:src="imageSrc" id="back-image">
19     </div>
20     <div
21        id = "selection"
22        v-if = "cropper && cropper.selection"
23        v-bind:style = "selectionStyle"
24     </div>
25  </div>
```

在上一步的基础上，我们做了如下三处修改：

- 在显示的图像大小信息的旁边，另外显示操作的名称，这里绑定了一个新的变量 actionType。
- 为 div#container 元素绑定了三个鼠标事件，分别是按下鼠标左键、移动鼠标和释放鼠标左键。
- 增加了一个 div#selection 元素，也就是选区对象。

注意

在新增加的选区元素 div#selection 中，我们使用了 v-if 指令。由于在没有载入图像之前，cropper 对象是空的，而在载入图像之后、创建选区之前，cropper.selection 也是空的，因此请不要渲染这个 div 元素。

下面在 data 中增加必要的数据字段，代码如下：

```
1   data: {
2      cropper: null,
3      actionType: '',
4      imageSrc: '',
5      offsetX: 0,
6      offsetY: 0,
7      startX: 0,
8      startY: 0,
9      endX: 0,
10     endY: 0
11  },
```

data 中新增的属性大多与鼠标操作相关。因为不论是创建选区、移动选区还是调整选区大小，都是通过鼠标拖曳操作实现的，所以在交互中，关键就在于实现对鼠标拖曳操作的处理。

每次拖曳都会有起始坐标和结束坐标，在一次拖曳的过程中，起始坐标在鼠标左键被按下时确定，结束坐标则一直在变化，直到鼠标左键被释放时才不再变化。另外，通过鼠标事件获取到的是相对于浏览器窗口左上角的位置，因此还需要记录被操作的图片的左上角坐标，这样才能计算出鼠标指针相对于图片左上角的坐标。综上，我们一共需要记录 3 组坐标：(offsetX, offsetY)用于记录图片左上角相对于窗口左上角的坐标，(startX, startY)用于记录按下鼠标左键时的坐标，(endX, endY)用于记录释放鼠标左键时的坐标。

此外，actionType 属性用于记录操作的类型，一共有 3 种。目前，我们仅仅实现其中的 draw 操作，另外两种操作详见 16.4.3 节和 16.4.4 节。

- draw：绘制选区。
- move：移动选区。
- resize：调整选区大小。

因此，这一步的关键就是实现 div#container 中的 3 个事件处理方法。

首先是按下鼠标左键时的处理方法。从事件对象中获取当时鼠标所处位置的坐标，由于 pageX 和 pageY 的值也是以浏览器窗口左上角为基准的，因此减去偏移距离后，就得到了相对于图像左上角的相对坐标，将它们保存到 startX 和 startY 中，并把 actionType 属性改为'draw'。

```
1    onMousedown(event){
2        this.startX = event.pageX - this.offsetX;
3        this.startY = event.pageY - this.offsetY;
4        this.actionType = 'draw';
5    }
```

接下来是释放鼠标左键时的处理方法，非常简单，把 actionType 属性改为空字符串就可以了，表示操作结束。

```
1    onMouseup(event){
2        this.actionType = '';
3    }
```

最后是移动鼠标时的处理方法，鼠标移动事件的发生频率非常高，无论是否按下鼠标左键，mousemove 事件都在不断触发。因此，在这个方法中，我们必须判断一下 actionType 属性的值，如果不等于'draw'，就说明当时没有执行任何操作，直接退出这个方法即可。

如果 actionType 属性的值等于'draw'，就说明此时鼠标左键处于按下状态，也就是正在拖曳鼠标。我们需要取得当时的鼠标位置，存入 endX 和 endY 属性中。然后根据(startX, startY)和(endX, endY)这两个点，将它们作为矩形的对角，构成一块矩形区域。最后调用 this.cropper.drawSelection()方法，更新 cropper 对象中的相关数据。

```
1    onMousemove(event){
2        if(this.actionType != 'draw')
3          return;
4
5        this.endX = event.pageX - this.offsetX;
6        this.endY = event.pageY - this.offsetY;
7
8        const rect = new Rect(
9            this.startX,
10           this.startY,
11           this.endX - this.startX,
12           this.endY - this.startY
```

```
13      );
14      this.cropper.drawSelection(rect);
15  }
```

注意

由于前面在 cropper.js 中定义的 Rect 类的构造函数要求参数是左上角坐标以及矩形的宽度和高度，因此这里在调用的时候，也要符合这个要求。

下面给选区设置样式。CSS 文件中已经为选区设置了 2 像素的虚线边框，但是随着鼠标的移动，选区的范围也在变化，因此必须通过 JavaScript 来动态计算。下面首先给选区（div#selection）绑定 style 属性，代码如下：

```
1   <div
2      id = "selection"
3      v-if = "cropper && cropper.selection"
4      v-bind:style = "selectionStyle"
5   </div>
```

然后在代码中定义一个计算属性 selectionStyle，它会根据 cropper 对象的 selection 属性值返回一个符合 CSS 样式规则的对象，即根据(startX, startY)和(endX, endY)这两个点计算出来的选区范围，代码如下：

```
1   computed: {
2      //……省略其他计算属性……
3      selectionStyle(){
4         if(!this.cropper || !this.cropper.selection)
5            return null;
6         let {x, y, width, height} = this.cropper.selection;
7         return {
8            left: x + 'px',
9            top: y + 'px',
10           width: width + 'px',
11           height: height + 'px'};
12     }
13  }
```

注意在上面的代码中，let 语句用到了 ES6 新增的“解构赋值”语法——将 this.cropper.selection 中的字段，根据相应的名称赋给了 x、y、width 和 height 这 4 个变量，这等价于下面的代码。我们可以看到，“解构赋值”语法能够避免很多冗余代码：

```
1   computed: {
2      //……省略其他计算属性……
3      selectionStyle(){
4         if(!this.cropper || !this.cropper.selection)
5            return null;
6         return {
7            left: this.cropper.selection.x+'px',
8            top: this.cropper.selection.y+'px',
9            width: this.cropper.selection.width+'px',
10           height: this.cropper.selection.height+'px'
11        };
12     }
13  }
```

除了根据鼠标的移动，动态地画出选区的边框之外，我们还需要将上层图片中位于选区之外的部分通过 CSS 样式剪裁掉，这样才能露出下层的淡颜色图片。在显示图像的 div 中，新增加对上层图片样式的绑定，用于动态调整上层图片的 CSS 样式，代码如下：

```
1   <div id="image" >
2      <img id = "front-image" ref = "image"
3         v-bind:src = "imageSrc"
4         v-bind:style = "clip"
5      >
6      <img v-bind:src="imageSrc" id="back-image">
7   </div>
```

这里已将上层图片的 style 属性与 clip 对象绑定，clip 和 selectionStyle 非常类似，也是一个计算属性，用于根据(startX, startY)和(endX, endY)这两个点计算出要对上层图片隐藏的图像部分，代码如下：

```
1   clip(){
2      if(!this.cropper || !this.cropper.selection)
3         return null;
4      let {x, y, x2, y2} = this.cropper.selection;
5      return {clip: `rect(${y}px, ${x2}px, ${y2}px, ${x}px)`};
6   }
```

注意

在 cropper.js 中，可以取得 cropper.selection 的不同属性。(x,y)是左上角坐标，(x2, y2)是右下角坐标，但 CSS 中的 clip 属性按照的是上、右、下、左的次序，因此这里需要仔细一点，不要写错顺序。

为了让程序将来更易于理解和维护，ES6 还允许在解构赋值的时候重命名变量，代码如下：

```
1   clip(){
2      if(!this.cropper || !this.cropper.selection)
3         return null;
4      let {x:left, y:top, x2:right, y2:bottom} = this.cropper.selection;
5      return {clip: `rect(${top}px, ${right}px, ${bottom}px, ${left}px)`};
6   }
```

可以看到，this.cropper.selection 的 x、x2、y 和 y2 属性被分别赋给了 left、top、right 和 bottom 这 4 个变量，这样名称就和 CSS 中的一致了。

完成这一步之后，效果如图 16.8 所示。可以看到，按下鼠标左键并拖曳鼠标，就会产生一个白色边框的选区，选区外的图像部分颜色变淡，并且在拖曳时，图像的上方会显示文字 draw，释放鼠标后，文字 draw 消失。

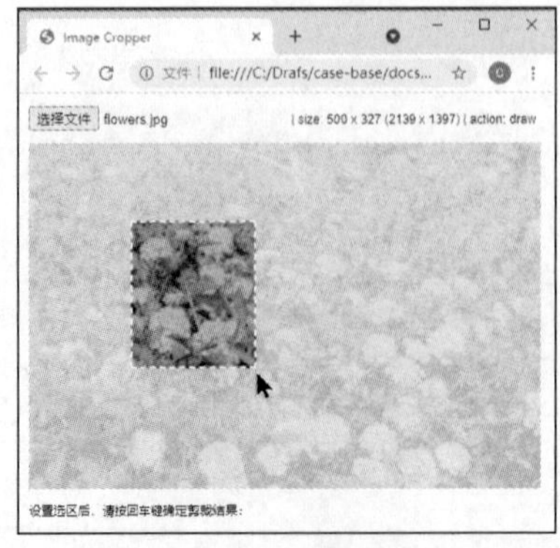

图 16.8　完成选区绘制功能

此时的案例源文件为 cropper-02.html。

16.4.3 移动选区

下面实现移动选区的功能。选区生成后，当用户在选区中按下鼠标左键时，拖曳鼠标就可以移动选区，但是不能将选区移出图片本身，选区必须完全包含于图像范围内，这个约束条件已经由 Cropper 类中的逻辑得以保证，因此这里只需要调用 Cropper 类中相应的函数即可。

我们首先给选区（div#selection）绑定 mousedown 事件的处理方法。为了和上面绑定到 div#container 的 onMousedown 处理方法有所区别，这里的方法名为 onMoveMousedown，用于表示与选区移动操作对应的鼠标按下事件，代码如下：

```
1    <div
2       id = "selection"
3       v-if = "cropper && cropper.selection"
4       v-bind:style = "selectionStyle"
5       v-on:mousedown.stop="onMoveMousedown"
6    </div>
```

onMoveMousedown()方法的代码如下：

```
1    onMoveMousedown(event){
2       this.actionType = 'move';
3       this.startX = event.pageX - this.offsetX;
4       this.startY = event.pageY - this.offsetY;
5       this.endX = this.startX;
6       this.endY = this.startY;
7    }
```

以上代码将 actionType 改成了'move'，这是我们将要处理的第 2 种操作。和绘制选区类似，当鼠标在选区内部时，按下鼠标左键表示开始移动选区，我们需要获取当时鼠标相对于图片左上角的坐标，并存入 startX 和 startY 属性中。同时，让 endX 等于 startX，让 endY 等于 startY。

注意

当绘制选区时，按下鼠标左键时不需要修改 endX 和 endY，因此在绘制选区时，每次调用 Cropper 对象的 drawSelection()方法后，都会把矩形选区的完整信息传递过去；而在移动选区时，只传递两次 mousemove 事件之间的增量。

接下来修改 onMousemove()方法，这个方法原来只处理选区绘制，现在还要加上处理选区移动的相关代码，如下所示：

```
1    onMousemove(event){
2       if(this.actionType === '')
3         return;
4
5       const tx = this.endX;
6       const ty = this.endY;
7       this.endX = event.pageX - this.offsetX;
8       this.endY = event.pageY - this.offsetY;
9
10      //绘制选区
11      if(this.actionType === 'draw'){
12         const rect = new Rect(
```

```
13              this.startX,
14              this.startY,
15              this.endX - this.startX,
16              this.endY - this.startY
17          );
18          this.cropper.drawSelection(rect);
19      }
20      //移动选区
21      else if(this.actionType === 'move')
22        this.cropper.move({dx: this.endX-tx, dy: this.endY-ty});
23  }
```

上述代码使用一组临时变量来暂存当时的 endX 和 endY，也就是上一次在 onMousemove 中记录的 endX 和 endY 坐标，然后将这对坐标更新为此时的新坐标。如果 this.actionType 等于'move'，那就调用 this.cropper.move()方法，注意参数是一个对象，其中包含了 x 和 y 两个方向的变化量，也就是这次从 onMousemove 中获取的坐标值与上次从 onMousemove 中获取的坐标值之间的差值。

这时，在浏览器中打开这个页面，可以看到效果如图 16.9 所示，用户已经可以移动选区的位置了，但是无法将选区移到图像的外面。

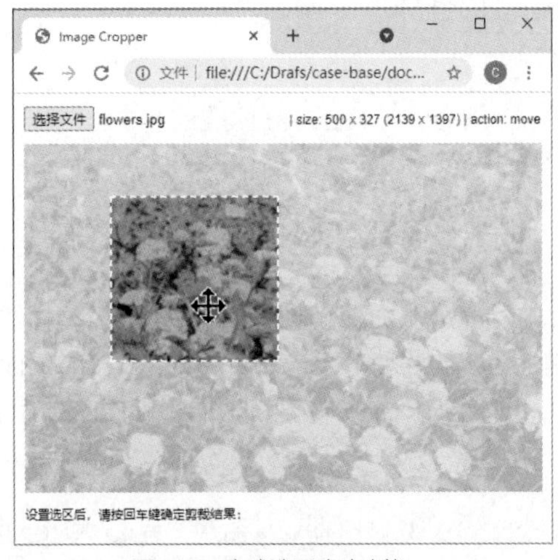

图 16.9　完成选区移动功能

总结一下，移动选区与绘制选区的不同之处在于：

- 绑定事件的 DOM 元素不同，绘制选区时绑定到整个 div#container，而移动选区时绑定到 div#selection。
- 当鼠标移动时，调用的 Cropper 对象的方法不同，绘制选区时调用的是 cropper.drawSelection()方法，而移动选区时调用的是 cropper.move()方法。
- 传入的参数不同，传入 cropper.drawSelection()的是一个 Rect 类型的矩形对象，而传入 cropper.move()的是两次 mousemove 事件之间的位置差。

此时的案例源文件为 cropper-03.html。

16.4.4 调整选区大小

下面实现第 3 种操作：调整选区大小。我们首先需要在选区的四周增加 8 个用于拖曳的手柄，代码如下：

```
1   <div>
2      id = "selection"
3      v-if = "cropper && cropper.selection"
4      v-bind:style = "selectionStyle"
5      v-on:mousedown.stop="onMoveMousedown"
6      <img
7         src="dot.gif"
8         data-position="nw"
9         class="handler handler-nw"
10        v-on:mousedown.stop.prevent="onResizeMousedown"
11     >
12     <img
13        src="dot.gif"
14        data-position="nw"
15        class="handler handler-nw"
16        v-on:mousedown.stop.prevent="onResizeMousedown"
17     >
18  </div>
```

在上面的代码中，我们只加入了两个手柄，其余 6 个与它们类似，这里先把这两个手柄做好。读者可以看到，每个手柄实际上是一个灰色的小方块，可使用 img 元素来表示。在 img 元素中，设定一个自定义属性 data-position。以“data-”开头的属性，通过 DOM 标准 API 可以十分方便地获取。这里按照东（e）、南（s）、西（w）、北（n）、东南（se）、西南（sw）、东北（ne）、西北（nw）8 个方位来区分这 8 个手柄。如果读者熟悉东、南、西、北等方向的英文单词，就可以知道这几个字母都是对应英文单词的第一个字母。

下面回顾一下 16.2.2 小节的内容。这里为什么要用东、西、南、北，而不用上、下、左、右呢？这是因为当把鼠标移到每个手柄上的时候，需要把鼠标指针改为相应的形状。CSS 中定义了不同的名称来代表不同方向的双箭头指针，如图 16.2 所示。这些名称里面用的就是这些代表东、南、西、北的缩写字母。

接下来为这两个手柄分别设置 handler 和 handler-*两个样式类，用于 CSS 样式的设置。handler 类名可用于每个手柄，从而设置它们共同具有的属性；带有方位的 handler-*类名，如 handler-nw，则用于设定每个方位的个性化属性，可采用绝对定位的方式确定手柄的位置。CSS 代码如下所示：

```
1   .handler{
2     width:10px;
3     position:absolute;
4   }
5   .handler-nw{
6     left:0;
7     top:0;
8     cursor: nw-resize;
9   }
10  .handler-n{
11    left:50%;
12    top:0;
13    margin-left: -5px;
14    cursor: n-resize;
15  }
```

注意

手柄 img 元素是选区 div 元素的子元素，如果想要通过 CSS 定位到适当的位置，方法有很多种，这里使用绝对定位的方法。

通过这个案例可以看出，要想真正掌握好前端开发，成为一名合格的前端开发工程师，就需要把 HTML、CSS 和 JavaScript 三者的基础打扎实，因为任何一个页面都是由 HTML、CSS 和 JavaScript 以“三位一体”的方式构成的，只有这三个方面都熟练掌握，遇到实际问题时方能游刃有余。

对于每个手柄，绑定鼠标左键按下的事件处理方法，代码如下：

```
v-on:mousedown.stop.prevent="onResizeMousedown"
```

因此，这个页面上已经有了 3 个鼠标左键按下的事件处理方法，它们分别被绑定到 div#container、div#selection 和手柄 img 元素，读者注意不要混淆。手柄的鼠标按下事件的处理方法已被命名为 onResizeMousedown。

由于 8 个手柄的鼠标按下事件都被绑定到了同一个方法，为了区分按下的是哪个手柄，可在 data 对象中增加一个 position 属性来进行记录，代码如下：

```
1   data: {
2      cropper: null,
3      position: '',
4      actionType: '',
5      ……其余省略……
6   },
```

在 methods 部分增加 onResizeMousedown()方法，代码如下。可以看到，与移动选区类似，区别仅在于将 actionType 改成了'resize'，这是除了'draw'和'move'之外的第 3 种操作。此外，可通过 event.currentTarget.dataset.position 获取单击的那个手柄的 data-position 属性值，并保存到 data.position 中。

```
1   onResizeMousedown(event){
2      this.position = event.currentTarget.dataset.position
3      this.actionType = 'resize';
4      this.startX = event.pageX - this.offsetX;
5      this.startY = event.pageY - this.offsetY;
6      this.endX = this.startX;
7      this.endY = this.startY;
8   }
```

接下来修改 onMousemove()方法：

```
1   onMousemove(event){
2      if(this.actionType === '')
3         return;
4
5      //……省略与前面相同的部分……
6
7      //调整选区大小
8      if(this.actionType === 'resize'){
9         if (this.position.includes('w'))
10          this.cropper.resizeLeft(this.endX-tx);
11        if (this.position.includes('e'))
12          this.cropper.resizeRight(this.endX-tx);
13        if (this.position.includes('n'))
14          this.cropper.resizeTop(this.endY-ty);
15        if (this.position.includes('s'))
16          this.cropper.resizeBottom(this.endY-ty);
17     }
```

```
18  }
```

可以看到，我们只是在原来的基础上，增加了一种新的情况。如果 this.actionType 的值是'resize'，那就根据 this.position 的值，分别调用 this.cropper 的 4 个大小调整方法中的一个或两个。

此时就可以看出 this.position 属性的作用了：在鼠标按下的时候，记录按下的是哪个手柄，可根据 this.position 属性来决定调用哪个大小调整方法。

includes()是 JavaScript 提供的标准函数，用于判断一个字符串中是否包含由参数指定的子串。

这时在浏览器中打开页面，可以看到效果如图 16.10 所示。由于我们只放了“西北”和“北”两个手柄，因此图 16.10 中也只有这两个手柄，通过拖曳这两个手柄，可以改变选区的大小。

图 16.10　为选区增加两个手柄

现在讲解一下绑定事件时的修饰符。

总结一下可以知道，现在页面上已经有了绘制选区、移动选区、调整选区大小 3 种操作，它们各自对应 3 个不同的 mousedown 事件处理方法。但是我们发现，mouseup 和 mousemove 事件只在 div#container 元素上进行了绑定。选区和手柄都没有绑定鼠标移动和鼠标释放事件，请读者先自行思考其中的原理。

对于 mouseup 事件，它的作用就是终止某个拖曳操作，也就是把 actionType 属性恢复为空字符串，这对于以上 3 种操作是一样的，而且事件具有“冒泡”的特性，内部子元素的事件会传播到外部的父元素，只要不设置“.stop”修饰符，手柄和选区上绑定的 mouseup 事件就会传播到外层的 div#container 元素，因此我们不需要再为选区和手柄绑定 mouseup 事件。

mousemove 事件和 mouseup 事件类似，以上 3 种操作调用的是同一个 onMousemove()方法，并且也是通过“冒泡”来实现的，不需要额外绑定，但是 mousemove 事件会根据操作类型（actionType 属性）做不同的处理。

最后来看看 mousedown 事件，由于以上 3 种操作对应不同的元素，因此需要将它们分别绑定到三个不同的方法：onMousedown()、onMoveMousedown()和 onResizeMousedown()。

至此，在绑定手柄和选区的时候，就需要加上“.stop”修饰符，从而阻止事件向上“冒泡”传播，否则这 3 个方法就会互相干扰。因此，这 3 个 mousedown 事件的绑定是不一样的，代码如下所示：

```
1    //#container
```

```
2    v-on:mousedown.prevent = "onMousedown"
3    //#selection
4    v-on:mousedown.stop = "onMoveMousedown"
5    //.handler
6    v-on:mousedown.stop.prevent = "onResizeMousedown"
```

仔细观察后我们还会发现，在为 div#container 元素和手柄绑定 mousedown 事件时，这里使用了“.prevent”修饰符。“.prevent”修饰符的作用是取消事件导致的默认行为。手柄是 img 元素，在网页中，默认情况下，使用鼠标拖曳一个 img 元素就会产生拖曳的效果，如果把这个默认效果取消的话，手柄的拖曳效果就无法顺畅地实现。

那么，为什么对 div#container 元素也要使用“.prevent”修饰符呢？div#container 元素本来是不需要加入“.prevent”修饰符的，但是在加入 8 个手柄以后，当绘制选区的时候，拖曳的是选区的右下角。用户在拖曳鼠标的时候，很容易进入右下角手柄的范围内，因而触发手柄的默认事件，为 div#container 元素的 mousemove 事件也加上“.prevent”修饰符就可以避免这个问题。

“.stop”和“.prevent”修饰符分别对应于标准 DOM 中的 stopPropagation()和 preventDefault()方法，请读者搞清楚它们各自的含义和作用，不要混淆。

此时的案例源文件为 cropper-04.html。

16.4.5 将手柄封装为组件

我们只做了两个手柄，由于这 8 个手柄非常类似，只有“方位”不同，因此最好把它们封装成组件，这样在 HTML 结构中就可以极大地简化冗余代码。

首先创建一个对象，代码如下：

```
1    let resizeHandler = {
2        props: ["position"],
3        template:`
4            <img
5                src="dot.gif"
6                v-bind:class="'handler handler-'+position"
7                v-bind:data-position="position"
8                v-on:mousedown.stop.prevent="onMousedown"
9            >`,
10       methods: {
11           onMousedown(event){
12               this.$emit("resize-handler-mousedown", event);
13           }
14       }
15   };
```

注意这个对象并不是组件，而是一个选项对象，用于指定创建组件时的参数，具体包括：

- 在 props 中增加了一个 position 属性，用于传入方位参数。
- 在 template 中设定了手柄的 HTML 结构，使用模板字符串可以方便地创建多行文本。我们可以直接把原来的 img 元素复制过来，然后把 class 属性改为根据 position 属性进行动态绑定。
- 将 img 元素的 mousedown 事件绑定到了 onMousedown()方法，这里的 onMousedown()方法与前面为 div#container 元素绑定的 onMousedown()方法完全无关。在组件内部的 onMousedown()方法中，只需要简单地通过 this.$emit()方法向外暴露一个事件即可，可将暴露的这个事件命名为 resize-handler-mousedown，注意需要使用 kebab-case 命名机制。

然后在根实例中注册 resizeHandler 组件，代码如下：

```
1    let vm = new Vue({
2       el:"#app",
3       components:{resizeHandler},
4       data: {……省略……}
5       ……省略其他……
```

接下来，在页面的 HTML 中去掉两个手柄元素，改为使用组件，代码如下：

```
1    <div>
2       id = "selection"
3       v-if = "cropper && cropper.selection"
4       v-bind:style = "selectionStyle"
5       v-on:mousedown.stop="onMoveMousedown"
6       <resize-handler position="nw"
7          v-on:resize-handler-mousedown = "onResizeMousedown"
8       </resize-handler>
9       <resize-handler position="n"
10      v-on:resize-handler-mousedown = "onResizeMousedown"
11      </resize-handler>
12   </div>
```

注意，上面在定义组件时，名称采用的是 camelCase 命名机制下的 resizeHandler；但在 HTML 中，采用的却是相应的 kebab-case 命名机制下的 resize-handler。

只要为两个 resize-handler 设置不同的 position 属性，比如“nw”和“n”，就会产生和上面完全一样的效果。

此时的案例源文件为 cropper-05.html。

至此，我们就可以采用 v-for 循环的方式产生 8 个手柄，而不需要以手动方式逐个制作了。

可首先在 data 中初始化一个包含所有方位字符串的 positions 数组，代码如下：

```
1    data: {
2       cropper: null,
3       positions:['nw','n','ne','e','se','s','sw','w'],
4       position: '',
5       actionType: '',
6       ……省略其他……
7    },
```

然后使用 v-for 指令，根据 this.positions 数组自动生成 8 个手柄，代码如下：

```
1    <div>
2       id = "selection"
3       v-if = "cropper && cropper.selection"
4       v-bind:style = "selectionStyle"
5       v-on:mousedown.stop="onMoveMousedown"
6       <resize-handler
7          v-for="pos in positions"
8          v-bind:position="pos"
9          v-on:resize-handler-mousedown = "onResizeMousedown"
10      ></resize-handler>
11   </div>
```

这时，选区的 8 个手柄都可以使用鼠标进行拖曳，进而改变选区的大小，效果如图 16.11 所示。

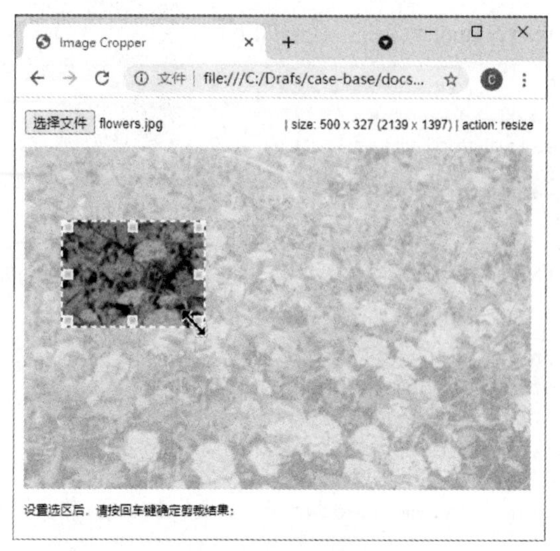

图 16.11　通过 v-for 指令自动生成 8 个手柄

此时的案例源文件为 cropper-06.html。

16.4.6 最终剪裁

当选区通过移动、放大、缩小等变化达到让人满意的状态时，按一下键盘上的回车键便可以进行最终的剪裁。为此，我们需要绑定键盘的按键事件，并且调用 Cropper 对象的 crop()剪裁方法，将新生成的图像显示在页面的底部。我们希望可以对一幅图像进行多次剪裁，并将每次剪裁出的局部小图片显示到大图片下方的 div#result 元素中。

为此，可首先在 data 中增加一个 images 属性，它的初始值为一个空数组，用于存放剪裁出来的图像，代码如下：

```
1   data: {
2       cropper: null,
3       images:[],
4       positions:['nw','n','ne','e','se','s','sw','w'],
5       ……省略其他……
6   },
```

然后定义一个 onEnterKeyup()方法，后面会将其与 div#app 元素绑定，代码如下：

```
1   onEnterKeyup(){
2       if(this.cropper.selection){
3           const image = this.cropper.crop();
4           this.images.push({image, width:this.cropper.selection.width+"px"});
5       }else
6           alert("请先拖曳鼠标以确定选区");
7   }
```

在 onEnterKeyup()方法中调用 this.cropper.crop()方法，得到一个图像对象，将其插入 this.images 数组的末尾。

下面将 onEnterKeyup()方法与 div#app 元素绑定，代码如下：

```
1   <div
2       id="app"
```

```
3      tabindex=0
4      v-on:keyup.enter="onEnterKeyup"
5      style="outline: none;"
6   >
```

注意以上代码对 keyup 事件使用了“.enter”修饰符，这表示只有当按下的是回车键时，才会调用相应的方法。

需要注意的是，这个 div 元素需要添加一个 tabindex 属性才会接收按键事件，否则它不会对按键事件有任何反应。

在为这个 div 元素添加了 tabindex 属性之后，就会出现一个表示焦点状态的黑色线框，这时应使用 CSS 的 outline 属性隐藏这个黑色线框，这个 CSS 属性可以放在 CSS 文件中。

最后，在 HTML 标记部分的 div#result 元素中，通过 v-for 指令显示所有剪裁出来的图片，代码如下：

```
1   <div id="result">
2      <img
3         v-for="item in images"
4         v-bind:src="item.image.src"
5      >
6   </div>
```

此时，保存并运行文件，效果如图 16.12 所示。

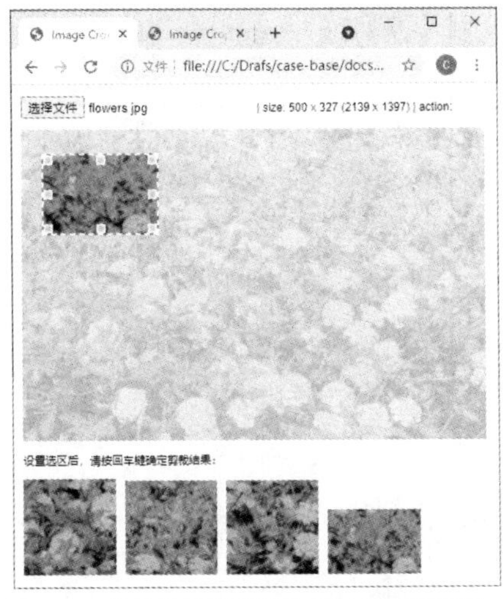

图 16.12　将剪裁得到的图片显示在页面的底部

此时的案例源文件为 cropper-07.html。

本章小结

本章将 JavaScript 和 Vue.js 结合起来运用，一步一步迭代，最终实现了一个网页图片裁剪器。通过这个综合案例，希望读者能够加深对 JavaScript 和 Vue.js 的理解并且能够通过合理地运用类和继承，实现较为复杂的逻辑。学完本章后，相信读者已经可以灵活使用 Vue.js 响应各种事件以及操作 DOM。

知识点讲解

第17章 综合案例——电子商务网站

电子商务网站是各种 Web 应用中最典型、最常见的类型，非常适合作为案例进行学习和研究。本章将通过制作一个购物网站，使读者进一步熟练掌握 Vue.js 框架的使用方法。本章的思维导图如下所示。

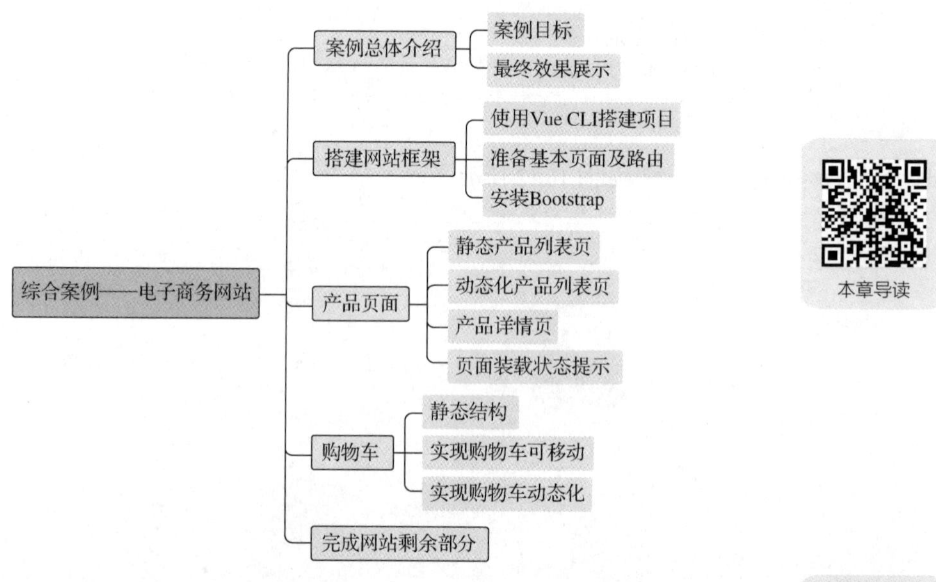

17.1 案例总体介绍

真实的电子商务网站是非常复杂的，我们将从教学角度出发，力求保持 Web 开发项目中最本质的部分，并对真实项目进行适当的简化，使读者能够通过完成一个比较简单的购物网站，体会到开发 Web 应用系统的一些关键所在。

17.1.1 案例目标

基本目标如下：

- 实现一个结构完整的电子商务网站。
- 实现产品列表的展示页面（产品列表页）。
- 实现单一产品的显示页面（产品详情页）。
- 实现将一个产品“加入购物车”的功能。

- 实现“确定下单”的功能。
- 可以查看一个订单的信息。
- 可以查看订单列表。
- 模拟订单的支付过程。
- 模拟远程 API 的处理逻辑。
- 模拟存在 API 调用失败的情况。
- 使用 localStorage 实现本地存储。

另外，尽管这个综合案例没有实现以下功能，但真正的电子商务网站通常都会提供。

- 没有实现调用后端 API，但是通过 JavaScript 模拟了异步调用。
- 没有实现用户的注册、登录、验证等相关逻辑。
- 产品没有分类。
- 产品和订单列表没有分页展示。
- 购物车中的商品不能调整数量，此外每种商品都只有一件。

本书的配套资源中给出了完整的源代码，并且分成了 20 个步骤，从零开始，逐步构建。本章将详细讲解前 12 个步骤的开发过程。后面的步骤将作为练习，请读者自行完成。遇到困难时，可以参考本书配套资源中相关步骤的源代码。

下面对这 20 个步骤进行简单介绍，从而使读者对本综合案例的整体开发过程有所了解，详见表 17.1。

表 17.1 这个综合案例的 20 个开发步骤

步骤编号	案例文件夹名称	说明
1	geekfun-01-empty	使用 Vue CLI 脚手架工具生成的基础代码
2	geekfun-02-router	基本路由配置页面
3	geekfun-03-bootstrap	安装 Bootstrap
4	geekfun-04-products-html	搭建产品列表页的静态文件
5	geekfun-05-products-vue	动态化产品列表页
6	geekfun-06-product-html	搭建产品详情页的静态文件
7	geekfun-07-product-vue	动态化产品详情页
8	geekfun-08-loading	为耗时操作显示提示框
9	geekfun-09-cart-html	购物车的静态视图
10	geekfun-10-cart-moving	使购物车可以移动
11	geekfun-11-add-to-cart	“加入购物车”功能
12	geekfun-12-header-cart-count	在页头显示购物车中的商品数量
13	geekfun-13-order-detail	订单详情页
14	geekfun-14-orders	订单列表
15	geekfun-15-check-out	“确认下单”功能
16	geekfun-16-pay	“支付”功能
17	geekfun-17-404-redirect	对订单详情页和产品详情页显示 404 页面
18	geekfun-18-nav-header	制作响应式的页头导航
19	geekfun-19-footer	页脚
20	geekfun-20-final-home-about	首页和“关于我们”页面

17.1.2 最终效果展示

本书作者已经将这个综合案例实际部署到互联网上（http://mini.geekfun.website），读者可以在学习本章之前，查看一下这个综合案例完成以后的实际效果。然后思考一下，想想自己能否实现这样一个简单的电子商务网站。

进入这个网站以后，首页是一个静态的展示页面，如图 17.1 所示。

图 17.1　PC 端静态网页

这个网站实现了响应式页面设计，在手机等移动设备上也可以正常浏览，在手机上的浏览效果如图 17.2 所示。

在手机上浏览时，单击左上角的“汉堡包”图标按钮，可以展开菜单，如图 17.3 所示。

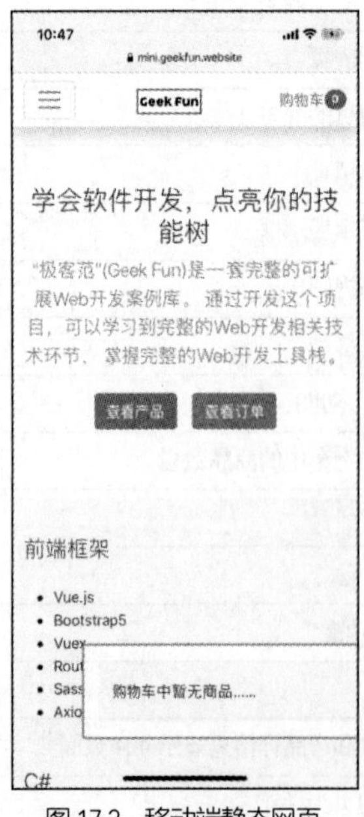

图 17.2　移动端静态网页

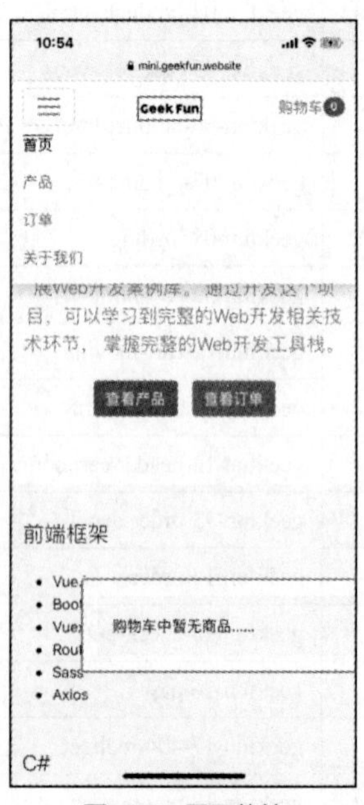

图 17.3　展开菜单

在产品列表页，可以看到以列表形式展示的产品，单击产品图片下方的“加入购物车”按钮，可以实时地看到页面上购物车区域的变化，如图 17.4 所示。

注意

需要特别注意的是，我们在这个综合案例中模拟了当网络环境较差时，以 20%的概率发生访问失败的情况，因此在访问时，如果出现了“操作失败，请稍后再试”的提示，刷新页面即可。

在手机上，同样可以完成“加入购物车”的功能，并且在 PC 端和手机端，都可以移动购物车的位置，以免挡住下面的内容，如图 17.5 所示。

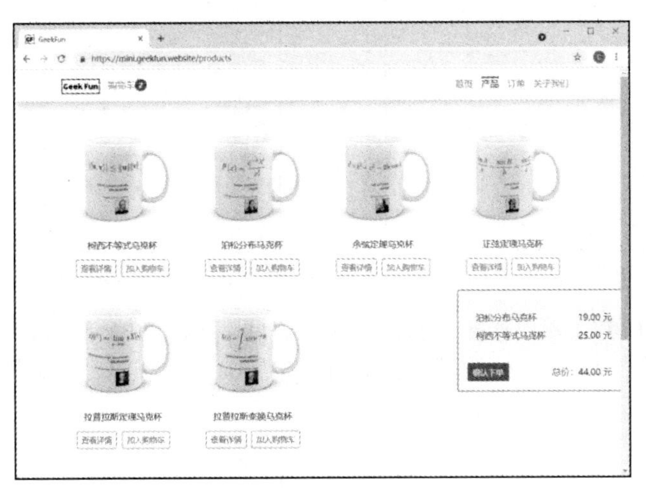

图 17.4　加入购物车

图 17.5　购物车位置

在产品列表页，单击“查看详情”按钮，可以跳转到产品详情页，产品详情页在 PC 端和手机端的效果分别如图 17.6 和图 17.7 所示。

图 17.6　PC 端产品详情页

图 17.7　移动端产品详情页

单击“确定下单”按钮，就会生成一个处于“待支付”状态的新订单，订单详情页在 PC 端和手机端的效果分别如图 17.8 和图 17.9 所示。可以单击“去支付”按钮，完成支付，也可以暂不支付。

图 17.8　PC 端订单详情页

图 17.9　移动端订单详情页

单击图 17.3 所示展开菜单中的“订单”，可以查看所有订单的列表，订单列表页在 PC 端和手机端的效果分别如图 17.10 和图 17.11 所示。单击“查看详情”按钮，可以查看对应订单的详情。如果对应的是待支付的订单，则可以完成支付。

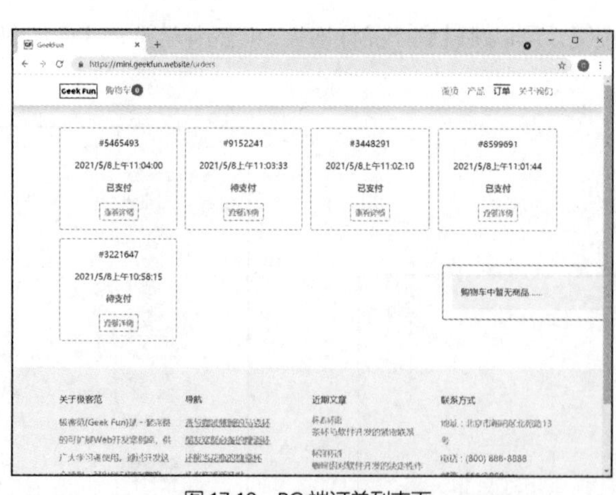

图 17.10　PC 端订单列表页

图 17.11　移动端订单列表页

17.2 搭建网站框架

案例讲解

17.2.1 使用 Vue CLI 搭建项目

首先在硬盘上创建一个目录，进入后，使用 Vue CLI 脚手架工具创建一个新的项目，操作步骤如下所示：

```
1    C:\>md demo
2    C:\>cd demo
3    C:\demo>vue create geekfun
```

然后选择手动配置项目时需要支持的特性：

```
1    ? Please pick a preset:
2      Default ([Vue 2] babel, eslint)
3      Default (Vue 3 Preview) ([Vue 3] babel, eslint)
4    > Manually select features
```

在项目特性选择列表中，可通过上下键选择某一行，并按空格键来切换是否需要对应的特性。在这个项目中，我们选中第 1、2、5、6 个特性。

```
1    ? Please pick a preset: Manually select features
2    ? Check the features needed for your project:
3    >(*) Choose Vue version
4     (*) Babel
5     ( ) TypeScript
6     ( ) Progressive Web App (PWA) Support
7     (*) Router
8     (*) Vuex
9     ( ) CSS Pre-processors
10    ( ) Linter / Formatter
11    ( ) Unit Testing
12    ( ) E2E Testing
```

当提示选择版本时，选择 Vue.js 的 2.x 版本。

```
1    ? Choose a version of Vue.js that you want to start the project with (Use arrow keys)
2    > 2.x
```

当提示选择路由中是否使用 history 模式时，选择 Y 选项。

```
? Use history mode for router? (Requires proper server setup for index fallback
in production) (Y/n)
```

当提示把 Babel、ESLint 等配置文件存放到哪里时，选择使用独立文件存放它们。

```
1    ? Where do you prefer placing config for Babel, ESLint, etc.? (Use arrow keys)
2    > In dedicated config files
3    > In package.json
```

当提示是否需要保存以上选择作为预设的配置时，保持默认的 No 即可。

```
? Save this as a preset for future projects? (y/N)
```

生成的项目目录结构如图 17.12 所示。

可以看到，由于在创建项目时选择了 Vuex 选项，因此项目中已经包含了一个 store 文件夹，store 文件夹下则包含了一个 index.js 文件。观察图 17.12，views 文件夹中包含了两个预设的页面，我们已经在 router 文件夹下的 index.js 中配置了相应的路由。

在命令行窗口中执行“npm run serve”命令，然后在浏览器中输入地址 http://localhost:8080，访问自动生成的网站并查看效果。

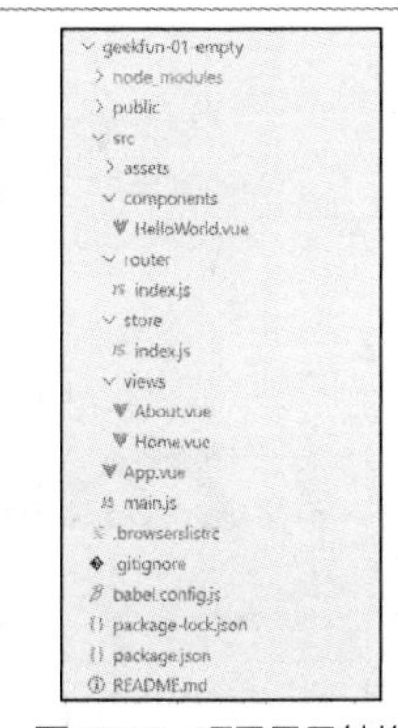

图 17.12　项目目录结构

注意

开发服务器的地址中的端口号可能会变化，如果 8080 端口已经被占用，就会尝试使用 8081 端口，依此类推。

17.2.2 准备基本页面及路由

首先在 views 文件夹中将原来预先放置的两个.vue 文件删除，并新设计好如下两个页面。

- UnderConstruction.vue：显示“正在建设中……”。
- PageNotFound.vue：显示“没有找到页面……”。

代码如下所示：

```
1   <template>
2     <div>
3       <h2>没有找到页面……</h2>
4     </div>
5   </template>
6
7   <style>
8   h2{
9     text-align:center;
10  }
11  </style>
```

然后修改 route/index.js 文件，重新设定路由。下面引入刚才设计好的两个页面（视图）：

```
1   import UnderConstruction from '../views/UnderConstruction.vue'
2   import PageNotFound from '../views/PageNotFound.vue'
```

接下来设置路由表，一共需要为 6 个页面设置路由：首页、产品列表页、产品详情页、订单列表页、订单详情页、关于我们页面。分别设置好路径、名称和对应的组件。注意，我们将把所有路由对应的组件都设置为“UnderConstruction”，使这些页面暂时都使用 UnderConstruction 组件，显示为“正在建设中……”，代码如下所示：

```
1   const routes = [
2     {
3       path: '/',
4       name: 'Home',
5       component: UnderConstruction
6     },
7     {
8       path: '/products',
9       name: 'Products',
10      component: UnderConstruction
11    },
12    {
13      path: '/products/:productId',
14      name: 'ProductDetail',
15      component: UnderConstruction
16    },
17    {
18      path: '/orders/:orderId',
19      name: 'OrderDetail',
20      component: UnderConstruction
```

```
21    },
22    {
23      path: '/orders',
24      name: 'Orders',
25      component: UnderConstruction
26    },
27    {
28      path: '/about',
29      name: 'About',
30      component: UnderConstruction
31    }
32  ]
```

此外，为了在用户输入不能与上述 6 个页面路径匹配的地址时，能够显示“没有找到页面……”，也就是常见的“404 页面”，我们还需要增加两个路由入口。其中的“*”表示所有不能匹配到路径的地址，都将被重定向到“/404”，代码如下所示：

```
1   {
2     path: '/404',
3     name: '404',
4     component: PageNotFound
5   },
6   {
7     path: '*',
8     redirect: '/404'
9   }
```

最后修改一下 App.vue，把页面顶部的导航链接使用 router-link 设定到指定的路由路径，代码如下所示：

```
1   <template>
2     <div id="app">
3       <div id="nav">
4         <router-link to="/">首页</router-link> |
5         <router-link to="/products">产品</router-link> |
6         <router-link to="/orders">订单</router-link> |
7         <router-link to="/about">关于我们</router-link>
8       </div>
9       <router-view/>
10    </div>
11  </template>
```

在命令行窗口中执行“npm run serve”命令，浏览器中将显示如图 17.13 所示的效果，可以切换不同的页面，浏览器的地址栏中也将会变化为相应的路径，页面上显示的都是“正在建设中……”。如果在地址栏中随意输入一个无法匹配的路径，例如 http://localhost:8080/xyz，浏览器就会自动跳转到 http://localhost:8080/404 页面，如图 17.14 所示。

图 17.13　显示“正在建设中……”

图 17.14　显示“没有找到页面……”

17.2.3 安装 Bootstrap

本书讲解的重点是 Vue.js 和页面逻辑，因而我们不会对页面的 HTML 结构和 CSS 样式进行详细的讲解。但是，一个网站是离不开 HTML 和 CSS 样式的，为了减少 CSS 代码，我们在这个综合案例中使用了 Bootstrap 框架，目的就是通过 Bootstrap 的一些样式工具类和组件，来简化设置页面结构和样式的工作。

读者即便对 Bootstrap 不熟悉，也无须担心，这不会影响大家对 HTML 结构和 Vue.js 的理解。当然，如果有条件的话，建议稍稍了解一下 Bootstrap 框架的用法。如果对 CSS 比较熟悉的话，就会发现 Bootstrap 是非常简单易用的。

在命令行窗口中执行“npm install bootstrap --save”命令，就会自动下载并安装 Bootstrap。系统会将 Bootstrap 安装到项目的“node_modules”文件夹中，并在 package.json 文件中增加相应的配置。

如果安装了 cnpm，那么可以使用 cnpm 代替 npm 命令进行安装，下载速度会快很多，请参考前面第 10 章中的讲解。

接下来在 src/main.js 中引入两个文件，代码如下所示：

```
1   import Vue from 'vue'
2   import App from './App.vue'
3   import router from './router'
4   import store from './store'
5
6   //引入Bootstrap
7   //npm install bootstrap
8   import "bootstrap/dist/js/bootstrap.bundle";
9   import "bootstrap/dist/css/bootstrap.min.css";
10
11  //以下省略……
```

最后编辑 src/App.vue 文件。我们可以把绝大部分原有的 CSS 样式去掉，而把 Bootstrap 提供的样式类直接设置到 HTML 元素上。例如为导航栏使用“p-5”样式类，表示使用第 5 级的 padding，这会产生比较大的内边距；同时使用“text-center”样式类，这表示将文字居中显示。Bootstrap 提供了大量已经定义好的易于记忆的样式类，在编写 HTML 结构的时候，可以直接使用，这样就可以极大减少 CSS 代码量，代码如下所示：

```
1   <template>
2     <div id="app">
3       <div id="nav" class="p-5 text-center">
4         <router-link class="fw-bold" to="/">首页</router-link> |
5         <router-link class="fw-bold" to="/products">产品</router-link> |
6         <router-link class="fw-bold" to="/orders">订单</router-link> |
7         <router-link class="fw-bold" to="/about">关于我们</router-link>
8       </div>
9       <router-view/>
10    </div>
11  </template>
12
13  <style>
14  #nav a.router-link-exact-active {
15    color: #42b983 !important;
```

```
16  }
17  </style>
```

说明

除了个别地方，例如上面代码中的“a.router-link-exact-active”这个类是动态添加到 HTML 元素上的，我们一般不需要额外对 CSS 样式进行设定。

在这里，我们使用了 Bootstrap，因此基本上不用再额外编写 CSS 样式代码。读者在看到后面的代码时，将会发现 HTML 元素上有很多样式类，但是样式代码却非常少。

17.3 产品页面

17.3.1 静态产品列表页

在 src/views 文件夹中增加一个 Products.vue 文件，内容如下。可以看到，这是一个纯静态页面，最外层是一个 div 容器。

```
1   <template>
2     <div class="container">
3       <div class="row g-2 g-md-3">
4         <div
5           class="col-6 col-md-4 col-lg-3 col-171-2"
6         >
7           <div class="px-3">
8             <img src="../assets/images/1.png" class="img-fluid">
9           </div>
10          <div class="text-center py-3 px-md-3">
11            <h6 class="mb-3">产品名称</h6>
12            <div class="d-flex justify-content-evenly">
13              <router-link
14                to="/products/1"
15                class="btn btn-outline-secondary btn-sm"
16              >
17                查看详情
18              </router-link>
19              <button
20                class="btn btn-outline-secondary btn-sm"
21              >
22                加入购物车
23              </button>
24            </div>
25          </div>
26        </div>
27      </div>
28    </div>
29  </template>
```

在这个.vue 文件中，我们没有使用任何额外的 CSS 样式，得到的效果如图 17.15 所示。这里只显示了一个产品，但在 17.3.2 小节中，使用 v-for 就可以循环显示所有的产品，形成产品列表了。

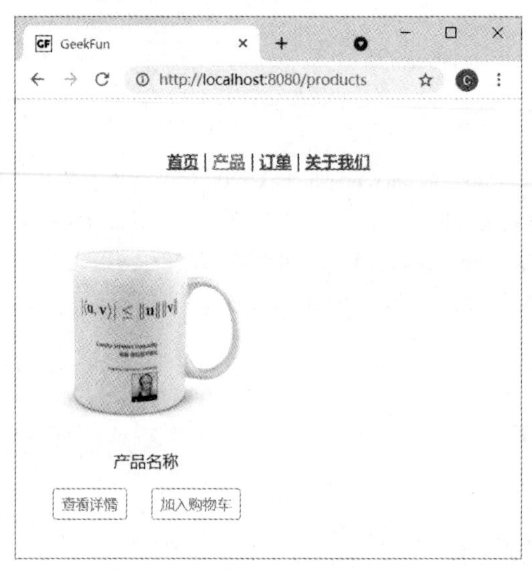

图 17.15　使用 Bootstrap 展示产品

修改 src/route/index.js，引入上面新做好的 Products.vue 文件，并将产品列表页的路由组件从 UnderConstruction 改为 Products，代码如下：

```
1   //……省略……
2   import Products from '../views/Products.vue'
3
4   //……省略……
5     {
6       path: '/products',
7       name: 'Products',
8       component: Products
9     },
10  //……省略……
```

为了显示图片，需要找一些图片放到项目中，读者可以使用本书配套资源中提供的图片，我们把这些图片放到了 src/assets/images 文件夹中。

17.3.2　动态化产品列表页

下面我们来对产品列表页进行动态化。

在 src/assets 文件夹中新建一个 js 文件夹，用于存放一些辅助的 JavaScript 文件。然后在 src/assets/js 文件夹中创建一个 productCatalog.js 文件，它实际上是一个数据文件，里面存储了产品的目录，代码如下所示：

```
1   export default [
2     {
3       productId: 1,
4       price: "25.00",
5       src: require("../../assets/images/1.png"),
6       name: "柯西不等式马克杯",
7       description: "这是柯西施瓦茨不等式马克杯。柯西施瓦茨不等式是一个在众多背景下都有应用的
                    不等式，例如线性代数、数学分析、概率论、向量代数以及其他许多领域。"
8     },
```

```
9     //……省略其余产品……
10  ]
```

可以看到，每个产品都包含了 5 个字段，分别是产品编号、产品价格、图片地址、产品名称以及产品介绍。这些产品信息实际上来自后端数据库，因此我们在这里模拟一下从后端数据库获取数据的过程。

在 src/assets/js 文件夹中创建一个 shoppingApi.js 文件，用于模拟通过 AJAX 异步访问远程服务器并获取数据的过程，代码如下所示：

```
1   import productCatalog from './productCatalog'
2
3   export default {
4     //获取所有产品目录
5     getProductCatalog(successCallback, errorCallback){
6       //模拟请求远程API，耗时1~2 s
7       const timeout = Math.random() * 1000 + 1000;
8       //以80%的成功概率，模拟从远程服务器获取数据
9       const success= Math.random() < 0.8;
10      setTimeout(() => {
11        if(success) {
12          //调用成功的回调函数
13          successCallback(productCatalog);
14        }
15        else {
16          //调用失败的回调函数
17          errorCallback();
18        }
19      }, timeout);
20    }
21  }
```

上面的代码首先从 productCatalog.js 中导入产品目录，然后创建了 getProductCatalog()函数。在这个函数中，随机产生一个 1000～2000 的数字，用来模拟网络延时，即每次调用这个函数时，都需要等待 1000～2000 ms 才能得到结果。

接着产生一个 0～1 的随机数，小于 0.8 表示成功，否则表示失败，这样就可以模拟出以 20%的失败概率访问远程 API 的效果。

最后，使用 JavaScript 中的 setTimeout()函数实现异步操作的效果。在经过预设的随机时长之后，调用回调函数。如果根据随机数判断为成功，就将产品目录传入调用成功的回调函数；否则传入调用失败的回调函数，并在这个回调函数中，向控制台输出错误信息。

下面在 Products.vue 中加入 script 脚本部分，代码如下所示：

```
1   <script>
2   import shoppingApi from '../assets/js/shoppingApi'
3
4   export default {
5     data(){
6       return {
7         products: []
8       };
9     },
10    mounted() {
```

```
11      shoppingApi.getProductCatalog(
12        // 成功操作
13        (productCatalogFromServer) => {
14          this.products = productCatalogFromServer;
15        },
16        () => {
17          console.log("error");
18        }
19      );
20
21  } }
22  </script>
```

上面的代码首先引入了 shoppingApi.js，从而使用前面定义的 getProductCatalog()函数。接下来，在 data()函数中设定数据模型 products 为一个数组。然后在 mounted()钩子函数中调用 getProductCatalog()函数，后者的参数是两个箭头函数：第一个是调用成功的回调函数，用于把传入的产品目录赋值给 products；第二个是调用失败的回调函数，它在这里什么也不做。

最后，把 products 数组中的内容，使用 v-for 指令渲染到 HTML 中，并把每个产品的图片、名称绑定到相应的 HTML 元素上，代码如下所示。为了清晰起见，我们移除了所有样式类，只保留了 HTML 结构。

```
1   <template>
2     <div>
3       <div>
4         <div
5           v-for="item in products"
6           :key="item.productId"
7         >
8           <div>
9             <img :src="item.src" >
10          </div>
11          <div>
12            <h6>{{item.name}}</h6>
13            <div>
14              <router-link
15                :to="'/products/'+item.productId"
16              >
17                查看详情
18              </router-link>
19              <button
20                @click="addToCart(item)"
21              >
22                加入购物车
23              </button>
24            </div>
25          </div>
26        </div>
27      </div>
28    </div>
29  </template>
```

在浏览器中查看效果，如果成功的话，效果将如图 17.16 所示。但是，如果在浏览器中重复刷新这个页面，就会发现有时候可能出现白屏，不显示任何产品，这表明我们设定的 20%失败概率生效了。

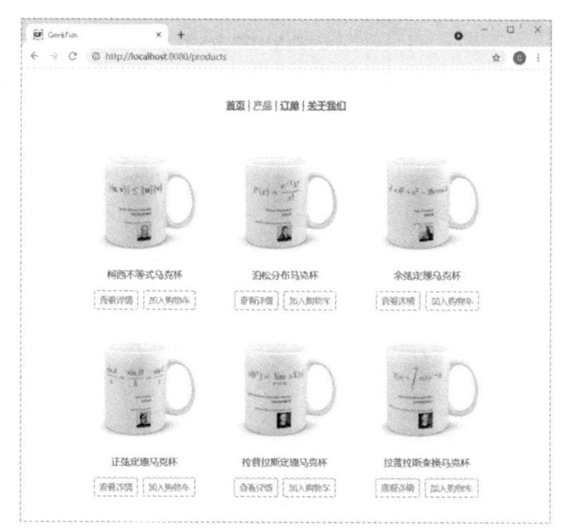

图 17.16　模拟以异步方式展示产品列表

在上面的代码中，可以看到“查看详情”按钮使用了 router-link 组件，并且已经设定好了目标路径。但是，此时还没有做好产品详情页，因此如果单击“查看详情”按钮，看到的将是“正在建设中……”的提示。

此外，“加入购物车”按钮也有了相应的单击事件处理函数，但是相应的代码还没有写好，因此单击后也是无效的，我们在后面会逐步完成这些功能。

17.3.3　产品详情页

现在我们来实现“产品详情页”。整个流程与产品列表页相同，因此这里不做详细介绍，读者可以参考本书配套资源中提供的源文件自行完成，用到的原理、技术都和产品列表页相同。

在完成静态的产品详情页时，基本的过程是：首先创建产品详情页对应的 ProductDetail.vue 文件（纯静态页面）；然后修改 src/route/index.js 文件，引入 ProductDetail.vue 文件，修改产品详情页对应的路由，将 Component 由原来的 UnderConstruction 改为 ProductDetail。

静态的产品详情页完成以后，它在 PC 端和手机端的效果分别如图 17.17 和图 17.18 所示。可以看到，由于使用了 Bootstrap 的响应式布局，因此在 PC 端和手机端，都可以很好地显示相同的 HTML 结构。

图 17.17　使用 Bootstrap 实现的 PC 端产品详情页

图 17.18　使用 Bootstrap 实现的移动端产品详情页

下面将产品详情页动态化。为此，首先修改 shoppingApi.js。可模仿 getProductCatalog()函数编写一个新的 getProduct()函数，用于获取一个产品的信息。注意这个函数需要一个产品编号参数，用于指定返回哪个产品的信息。

然后修改静态的 ProductDetail.vue 文件。在 mounted()钩子函数中调用 shoppingApi.getProduct()函数，加入 3 个参数：产品编号、调用成功的回调函数、调用失败的回调函数。script 脚本部分的代码如下所示：

```
1   <script>
2   import shoppingApi from '../assets/js/shoppingApi'
3
4   export default {
5     data() {
6       return {
7         product: null
8       }
9     },
10    mounted(){
11      shoppingApi.getProduct(
12        Number(this.$route.params.productId),
13        // 操作成功
14        (productFromServer) => {
15          this.product = productFromServer;
16        },
17        // 操作失败
18        () => {
19          console.log("error");
20        }
21      )
22    }
23  }
24  </script>
```

注意

获取产品编号的方法是从路由参数中获取，但要注意，从路由参数中获取的产品编号是字符串形式的，需要转成数值之后，才能传入 getProduct()函数。

另外，data()中定义的 product 初值为 null，因此在 HTML 中进行绑定的时候，可以先使用 v-if="product" 指令判断一下。如果 product 为空，就不要渲染 HTML 结构，等到 getProduct()函数中代表调用成功的那个回调函数被调用，并且 product 不等于 null 的时候，再渲染整个 HTML 结构。

此时，浏览器中显示的效果如图 17.19 所示。可以看到，产品的图片、名称、价格、文字介绍等，都来自动态绑定的数据。

图 17.19　动态化产品详情页

17.3.4 页面装载状态提示

由于 getProductCatalog()和 getProduct()函数都模拟了网络的延时，因此我们会发现，从单击菜单或按钮，到真正显示出内容，会有一两秒钟的间隔时间。更为严重的是，还有 20%的概率会失败，但页面上却没有任何提示，这样的用户体验很差。因此，我们需要想出一种办法，给用户发出适当的提示。

我们希望在开始某个耗时的异步操作时，显示一个提示框，告诉用户正在加载数据，然后等到加载完成后，让这个提示框消失。此外，如果加载失败，那么应该在提示框中给出说明，之后再让提示框消失。

为此，我们可以站在整个网站的角度做出全局处理。具体的思路就是通过 Vuex 设定一个状态，以表示当前是否正在执行耗时操作。然后根据这个状态，显示一个提示框。

我们先来处理与 Vuex 相关的代码。由于未来还会处理购物车等不同业务的 Vuex 状态，因此这里还将演示一下如何使用 Vuex 中的模块功能。Vuex 提供模块功能的出发点是，如果项目中的所有状态变量以及相应的 mutation 和 action 都放到一起，代码量将会非常庞大。因此，我们可以根据业务的不同，将它们放到各个模块中，从而使代码保持结构清晰。

下面首先在 src/store 文件夹中创建一个 loading.js 文件，用于保存关于加载提示需要的模块代码，代码如下所示：

```
1   export default{
2     namespaced: true,
3     state:{
4       info: '',
5       show: false
6     },
7     mutations:{
8       show: (state, info) => {
9         state.info = info;
10        state.show = true;
11      },
12      hide: (state, info) => {
13        if(!info)
14          state.show = false;
15        else {
16          state.info = info;
17          setTimeout(()=>{
18            state.show = false;
19          }, 1500);
20        }
21      },
22    }
23  }
```

上面的代码定义了一个模块，其中同样包含了 state、mutations、actions 等部分，但不同的是，这个模块中多了“namespaced:true”。

默认情况下，模块内部的 action、mutation 和 getter 都注册在全局的命名空间中，这使得多个模块能够对同一 mutation 或 action 做出响应。如果希望模块具有更高的封装度和复用性，就将不可避免地用到命名空间这个概念。

从上述代码中可以看出，在单个模块中，可通过添加“namespaced:true”的方式使其成为带命名空间的模块。模块被注册后，它的所有 getter、action 及 mutation 都会自动根据模块注册的路径来调整命名。甚至分出来的子模块也可以再包含子模块，这个综合案例很简单，不需要再细分子模块了。

在上述代码中，state 部分包含两个字段，info 字段用于确定提示框中需要显示的文字内容，show 字段用于表示当前是否显示提示框。

mutations 部分有两个 mutation 操作，分别是显示（show）和隐藏（hide）提示框。

show()函数很简单，直接改变状态即可。hide()函数则稍微复杂一些，如果 info 参数为空，就直接隐藏；如果 info 参数不为空，那就先把传递过来的内容作为提示信息，显示 1500 ms 之后，再隐藏提示框。

说明

之所以这样设计这个提示框的行为，是因为考虑到比较耗时的操作在等待期间，需要显示一条简单的提示信息，而这条信息是由 show()函数的 info 参数指定的。耗时操作结束以后，有两种情况：如果操作成功，那么通常直接关闭（隐藏）提示框就可以了；如果操作失败，那么通常会给出另一条提示信息，然后等待一两秒钟，再关闭（隐藏）提示框。

换言之，操作成功后调用 hide()时 info 参数为空，而操作失败后调用 hide()时，info 参数为告知用户失败的提示信息。

接下来修改 src/store/index.js，引入上面写好的 loading.js，然后在创建的 Store()函数中指定 loading 模块，代码如下所示：

```
1   import Vue from 'vue'
2   import Vuex from 'vuex'
3   import loadingModule from './loading'
4
5   Vue.use(Vuex)
6
7   export default new Vuex.Store({
8     modules:{
9       loading: loadingModule
10    }
11  })
```

store 对象中仅仅保存了状态数据，为了真正让它变成提示框显示出来，还需要相应组件的支持。如果使用普通的组件方式，也是可以的，在这里，我们稍做变化，演示一下“插件”的使用方法。

首先在 src 文件夹中创建一个 plugins 文件夹，以便和 components 文件夹区别开。然后在 src/plugins 文件夹中创建一个 Message.vue 文件，方法与创建组件类似，代码如下所示：

```
1   <template>
2     <div v-show ="show">
3       <span>{{info}}</span>
4     </div>
5   </template>
6
7   <script>
8   import store from '../store'
9
10  export default {
11    data() {
12      return store.state.loading
13    }
14  }
15  </script>
```

可以看到，引入 store 对象后，便可以获取到 store.state.loading 对象，可将其作为 data 数据。之后在视图中，就可以通过 loading 对象的 show 字段来控制是否显示提示框，并通过 info 字段来控制提示的内容。

接下来在 src/plugins 文件夹中创建一个 message.js 文件，代码如下所示：

```
1    import message from '../plugins/Message.vue'
2
3    export default{
4      install(Vue){
5        const Com = Vue.extend(message);
6        const vm = new Com().$mount();
7        document.body.appendChild(vm.$el);
8      }
9    }
```

在上面的代码中，我们引入了 Message.vue 文件，并导出一个带有 install()函数的对象。install()函数是一个回调函数，用于对 Vue.js 进行扩展，可在 body 元素的末尾注入提示框的 HTML 结构。

接下来，我们需要把 message 这个插件引入项目中。在 src/main.js 中添加相关代码，如下所示：

```
1    //……省略……
2
3    // 引入封装的 message 插件
4    import Message from './plugins/message'
5    Vue.use(Message)
6
7    new Vue({
8      router,
9      store,
10     render: h => h(App)
11   }).$mount('#app')
```

message 这个插件安装好之后，我们就可以在所有的页面中使用它了。例如，对于产品列表页，在 mounted()钩子函数中读取数据是一个耗时的操作，因此可首先使用如下语句显示提示信息：

```
this.$store.commit("loading/show", '正在载入数据，请稍候……');
```

以上语句表示调用命名空间模块 loading 的 mutations 中的 show()函数，参数为“正在载入数据，请稍候……”。以上语句中的 loading 即之前在 src/store/index.js 中注册模块时定义的名称 loading，而 commit()方法中的"loading/show"表示调用 loading 模块中的 show()函数。

在操作成功的回调函数中，使用如下语句直接关闭提示框：

```
this.$store.commit("loading/hide");
```

在操作失败的回调函数中，使用如下语句传入一条新的提示信息，这样就会在 1500 ms 之后再关闭提示框，从而留给用户 1.5 s 的时间阅读提示信息。

```
this.$store.commit("loading/hide", '载入数据失败，请稍后再试');
```

修改以后的 mounted()钩子函数如下所示：

```
1    mounted() {
2      this.$store.commit("loading/show", '正在载入数据，请稍候……');
3
4      shoppingApi.getProductCatalog(
5        // 操作成功
6        (productCatalogFromServer) => {
```

```
7          this.products = productCatalogFromServer;
8          this.$store.commit("loading/hide");
9        },
10       // 操作失败
11       () => {
12         this.$store.commit("loading/hide", '载入数据失败，请稍后再试');
13       }
14     );
15   }
```

产品详情页的使用方法与之前完全相同，这里不再重复。此时，浏览器中的效果如图 17.20 所示。提示文字的左边会出现一个旋转的图标，提示用户正在执行某种操作。与页面样式相关的代码，请读者参考本书配套资源中的源代码。

图 17.20　加载中的提示框

17.4 购物车

17.4.1 静态结构

首先在 src/components 文件夹中创建一个 cart.vue 文件，并实现它的静态视图，HTML 结构如下：

```
1   <template>
2     <div>
3       <div style="top: 450px">
4           <div>购物车中暂无商品……</div>
5       </div>
6
7       <div>
8         <button > 确认下单 </button>
9         <div>总价：99.99 元</div>
10      </div>
11    </div>
12  </template>
```

然后在 src/App.vue 中注册 cart 组件。注意引入时，我们采用的是 PascalCase 命名机制，名称为 VueCart；而在使用时，采用的是 kebab-case 命名机制，名称为 vue-cart。

```
1   <template>
2     <div id="app">
3       <!--……省略……-->
4       <router-view/>
5       <vue-cart />
6     </div>
7   </template>
8
9   <script>
10  import VueCart from './components/Cart'
11
12  export default {
```

```
13    components: {
14      VueCart
15    }
16  }
17
18  </script>
```

使用 Bootstrap 设置样式后，浏览器中的效果如图 17.21 所示，与页面样式相关的代码请参考本书配套资源中的源代码。

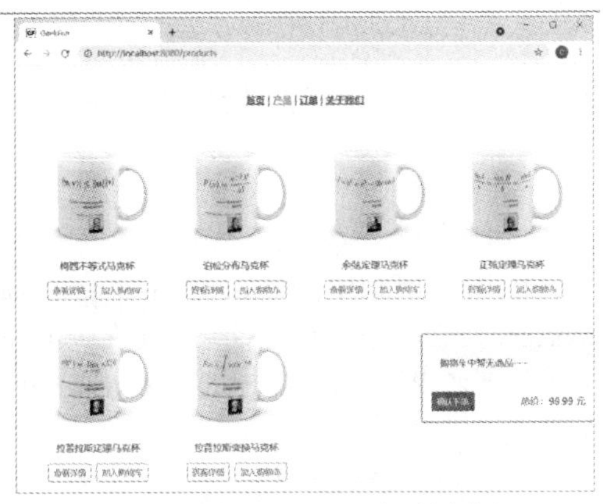

图 17.21 使用 Bootstrap 实现的购物车

17.4.2 实现购物车可移动

17.4.1 小节实现的 cart 购物车组件会显示在所有的页面上。本小节的目的是使购物车能够移动位置，以避免用户在使用时无法查看被购物车挡住的内容。

为了使购物车能够移动位置，显然需要绑定鼠标事件。我们需要在按下鼠标左键（mousedown）的时候，记录当时的鼠标位置；然后在移动鼠标（mousemove）的时候，不断检查新的鼠标位置，同时根据新的鼠标位置更新购物车的位置；当鼠标左键被释放（mouseup）的时候，停止跟踪鼠标的移动。

另外，我们不仅需要支持 PC 端的浏览器，而且需要支持手机等移动设备上的浏览器。手机上没有鼠标，因此也没有 mousedown 等一系列事件。移动设备上发生的是一系列触摸（touch）事件。当手指在手机屏幕上滑动时，将会触发 3 个触摸事件。

- touchstart：手指按下。
- touchmove：手指在屏幕上移动。
- touchend：手指离开屏幕。

因此，我们需要为购物车 div 绑定 6 个事件——3 个鼠标事件和 3 个触摸事件，它们正好一一对应，我们只需要编写 3 个处理事件的方法即可。

下面首先设定 cart 购物车组件需要的数据模型。

- isMoving 字段用于标识购物车在某个时刻是否正在被移动。
- top 字段用于记录购物车 div 的 top 属性。在这里，购物车 div 使用了 fixed 定位方式，即购物车被固定于浏览器窗口的右边框。由于这里只允许在垂直方向上移动购物车，因此只需要改变购物车 div 的 top 属性即可。代码如下所示：

```
1   <script>
2   export default {
3     data(){
4       return{
5         isMoving : false,
6         top:330
7       }
8     }
9   </script>
```

接下来，给购物车绑定事件和 top 样式，代码如下所示：

```
1   <template>
2     <div>
3       <div>
```

```
4         :style="{top: top+'px'}"
5         @mousedown="movingStart"
6         @touchstart="movingStart"
7         @mousemove.prevent="moving"
8         @touchmove.prevent="moving"
9         @mouseup="movingEnd"
10        @touchend="movingEnd"
11      </div>
12        <div>购物车中暂无商品……</div>
13      </div>
14      ……省略……
15    </template>
```

在上面的代码中，mousedown 和 touchstart 事件与 movingStart()方法绑定在一起，mousemove 和 touchmove 事件与 moving()方法绑定在一起，mouseup 和 touchend 事件与 movingEnd()方法绑定在一起。

接下来，实现 movingStart()、moving()和 movingEnd()方法，代码如下：

```
1   <script>
2   export default {
3     data(){
4     //……省略……
5     },
6     methods: {
7       movingStart(event){
8         this.from = event.pageY || event.touches[0].pageY;
9         this.isMoving = true;
10      },
11      moving(event){
12        if(this.isMoving){
13          const pageY = event.pageY || event.touches[0].pageY;
14          this.top += pageY - this.from;
15          this.from = pageY;
16        }
17      },
18      movingEnd(){
19        this.isMoving = false;
20      }
21    }
22  }
23  </script>
```

在 movingStart()方法中，isMoving 被设置为 true，从而标识开始移动购物车，并且记录按下鼠标左键（手指）时，鼠标（手指）在垂直方向上的位置坐标。

如果事件对象中存在 pageY 属性，就说明是鼠标事件；如果不存在 pageY 属性，就说明是触摸事件，需要通过 touches 属性获取位置坐标。由于触摸设备一般都会支持多点触摸，也就是支持多根手指同时在屏幕上滑动，因此 touches 属性的值是一个数组，以对应多根手指的触摸数据。这里我们只考虑一根手指的情况，因此直接使用 touches[0]就可以获取到触摸数据，同样，使用 pageY 属性获取手指在垂直方向上的位置坐标。

需要注意的是，我们使用 pageY 属性获取的是鼠标（手指）相对于浏览器窗口左上角的坐标，不过这并不影响我们的计算，因为我们只需要知道在移动过程中相对位置的变化量就可以了。

在 moving()方法中，我们先判断 isMoving 是否为 true。如果不为 true，直接退出；如果为 true，那么说明正在移动购物车，这时可以获取鼠标（手指）的新位置，并和原来的位置做比较，求出变化量，然后改变 top 属性，并把新位置赋给原来的位置变量，等待下一次在 moving()方法中使用。

在 movingEnd()方法中，简单地将 isMoving 设置为 false，即可表示停止移动购物车。

17.4.3 实现购物车动态化

前面我们完成了 cart 购物车组件的注册，但是目前，我们的 cart 购物车组件使用的仍是静态的 HTML 结构，下面我们对购物车进行动态化，实现将商品加入购物车的功能。

为了让购物车中的商品不会每次刷新页面后都被清空，我们可以把购物车中的商品保存到本地存储中，此时需要使用 HTML5 引入的 localStorage。在 src/assets/js 文件夹中增加一个 localStorage.js 文件，其中的代码如下所示：

```
1    class cart {
2      static fetch() {
3        return JSON.parse(localStorage.getItem('cart') || '[]')
4      }
5
6      static save(cart) {
7        localStorage.setItem('cart', JSON.stringify(cart))
8      }
9    }
10
11   export default{
12     cart
13   }
```

上述代码定义了 cart 类并且声明了两个静态方法：fetch()方法用于从 localStorage 中取出内容，save()方法用于将内容写入 localStorage。由于 localStorage 只能以“键-值”方式记录字符串内容，因此在写入前，需要把购物车中的 JSON 数据序列化为字符串。反之，当从 localStorage 中读取内容时，需要把字符串解析为 JSON 对象。

接下来，我们考虑将购物车中的数据存放在哪里比较合适。由于多个页面都需要和购物车打交道，因此把购物车中的数据存放在 Vuex 的 store 中最合适。为此，在 src/store 文件夹中增加一个 cart.js 文件，其中的代码如下所示：

```
1    import storage from '../assets/js/localStorage'
2
3    export default {
4       namespaced: true,
5       state: {
6         products: storage.cart.fetch(),
7       },
8       getters:{
9         totalPrice: (state) =>
10          state.products.reduce((a, b) => (a + Number(b.price)), 0)
11      },
12      mutations: {
13        add(state, product) {
14          if(!state.products.find(_=>
15            _.productId == product.productId))
16            state.products.push(product);
17        }
18      }
19    }
```

上面的代码首先引入了 localStorage.js。state 中只需要一个 products 数组，用于存放加入购物车的所有商品。

在 getters 中定义一个 totalPrice 属性，用于计算购物车里所有商品的总价。这里使用了 ES6 中引入的 reduce()方法，通过对数组使用 reduce()方法，可以非常方便地实现遍历数组并求和的功能。对此不熟悉的读者可以查阅一些 ES6 方面的相关资料。

最后，在 mutations 中定义一个 add()方法，用于向购物车中添加一件商品。

在这里，我们不考虑商品的件数，也就是在每个订单中，一种商品只能添加一件，这样做也是为了简化程序的逻辑。在添加商品时，需要先检查一下购物车中是否已经包含这种商品，如果已经有了，就不要再添加了。

接下来，在 src/store/index.js 文件中引入上面写好的购物车模块，就像前面的 loading 模块一样，加入 Store()中，代码如下所示：

```
1   //……省略……
2   import cartModule from './cart'
3
4   Vue.use(Vuex)
5
6   export default new Vuex.Store({
7     modules:{
8       cart: cartModule,
9       loading: loadingModule
10    }
11  })
```

上面介绍了如何从 localStorage 获取购物车中的数据，但是什么时候写入 localStorage 呢？有两种思路。一种思路是在每个引起购物车变化的操作中调用一次 save()方法，这样做虽然可行，但却会在很多地方添加代码，“命令式”编程的味道很浓，我们应该尽量使用“声明式”编程来实现。另一种思路是对 store 对象进行侦听，这是 Vuex 的一个不太常用的特性，但是用在这里非常方便，代码如下所示：

```
1   let store = new Vuex.Store({
2     modules:{
3       cart: cartModule,
4       loading: loadingModule
5     }
6   });
7
8   store.watch(
9     state => state.cart.products,
10    value => storage.cart.save(value)
11  );
12
13  export default store
```

在创建了 store 对象之后，通过使用 watch()方法，可以指定对哪个属性进行侦听。watch()方法有如下两个参数。

- 第一个参数是通过箭头函数指定的需要侦听的对象，在这里也就是 store 对象中 cart 模块的 products 属性。
- 第二个参数是通过箭头函数指定的、在侦听对象发生变化的时候需要执行的操作，在这里也就是将侦听的 products 对象保存到 localStorage 中。

注意

在 watch()方法中，侦听的对象变化是有限制的，由于这里的 products 是一个数组，因此侦听到的只有数组的基本操作，例如 push 等操作就可以被侦听到。但如果直接修改了数组的某个元素，那就无法被侦听到了。

在这里，将商品加入购物车用的一定是 push()方法，因此操作可以被侦听到。

为了实现"深度侦听"，需要设置 deep 参数，但在这里还不需要。

接下来要做的就是处理产品相关的两个页面了。在产品列表页中增加一个 addToCart()方法，这个方法要做的实际上就是调用 src/store/cart.js 中定义的 add()方法。

```
1   <script>
2   import shoppingApi from '../assets/js/shoppingApi'
3
4   export default {
5     data(){
6       //……省略……
7     },
8     mounted() {
9       //……省略……
10    },
11    methods: {
12      addToCart(product) {
13        this.$store.commit("cart/add", product);
14      }
15    }
16  }
17  </script>
```

同样，对于产品详情页，也需要增加 addToCart()方法。注意，产品详情页的 addToCart()方法和产品列表页的 addToCart()方法稍有不同。

在产品列表页的 addToCart()方法中，需要传入一个参数，即加入购物车的产品对象，绑定时的代码如下：

```
<button @click="addToCart(item)">
```

但在产品详情页中，因为只有一个产品，所以 addToCart()方法不需要参数，直接把 this.product 传递给 store 对象就可以了。

接下来，我们需要在 cart.vue 中显示出加入购物车的产品列表。前面在制作静态的购物车时，只使用了"<div>购物车中暂无商品……</div>"，现在将其改为一个使用 v-for 进行动态渲染的列表。

```
1   <div v-if="products.length > 0">
2     <div v-for="item in products" :key="item.productId">
3       <span>{{item.name}}</span>
4       <span>{{item.price}} 元</span>
5     </div>
6   </div>
7   <div v-else>购物车中暂无商品……</div>
```

以上代码首先判断 products 数组的长度，如果大于 0，就通过 v-for 指令渲染出 products 数组中的所有产品。

接下来，当 products 数组的长度大于 0 时，渲染"确认下单"按钮以及购物车中所有商品的总价。

```
1   <div v-if="products.length > 0" >
```

```
2      <button >
3        确认下单
4      </button>
5      <div>
6        总价: {{totalPrice.toFixed(2)}} 元
7      </div>
8    </div>
```

到这里，我们已经实现了将商品加入购物车的功能，浏览器中的效果如图 17.22 所示。

最后，我们在页面的导航栏中显示购物车中的商品数量。为此，在 App.vue 的导航栏中增加一项，并在里面绑定 cartCount 变量，代码如下所示：

```
1    <span>
2      购物车<strong>{{cartCount}}</strong>
3    </span> |
```

其中的 cartCount 变量是一个计算属性，代码如下所示：

```
1    computed: {
2      cartCount(){
3        return this.$store.state.cart.products.length;
4      }
```

此时，浏览器中的效果如图 17.23 所示。

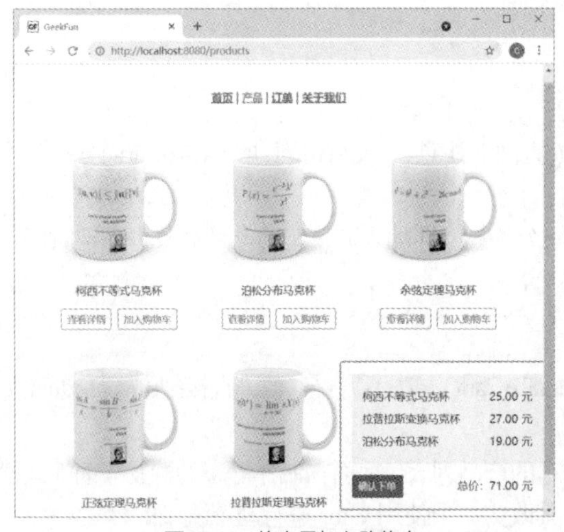

图 17.22　将商品加入购物车

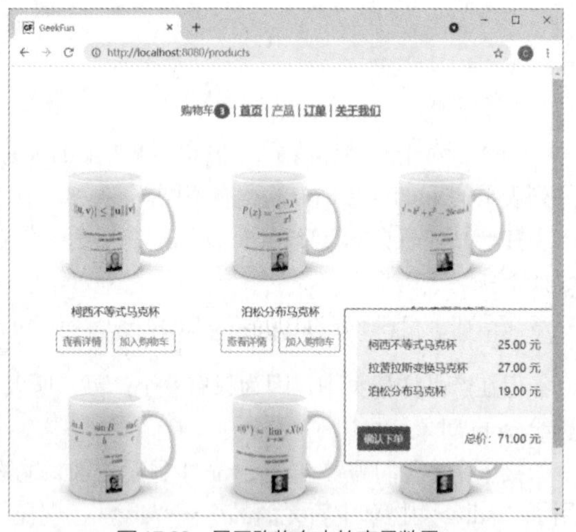

图 17.23　显示购物车中的商品数量

17.5 完成网站剩余部分

我们已经完成了网站的整体结构，做了如下核心工作。

- 搭建基础框架。
  - ◆ 使用 Vue CLI 脚手架工具生成基础代码。
  - ◆ 准备基本页面及路由。
  - ◆ 安装 Bootstrap。
- 实现产品展示页面。

- ◆ 搭建产品列表页的静态文件。
- ◆ 动态化产品列表页。
- ◆ 搭建产品详情页的静态文件。
- ◆ 动态化产品详情页。
- ◆ 为耗时操作显示提示框。

- 实现购物车相关功能。
  - ◆ 制作购物车的静态视图。
  - ◆ 使购物车可以移动。
  - ◆ 实现将商品加入购物车的功能。
  - ◆ 在页面的导航栏中显示购物车中的商品数量。

接下来，我们还需要为网站做如下工作。

- 完成订单相关功能。
  - ◆ 制作订单详情页。
  - ◆ 制作订单列表。
  - ◆ 完成“确认下单”功能。
  - ◆ 完成“支付”功能。
- 完成其余完善性工作。
  - ◆ 为订单详情页和产品详情页显示 404 页面。
  - ◆ 制作响应式的页头导航。
  - ◆ 制作页脚。
  - ◆ 制作首页和“关于我们”页面。

我们已经详细介绍了大部分步骤，下面仅对剩下的步骤进行简单讲解，原理和方法与前面使用的非常类似。

订单的生成以及订单的支付是比较复杂的部分，希望读者能够自行参考前面的步骤，自己思考一下应该如何完成。

首先完成订单详情页的静态页面，效果如图 17.24 所示。

然后完成订单列表页的静态页面，效果如图 17.25 所示。

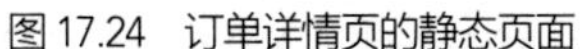

图 17.24　订单详情页的静态页面

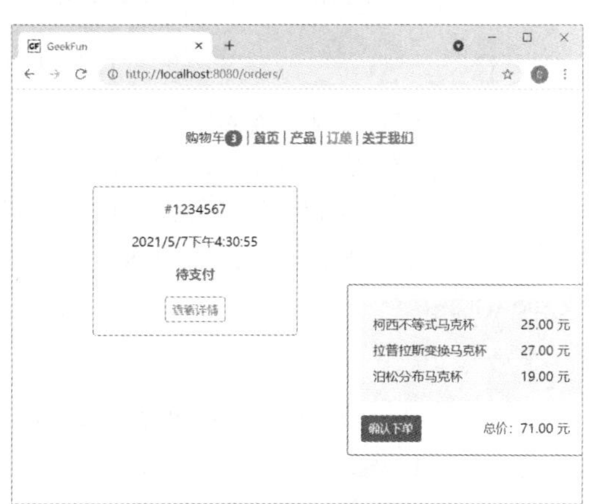

图 17.25　订单列表页的静态页面

最后完成“确认下单”功能，过程相对比较复杂：不仅需要生成一个“订单”，而且需要能够在 localStorage 中保存和读取订单列表。

（1）在 localStorage.js 中增加 orderList 类，并为该类提供 fetch()和 save()方法。

（2）在 shoppingApi.js 中增加一个 checkOut()方法，并且仍然按照一定的概率模拟失败和成功的情况。

（3）在 src/store 文件夹中新建 orderList.js 文件，增加一个新的 orderList 模块，代码如下所示：

```
1   state:{
2     orders: Storage.orderList.fetch(),
3   },
4   getters: {
5     getOrder: (state) =>
6       (orderId) => state.orders.find(_ => _.orderId == orderId)
7   },
8   mutations: {
9     add(state, {orderId, products, totalPrice}) {
10      state.orders.unshift({
11        orderId,
12        orderTime: new Date().toLocaleString(),
13        payTime:'',
14        isPaid: false,
15        products,
16        totalPrice
17      });
18    },
19  }
```

注意在上面的代码中，mutations 中的 add()方法在向 state.orders 数组中添加一个新的订单对象时，使用的是 unshift()而不是 push()方法，这么做的目的是将订单对象插入数组的头部，这样就可以让新订单出现在订单列表的前面。

（4）在 src/store/index.js 中引入并向 store 注册 orderList 模块。

（5）修改 store/cart.js 文件，在 mutations 中增加 clear()和 recover()两个方法，并且在 actions 中增加 checkOut()方法。读者在这里可以参考前面简易版购物车的实现逻辑，在调用 shoppingApi.js 中的 checkOut()方法之前，先暂存购物车中的所有商品，清空购物车，然后调用 shoppingApi.checkOut()方法。如果成功，就调用 store 中 orderList 对象的订单创建 action。

在这里，我们需要讲解一下的是 store/cart.js 文件中的如下代码：

```
context.commit("loading/show", '正在生成订单……', {root: true});
```

上述代码在生成订单之前显示了一个提示框，这个提示框调用的是子模块 loading 中的 show()函数，这就是在某个子模块中调用另一个子模块的 mutation。就像在组件中那样，如果调用时没有第三个参数{root:true}的话，就会自动到“cart/loading/show”中查找 show()函数，如果 cart 文件夹下没有，就会提示找不到；而在添加了第三个参数{root: true}之后，就会到全局的命名空间中根据“loading/show”查找 show()函数。

说明

在某个子模块中调用另一个子模块的 action 和 mutation 的方法是一致的，将{root: true}作为第三个参数传给 dispatch()方法即可。

（6）在 cart.vue 中，为“确认下单”按钮绑定事件处理方法：methods: { checkOut() { this.$store.dispatch('cart/checkOut'); }。

（7）动态化 Orders.vue 和 OrderDetail.vue 这两个页面。

（8）最后，模仿对购物车的侦听，在 store/index.js 中侦听 store.orderList 的变化并存入 localStorage。

经过上述步骤后，就可以完成“确认下单”功能。下面完成“支付”功能。在这个综合案例中，并不是真的调用“微信支付”或“支付宝”等支付接口，而是仍然使用模拟的方法来实现。

（1）创建 shoppingApi.pay()方法。

（2）在 store/orderList.js 的 mutations 中增加 pay()方法，将指定订单的 isPaid 属性设置为 true，并记录支付时间。我们想到的代码可能如下所示：

```
1    pay(state, order) {
2      order.isPaid = true;
3      order.payTime = new Date().toLocaleString();
4    }
```

但是需要注意，上面的代码存在一个问题：在这个 pay()方法中，传入的 order 将会是 state.orders 数组的一个元素，直接修改这个元素的属性将会导致对数组的侦听无效，因此这里需要使用“深度侦听”。在 watch()方法中，传入 deep 参数，代码如下：

```
1    store.watch(
2      state => state.orderList.orders,
3      value => storage.orderList.save(value),
4      {deep: true}
5    );
```

（3）修改 OrderDetails.vue 文件，为“去支付”按钮绑定单击事件的处理方法。

上述步骤完成了订单的生成和支付。接下来的步骤就不再详细介绍了，相信读者在前面步骤的基础上，应该能够自行分析并完成了。

给读者的几点建议：

- 一个系统是由一行行代码积累而成的。读者学习的重点，应该是如何把一个复杂的系统合理地拆解为一个个小的模块，然后分别实现并拼合在一起，最终形成一个完整的系统。
- 软件开发是一项高度实践性的活动，软件开发人员的所有才华，都需要通过实践变为一行行的代码来体现。
- 实践是最佳的学习路径，因此本书给出了各种规模的案例，希望读者能够认真地把这些案例拆解清楚，理解深刻。
- 为了方便读者学习，我们给出了每个步骤相对于上一个步骤增加和修改的代码说明，这样读者就可以清楚地知道，在这 20 个步骤中，每个步骤相对于上一个步骤新增了哪些代码，从而便于读者分析代码的结构和含义。读者可以分析任何一个步骤新增的代码，思考为什么要这样写。

本章小结

在这一章，我们分步骤实现了一个完整的电商网站：首先使用 Vue CLI 脚手架工具手动配置了项目，此外还搭建了页面结构和样式并将其组件化；然后使用状态管理工具 Vuex 管理各个模块的重要数据，并基于前面章节中介绍的内容，结合模拟的异步操作综合实现了近乎完整的各项功能；最后利用 localStorage 实现了数据的持久化。

知识点讲解

附录 ECMAScript 2015（ES6）基础知识

由于历史原因，早期的 JavaScript 存在着比较多的缺陷，经过多年的努力，ECMAScript 2015 终于在 2015 年发布了，并成为各大浏览器厂商共同的标准。ECMAScript 2015 通常被称作 ES6，它是 ECMAScript 语言规范标准的第 6 个主要版本。ES6 定义了 JavaScript 实现的标准。在 ES6 之后，虽然陆续又发布了几个版本，但它们都是在 ES6 的基础上进行完善的。因此，ES6 是一个革命性的版本，它对 JavaScript 语言来说意义十分重大，ES6 极大地改进了 JavaScript 语言。

请参考图 F.1 所示的 JavaScript（ES6）知识点导图，我们希望读者能够大致了解图 F.1 中提到的各个知识点。由于从 ES5 到 ES6 经历了将近 10 年的时间，因此为了帮助读者快速熟悉 ES6 的相关知识，我们将对日常 JavaScript 编码中经常用到的一些 ES6 中引入的功能做简单介绍。

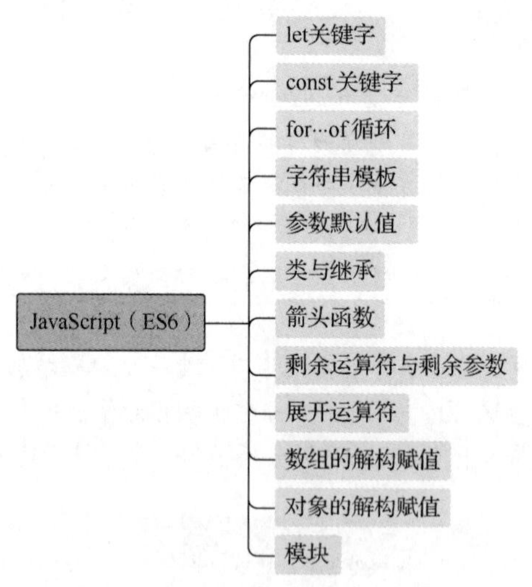

图 F.1　JavaScript（ES6）知识点导图

F.1 let 关键字

ES6 引入了 let 关键字用于声明变量。在 ES6 之前，在 JavaScript 中声明变量的唯一方法是使用 var 关键字。在 ES6 中，建议优先使用 let。

let 与 var 主要有三点不同。

（1）用 var 和 let 声明的变量的作用域不同。

- 用 var 声明的变量的作用域以函数为界。

- 用 let 声明的变量的作用域以“代码块”为界。在代码中，由一对匹配的大括号包围的范围称为“代码块”。

例如，在下面的代码中，变量 s 是在 a>0 的分支代码块中声明的，后面两处对变量 s 的访问都是错误的。

```
1    function calculate(a, b){
2        if(a > 0) {
3            let s = a + b;
4        } else {
5            s = a * b;                //错误
6        }
7        return s;                     //错误
8    }
```

需要注意的一种情况是，如果 let 声明的是循环变量，那么变量的声明位置并不在循环体中，但是变量的作用域却是对应的循环体，如下所示：

```
1    // ES6
2    for(let i = 0; i < 5; i++) {
3        console.log(i);                // 0,1,2,3,4
4    }
5    console.log(i);                    //未定义
```

在上面的示例中，在 for 循环外无法访问第一个代码块中的变量 i。

（2）let 具有“覆盖”的性质。假设有嵌套的两个代码块，那么可以在外层和内层的代码块中分别用 let 声明两个同名变量，这两个变量是各自独立的，在内层只能访问内层定义的那个变量，而不能访问外层的同名变量。这被称为内层变量“覆盖”了外层变量。

而 var 与 let 不同，在用 var 声明的变量的作用域内，不能再次声明同名变量。

（3）用 var 声明的变量可以在声明之前使用，即不管 var 声明在函数中的什么位置，都等价于在函数的开头进行声明，这被称为声明的“提升”。

而 let 声明是不能提升的，在一个代码块中，用 let 声明的变量必须在声明之后才能使用。

F.2 const 关键字

ES6 引入的 const 关键字用于定义常量。常量是只读的，在声明常量的时候，必须同时进行初始化，此后就再也不能给常量赋值了。const 除了只读之外，其他性质都与 let 相同。建议在能使用 const 的时候，尽量使用 const，除非确实有必要才使用 let。

需要注意的是，对于数组和对象这样的引用类型，变量其实只是一个“地址”，指向数组和对象在内存中所占的一块空间。声明为常量意味着禁止修改这个“地址”，但数组元素或对象属性仍然是可以更改的，如下所示：

```
1    // 改变对象属性
2    const person = {name: "Peter", age: 28};
3    person.age = 30;                       //正确
4    person = {name: "Mike", age: 20};      //错误
5
6
```

```
7   // 改变数组元素
8   const colors = ["red", "green", "blue"];
9   colors[0] = "yellow";                //正确
10  colors = ["red", "green"]            //错误
```

F.3 for…of 循环

ES5 中有两种 for 循环：一种是常见的 for 循环；另一种是 for…in 循环，用于遍历一个对象的所有属性。ES6 引入了一种新的循环：for…of 循环，用于更简洁地遍历“类数组”的可迭代对象。例如：

```
1   // ES6
2   let numbers = [0, 1, 2, 3, 5];
3   let sum = 0;
4   for(let num of numbers) {
5      sum += num;
6   }
```

如果使用普通的 for 循环，那么上面的例子等价于：

```
1   // ES5
2   let numbers = [0, 1, 2, 3, 5];
3   let sum = 0;
4   for(let i = 0; i < numbers.length; i++) {
5      sum += numbers[i];
6   }
```

F.4 字符串模板

字符串模板提供了一种简洁的方法来创建字符串，可以非常方便地将变量或表达式的值嵌入字符串中。字符串模板可使用“`”反引号来创建，我们可以使用${…}语法将变量或表达式插入字符串中。

```
1   // 在字符串中插入变量和表达式
2   let a = 10;
3   let b = 20;
4   let result = `The sum of ${a} and ${b} is ${a+b}.`;
```

但如果使用 ES5 的方式，想要拼接出这个字符串就会麻烦得多，而且可读性也会差很多：

```
var result = 'The sum of ' + a + ' and ' + b + ' is ' + (a+b) + '.';
```

此外，使用反引号这种方式可以方便地创建多行字符串：

```
1   // 实现多行字符串
2   let str = `The quick brown fox
3      jumps over the lazy dog.`;
```

F.5 参数默认值

在 ES6 中，可以为函数的参数指定默认值。如果在调用函数时没有传入相应的实际参数，就使用

参数的默认值。

```
1   function sayHello(name='World') {
2       return `Hello ${name}!`;
3   }
```

在 ES5 中，为了实现相同的目的，通常的写法是：

```
1   function sayHello(name) {
2       var name = name || 'World';
3       return 'Hello ' + name + '!';
4   }
```

F.6 类与继承

JavaScript 之外的其他大多数语言，例如 Java、C++等，都使用“类-对象”结构来实现面向对象机制，包括封装、继承等逻辑，它们一般都来源于 C++语言最早提出的理念。

而 JavaScript 使用的“原型”机制只有“对象”而没有“类”的概念，实现方式非常特殊。JavaScript 来源于 20 世纪 80 年代施乐公司帕克研究中心提出的一种 Self 语言。

有了 JavaScript 语言的动态性，再配合原型机制，带来的好处是语言功能非常强大、灵活、简捷，坏处则是对于大多数程序员来说，学习、理解和掌握这一套机制比较困难。因此，ES6 引入了 class 等几个新的关键字，并实现了与其他面向对象语言相似的语法。但实际上，这只是语法层面的改变，“原型”机制并没有变。使用 ES6 的 class 和 extends 等关键字的好处是，在开发时可以极大简化面向对象和继承代码的写法。

在 ES6 中，可以使用 class 关键字后跟一个类名的方式来声明一个类。按照惯例，类名一般使用 Pascal 命名机制，即每个单词的首字母大写。

```
1   //矩形类
2   class Rectangle {
3       // 构造函数
4       constructor(width, height) {
5           this.width = width;    //属性
6           this.height = height; //属性
7       }
8
9       // 方法成员，计算面积，使用普通函数的方式定义
10      area() {
11          return this.height * this.width;
12      }
13
14      // 方法成员，计算周长，使用箭头函数的方式定义
15      perimeter = () => this.height * 2 + this.width * 2;
16  }
```

上面的代码创建了一个矩形类，它有两个属性，分别是宽度（width）和高度（height）。这个矩形类还有两个方法，分别用于计算面积（area）和周长（perimeter）。

ES6 还引入了 extend 和 super 关键字，用于实现继承。

```
1   // 正方形类继承自矩形类
```

```
2   class Square extends Rectangle {
3       // 子类的构造函数
4       constructor(length) {
5           // 调用父类的构造函数
6           super(length, length);
7       }
8
9       //定义子类自己的其他方法
10  }
```

在上面的示例中，正方形类（Square）通过 extends 关键字实现了从矩形类（Rectangle）的继承。从其他类继承的类称为派生类或子类。可以看到，在子类的构造函数中可通过 super()调用父类的构造函数。

接下来就可以通过 new 运算符创建类的实例了，代码如下：

```
1   //创建矩形对象
2   let rectangle = new Rectangle(5, 10);
3   alert(rectangle.area());          // 50
4   alert(rectangle.perimeter());     // 30
5
6   //创建正方形对象
7   let square = new Square(5);
8   alert(square.area());             // 25
9   alert(square.perimeter());        // 20
```

可以看到，子类拥有了父类的所有方法。关于类，有三点需要注意。

- 每个类的定义都离不开 this，访问任何成员属性和成员方法时，都需要用到 this，它就是这个类被实例化以后的对象。
- 在子类的构造函数中，必须在调用 this 之前通过 super()调用父类的构造函数。
- 函数的声明类似于使用 var 声明变量，也会被提升，因此函数可以在其定义语句之前被调用。但是类的声明类似于 let 和 const 声明，不会被提升，因此只有在类声明的后面，才能使用这个类。

F.7 箭头函数

箭头函数是 ES6 新引入的非常好用的一个特性，它为编写函数表达式提供了简洁的语法。

箭头函数使用“=>”语法来定义函数。“=>”的前面是函数的参数列表，“=>”的后面是函数体。例如：

```
1   //箭头函数
2   let sum = (a, b) => {
3       let s = a + b;
4       return s;
5   }
```

上面的例子相当于：

```
1   //函数表达式
2   let sum = function(a, b) {
3       let s = a + b;
```

```
4        return s;
5    }
```

如果函数体中只有一条语句，并且这条语句是 return 语句，就可以省略大括号和 return。这么做不仅可以极大地简化语句，而且能够减少大括号产生的“噪音”，使代码的可读性得到提高：

```
let sum = (a, b) => a + b;
```

进一步，如果只有一个参数，那么参数的小括号也可以省略。例如，求一个数的绝对值的函数可以定义为：

```
let abs = a => a>0 ? a : -a;
```

但是，如果没有参数，那么参数的小括号不能省略。例如，下面定义了一个取 0~9 的随机整数的函数：

```
let randomDigit = () => Math.floor(Math.random() * 10);
```

如果省略了函数体的大括号，而返回值又是一个对象，那么为了避免歧义，就需要在大括号的外面加上小括号。例如，下面定义的函数将根据 x 和 y 坐标值返回一个对象，这时就需要套上小括号，否则大括号会被认为是函数体，进而报错。

```
let createPoint =  (x,y) => ({x, y});
```

普通函数和箭头函数之间的一个重要区别是，箭头函数没有自己的 this。例如，下面这段代码实现了一个类。我们首先在构造函数中初始化 nums 数组，并在其中保存了一些整数元素；然后声明了 odds 数组；最后通过调用 forEach()方法，把 nums 数组中的奇数添加到了 odds 数组中。

```
1    class MyMaths{
2        constructor(){
3            this.nums = [1,2,3,4,5];
4            this.odds = [];
5
6            this.nums.forEach(n => {
7                if (n % 2 === 1)
8                    this.odds.push(n);
9            });
10       }
11   }
```

可以看到，在对 this.nums 数组元素进行操作的函数中，如果数组元素是奇数，那么将其插入 this.odds 数组。这里的 this 和外面的 this 指向同一个对象，都是 MyMaths 对象。但是，如果想把箭头函数改为普通函数，就需要使用如下写法：

```
1    class MyMaths{
2        constructor(){
3            this.nums = [1,2,3,4,5];
4            this.odds = [];
5
6            let self = this;
7            this.nums.forEach(function (n) {
8                if (n % 2 === 1)
9                    self.odds.push(n);
10           });
11       }
12   }
```

可以看到，在调用 forEach()方法之前，最好先用一个变量把 this 保存下来，之后在操作元素的函数里，再用 self.odds 来访问保存奇数的那个数组，而不能像在箭头函数内部那样直接使用 this.odds。这是因为普通函数都有自己的 this，它指向的就是函数的调用者。

也就是说，使用普通函数形式的话，构造函数中的 this 与作为 forEach()方法参数的函数中的 this 是不同的，因为它们各自都有一个 this。另外，内层的 this 会覆盖外层的 this，为了在内层函数中使用外层的 this，一般先用一个变量将 this 保存起来，之后才在内层函数中使用，如代码中的 self 变量所示。

而如果使用箭头函数作为 forEach()方法的参数，由于箭头函数没有自己的 this，因此在箭头函数内部，this 仍然是外层的 this，可以直接使用 this.odds。

F.8 剩余运算符与剩余参数

ES6 引入了“剩余”（rest）参数的概念，从而可以将任意数量的参数以数组的形式传给函数。当需要将一些参数传递给函数，但又不能确定到底需要多少个参数时，利用这个特性就会方便许多。

在定义函数时，可通过在参数的前面加上 rest 运算符（…）来指定 rest 参数。剩余参数只能是参数列表中的最后一个，并且最多只能有一个剩余参数：

```
1    function sortNames(first, second, …others) {
2        alert(`${first},${second},${others.sort().join(',')}`);
3    }
```

有了上面的定义，我们就可以为 sortName 函数传入第一名的名字、第二名的名字以及其他人的名字。sortName()函数的功能是保持第一名和第二名的位置不变，然后对其他人按名字进行排序，最后把所有人的名字一并返回。

如果在调用时传入了 5 个人名，比如 sortName("Tom", "Jerry", "Mike", "John","Kate")，那么 sortName()函数实际上得到 3 个参数，前两个是字符串，第三个是一个字符串数组，而这个字符串数组有 3 个元素。最终结果将是“Tom, Jerry, John, Kate, Mike”。

F.9 展开运算符

由 3 个句点组成的运算符在 ES6 中除了能够作为剩余运算符之外，还可以用作“展开运算符”。与剩余运算符相比，展开运算符用在的地方不同，作用也不同。

- 剩余运算符的作用是把一些变量组合为一个数组，而展开运算符的作用是把一个数组打开，并将数组元素拆分为独立的变量。
- 剩余运算符通常用于函数的定义，而展开运算符通常用于函数的调用。

```
1    function add(a, b, c) {
2        return a + b + c;
3    }
4
5    let numbers = [5, 12, 8];
6    let sum = add(…numbers);
```

可以看到，在调用add()函数时，可通过展开运算符把数组numbers变成3个独立的参数变量a、b和c。

展开运算符也可用于数组的拼接等操作，这样就不再需要使用push()或concat()等方法了。例如在下面的代码中，members的结果相当于把两个数组都展开，然后一起组成一个新的数组。

```
1    let boys = ["Tom", "Mike"];
2    let girls = ["Jane", "Kathleen"];
3
4    let members = […boys, …girls, "Mr.John"];
```

F.10 数组的解构赋值

解构赋值用于简捷地将数组元素或对象属性赋值给不同的变量。下面讲解数组的解构赋值。

当我们需要把一个数组中的前两个元素分别赋值给变量a和b时，在ES5和ES6中，有不同的写法可用来实现同样的功能：

```
1    //ES5
2    var fruits = ["Apple", "Banana", "Grape"];
3    var a = fruits[0];
4    var b = fruits[1];
5
6    //ES6
7    let fruits = ["Apple", "Banana", "Grape"];
8    let [a, b] = fruits;
9    console.log(a);      //Apple
10   console.log(b);      //Banana
```

可以看到，在ES6中，可以对fruits这个数组变量直接以[a, b]这种形式进行赋值，同时把数组元素按顺序依次赋值给变量a和b。如果要跳过某个或某几个元素，可以用逗号来实现，以下代码的作用是将fruits数组的第1和第3个元素（即Apple和Grape）赋值给变量a和b。

```
1    let fruits = ["Apple", "Banana", "Grape"];
2    let [a, , b] = fruits;
3    console.log(b);      //Grape
```

利用这个特性，可以方便地实现两个变量互相交换它们各自的值：

```
1    let a = 10, b = 5;
2    [a, b] = [b, a];
```

此外，我们还可以在数组的解构赋值中使用剩余运算符，以下代码将数组中后两个元素组成的新数组赋值给了变量others：

```
1    // ES6
2    let fruits = ["Apple", "Banana", "Mango"];
3    let [a, …others] = fruits;
```

F.11 对象的解构赋值

在ES6中，除了增加数组的解构赋值之外，还增加了对象的解构赋值。从对象中提取某些特定的属性值是非常常见的操作，在ES5中需要这样做：

```
1   // ES5
2   var person = {name: "Peter", age: 28};
3   var name = person.name;
4   var age = person.age;
```

但在 ES6 中，则可以使如下简洁的语法：

```
1   // ES6
2   let person = {name: "Peter", age: 28};
3   let {name, age} = person;
```

F.12 模块

在 ES6 之前，JavaScript 一直不支持模块。JavaScript 程序中的所有内容（例如，跨不同 JavaScript 文件的变量）都共享相同的作用域，这对于构建大型程序是一个很大的问题。

ES6 引入了基于文件的模块，其中的每个模块都由一个单独的.js 文件构成。现在，我们可以在一个模块中使用 export 或 import 语句将变量、函数、类或任何其他实体导出或导入其他模块或文件。

例如，我们可以创建一个模块，比如一个“main.js”文件，并将以下代码放入其中。

```
1   let greet = "Hello World!";
2   const PI = 3.14;
3
4   function multiplyNumbers(a, b) {
5      return a * b;
6   }
7
8   //导出变量、常量、函数
9   export { greet, PI, multiplyNumbers };
```

现在，我们可以使用另一个 JavaScript 文件“app.js”，导入上面导出的变量、常量和函数，之后就可以直接使用它们了。

```
1   import { greet, PI, multiplyNumbers } from './main.js';
2
3   alert(greet);                       // Hello World!
4   alert(PI);                          // 3.14
5   alert(multiplyNumbers(6, 15));      // 90
```

读者需要注意以下两点。

- 在 HTML 文件中引入 app.js 文件时，<script>标记中必须包含“type="module"”。
- 使用这种方式引入 JavaScript 的网页，测试的时候不能直接用浏览器打开硬盘上的文件，而是必须使用 HTTP 协议，即必须在开发用的机器上安装一个 Web 服务器，比如 Windows 自带的 IIS，然后才能在浏览器中打开这个 HTML 文件。

```
1   <!DOCTYPE html>
2   <html>
3   <head></head>
4   <body>
5      <script type="module" src="app.js"></script>
6   </body>
7   </html>
```